Alexander Roßnagel (Hrsg.)

Datenschutz beim Online-Einkauf

DuD-Fachbeiträge

herausgegeben von Andreas Pfitzmann, Helmut Reimer, Karl Rihaczek
und Alexander Roßnagel

Die Buchreihe DuD-Fachbeiträge ergänzt die Zeitschrift DuD – Datenschutz und Datensicherheit in einem aktuellen und zukunftsträchtigen Gebiet, das für Wirtschaft, öffentliche Verwaltung und Hochschulen gleichermaßen wichtig ist. Die Thematik verbindet Informatik, Rechts-, Kommunikations- und Wirtschaftswissenschaften.
Den Lesern werden nicht nur fachlich ausgewiesene Beiträge der eigenen Disziplin geboten, sondern auch immer wieder Gelegenheit, Blicke über den fachlichen Zaun zu werfen. So steht die Buchreihe im Dienst eines interdisziplinären Dialogs, der die Kompetenz hinsichtlich eines sicheren und verantwortungsvollen Umgangs mit der Informationstechnik fördern möge.

Unter anderem sind erschienen:

Heinrich Rust
Zuverlässigkeit und Verantwortung

Joachim Rieß
Regulierung und Datenschutz im
europäischen Telekommunikationsrecht

Ulrich Seidel
Das Recht des elektronischen
Geschäftsverkehrs

*Günter Müller, Kai Rannenberg,
Manfred Reitenspieß, Helmut Stiegler*
Verläßliche IT-Systeme

Kai Rannenberg
Zertifizierung mehrseitiger
IT-Sicherheit

Hannes Federrath
Sicherheit mobiler Kommunikation

Volker Hammer
Die 2. Dimension der IT-Sicherheit

Dogan Kesdogan
Privacy im Internet

Alexander Roßnagel
Datenschutzaudit

Gunter Lepschies
E-Commerce und Hackerschutz

*Andreas Pfitzmann, Alexander Schill
Andreas Westfeld, Gritta Wolf*
Mehrseitige Sicherheit
in offenen Netzen

Patrick Horster (Hrsg.)
Kommunikationssicherheit
im Zeichen des Internet

*Dirk Fox, Marit Köhntopp,
Andreas Pfitzmann (Hrsg.)*
Verlässliche IT-Systeme 2001

Michael Behrens, Richard Roth (Hrsg.)
Biometrische Identifikation

Helmut Bäumler
E-Privacy

*Helmut Bäumler,
Albert von Mutius (Hrsg.)*
Datenschutz als Wettbewerbsvorteil

Alexander Roßnagel (Hrsg.)
Datenschutz beim Online-Einkauf

Alexander Roßnagel (Hrsg.)

Datenschutz beim Online-Einkauf

Herausforderungen, Konzepte, Lösungen

Die Deutsche Bibliothek – CIP-Einheitsaufnahme
Ein Titeldatensatz für diese Publikation ist bei
Der Deutschen Bibliothek erhältlich.

SET™ ist ein eingetragenes Warenzeichen der Firma SETCO.

ISBN 978-3-322-90923-7   ISBN 978-3-322-90922-0 (eBook)
DOI 10.1007/978-3-322-90922-0
1. Auflage März 2002

Konzeption und Layout des Umschlags: Ulrike Weigel, www.CorporateDesignGroup.de
Druck und buchbinderische Verarbeitung: Lengericher Handelsdruckerei, Lengerich
Gedruckt auf säurefreiem und chlorfrei gebleichtem Papier

Vorwort

Themenfindung, Konzipierung und Zusammensetzung von Forschungsprojekten erscheinen im Nachhinein oft logisch und zwingend. Vielfach sind sie jedoch eine Mischung aus glücklichen Zufällen und systematischer Entwicklung. Dies gilt auch für das Forschungsprojekt, dessen Ergebnisse in diesem Buch vorgestellt werden.

Die Anregung entstand in einem Workshop im Bundesministerium für Bildung und Forschung im Frühjahr 1998. In diesem wurde – noch ohne konkrete Ergebnisse – nach Antworten auf die Frage gesucht, wie die neuen Datenschutzkonzepte im Teledienstedatenschutzgesetz durch Forschungsvorhaben unterstützt werden könnten. Einige Monate später fuhren *Prof. Glatthaar* (DZ Bank) und *Prof. Roßnagel* (Universität Kassel) von der Sitzung der Media@Komm-Jury gemeinsam im Taxi zum Kölner Hauptbahnhof und äußerten das gegenseitige Interesse, etwas gemeinsam zu unternehmen. *Prof. Roßnagel* erinnerte sich an den Workshop im Frühjahr und schlug *Prof. Glatthaar* eine Forschungskooperation im Themenfeld „neuer Datenschutz" vor. Wenige Tage später fand ein Treffen zwischen ihm und *Dr. Salmony* (DZ Bank) statt, auf dem erste Ideen ausgetauscht wurden. Dabei wurde schnell klar, dass überzeugende Lösungen zum Datenschutz im E-Commerce nur dann zu finden waren, wenn neben Recht und Wirtschaft auch die (Sicherheits-)Technik mit einbezogen wurde. Daher wurde die Runde beim nächsten Treffen um *Prof. Grimm* (Fraunhofer Institut für sichere Telekooperation, heute TU Ilmenau) erweitert.

Ziel des Projekts sollte sein, neue Datenschutzansätze vorbildlich umzusetzen. Die zu entwickelnde Pilot- und Demonstrationslösung sollte sowohl die rechtlichen Anforderungen vorbildhaft erfüllen, wirtschaftlich vertretbar, technisch auf der Höhe der Zeit und für den praktischen Einsatz im E-Commerce geeignet sein. Durch seine Fortentwicklung sollten sowohl E-Commerce als auch Datenschutz befördert, ja sogar mehr E-Commerce durch Datenschutz ermöglicht werden.

Nachdem die Dreierrunde viele unterschiedliche Ansätze für eine praktische Umsetzung dieser Ziele erwogen und verworfen hatte, zeichnete sich immer deutlicher die Möglichkeit ab, einen gemeinsamen Projektantrag zu stellen, der das elektronische Einkaufen und Bezahlen im Internet zum Gegenstand hat. Nachdem das Bundesministerium für Wirtschaft und Technologie eine Förderung des Projekts zugesagt hatte, konnte es unter dem Namen „Datenschutz in Telediensten (DASIT)" im Oktober 1998 beginnen. Abgeschlossen wurde es Ende 2001.

In dem Projekt DASIT wurde am organisatorischen Beispiel einer „Electronic Mall" und am technischen Beispiel eines „Electronic Wallet" gezeigt, wie die Anforderungen des TDDSG in der Praxis umgesetzt werden können. Für die Mall wurde dargestellt, wie vom Anbieten der Waren bis zu deren Auslieferung und Bezahlung personenbezogene Daten eingespart werden können. Für das Wallet wurde gezeigt, wie mit Hilfe des Standards SET anonym und pseudonym eingekauft und bezahlt werden kann. Außerdem kann das Wallet auch den Nutzer unterstützen, seine Datenschutzrechte wahrzunehmen. In ihm werden Möglichkeiten datenschutzorientierter Kommunikation zwischen Client und Server nach dem P3P-Standard realisiert. Außerdem bietet das Wallet die Möglichkeit, elektronisch einzuwilligen, die Einwilligung zu widerrufen, online die zur eigenen Person gespeicherten Daten einzusehen und online Forderungen nach Berichtigung, Sperrung oder Löschung der Daten zu stellen. Diese Lösungen wurden in einem Feldversuch und einer Simulationsstudie getestet und für praxistauglich befunden.

Die drei Initiatoren freuen sich, dass mit diesem Buch die Ergebnisse des Projekts einer breiteren Öffentlichkeit vorgestellt werden können.

Ilmenau/Kassel/Frankfurt im Januar 2002   *Rüdiger Grimm*

Alexander Roßnagel

Michael Salmony

Inhalt

Vorwort   5

1. E-Commerce und Datenschutz   9
  Alexander Roßnagel

2. Internationale Bedeutung des Datenschutzes im Internet   15
  Alexander Roßnagel, Rüdiger Grimm

3. Das Interesse der Wirtschaft am Datenschutz   31
  Michael Salmony, Markus Birkelbach

4. Projektplanung   37
  Gerhard Spies, Fleur Weißgerber

5. Datenschutzrechtliche Anforderungen   41
  Philip Scholz

6. Technisch-organisatorische Gestaltungsmöglichkeiten   73
  Matthias Enzmann,

7. Gestaltungsentscheidungen   89
  Gerhard Spies, Fleur Weißgerber

8. Die DASIT-Lösung   107
  Matthias Enzmann, Günter Schulze

9. Erprobung durch Feldtest und Simulationsstudie   137
  Alexander Roßnagel, Gerhard Spies, Fleur Weißgerber

10. Ergebnisse der Erprobung 151
 Christel Kumbruck

11. Wege und Hindernisse zum Produkt 179
 Ute Staib

12. Ergänzende Datenschutzansätze 195
 Matthias Enzmann, Günter Schulze

13. Zukunftsaussichten im E-Commerce 207
 Alexander Roßnagel, Michael Salmony, Markus Birkelbach

Literatur 213

Abkürzungsverzeichnis 223

Autoren 227

1 E-Commerce und Datenschutz

Alexander Roßnagel

1.1   E-Commerce und Datenschutz: ein Widerspruch?   9
1.2   E-Commerce fehlt Vertrauen   10
1.3   Das Teledienstedatenschutzgesetz als Antwort   11
1.4   Technisch-organisatorische Lösungen   14

1.1   E-Commerce und Datenschutz: ein Widerspruch?

Das Ziel von E-Commerce, von Geschäften im Internet, ist in erster Linie, Geld zu verdienen. Für E-Commerce-Anbieter bedeutet das vor allem, für ihre Kunden attraktive Angebote zu entwickeln und umzusetzen. Für gute Kundendienstleistungen sind vertrauensvolle Kundenbeziehungen erforderlich. Dafür brauchen die Dienstleister Wissen über ihre Kunden. Zum Einen suchen die Anbieter Wissen über individuelle Kunden, um die Bindung zu diesen herzustellen oder zu verbessern. Zum Anderen suchen sie Wissen über ihre Kunden im Allgemeinen, um ihr Angebot entsprechend zu entwickeln. Im Internet verschärft sich dieses Informationsbedürfnis, weil der Anbieter seine Kunden nicht kennt und ihnen auch nicht begegnet. E-Commerce-Angebote benötigen daher noch erheblich mehr Wissen über die Kunden als herkömmliche Produkt- und Dienstleistungsangebote.

Datenschutz zielt umgekehrt darauf, Wissen über Personen zu reduzieren. In jeder einzelnen Kooperation soll nur soviel Wissen über die individuellen Teilnehmer gesammelt und verarbeitet werden, wie für diese Zusammenarbeit erforderlich ist. Je weniger Wissen dabei aufkommt, desto besser. Das Höchstmaß an personenbezogener Datensparsamkeit wäre die vollständige Datenvermeidung in anonymer und unbeobachtbarer Kooperation, wie etwa beim Bezahlen mit Bargeld. Im E-Commerce ist diese Zielsetzung besonders wichtig, aber auch schwierig umzusetzen, weil jede Nutzung des Internet Datenspuren hinterlässt, die durch das elektronische Einkaufen und Bezahlen mit Identifizierung des Käufers personalisiert werden.

Zwischen den Zielen des E-Commerce und des Datenschutzes scheint ein Widerspruch zu liegen: E-Commerce verlangt nach Kundenbindung, und diese nach ausführlicher Kenntnis von Kundendaten. Datenschutz dagegen verlangt nach Datensparsamkeit. Wie soll das zusammenpassen?

Zur Zeit gibt es für diese Widerspruch keine systematische Lösung. Vielmehr hilft sich jeder selbst: Viele E-Commerce-Betreiber sammeln heimlich personenbezogene Daten, und zwar mehr als sie für ein Geschäft unmittelbar brauchen, während die Nutzer von Online-Diensten konsequent über alle ihre personenbezogenen Daten lügen, die zum Abschluss eines Geschäfts nicht unbedingt erforderlich sind. Die Datensammlungen der Unternehmen quellen über von Donald Ducks, die in Bahnhofstraßen und Parkalleen wohnen und phantasievolle Email-Adressen und Telefonnummern besitzen. Die Anbieter haben viel zu viele nutzlose Daten. Die Nutzer trauen Anbietern nicht, mit ihren richtigen Daten korrekt umzugehen, auf beiden Seiten ist das Vertrauen gering. Im Ergebnis gibt es *weder* Datenschutz *noch* E-Commerce.

1.2   E-Commerce fehlt Vertrauen

Dabei ist E-Commerce essentiell auf das Vertrauen der Kunden angewiesen. Und Datenschutz ist einer der kritischen Faktoren für die Bildung von Vertrauen. Viele potenzielle Kunden hegen jedoch ein großes Misstrauen gegenüber dem Interneteinkauf. Alle Umfragen zeigen, dass die weit überwiegende Mehrzahl der interessierten Nutzer den elektronischen Einkauf unterlassen, weil sie eine unerwünschte Verarbeitung ihrer Daten befürchten.[1]

Dieses Misstrauen ist angesichts der Möglichkeiten, die das Internet für den Missbrauch personenbezogener Daten bietet, nicht verwunderlich. Anders als beim gewohnten Einkauf in der körperlichen Welt hinterlässt im Internet jeder Schritt in einem Kaufhaus und jeder Blick in ein Schaufenster eine Datenspur. Fast alle Anbieter werten diese Datenspu-

---

[1]   In der ARD/ZDF Offline-Studie (1999-2001) gaben 73 Prozent der befragten Personen an, dass sie im Internet die Gefahr sehen, dass Dritte Zugriff auf persönliche Daten erhalten. Ähnlich die Studie des BAT-Freizeit-Forschungsinstituts 2001.

ren aus[2] – nicht nur für ihre eigenen Zwecke. Sie nutzen die gegebenen technischen Möglichkeiten, um Interessen, Vorlieben, Kaufgewohnheiten, Kaufkraft, und Kreditwürdigkeit ihrer Kunden kennenzulernen.[3] Sie erstellen auf diese Weise Konsumentenprofile und verkaufen diese vielfach auch an Dritte weiter. Profilhändler kombinieren die Konsumentenprofile mit vielfältigen öffentlich zugänglichen Daten und bieten sie für Marketing- und andere Zwecke zum Verkauf oder Leasing an.[4]

Solange diese Praktiken den Internet-Einkauf bestimmen, gibt es keinen Datenschutz im E-Commerce. Solange die potenziellen Kunden dies befürchten müssen, werden sie keine realen Kunden. Die notwendige Konsequenz für E-Commerce und Datenschutz kann daher nur sein: Nur gemeinsam können sie gewinnen.

Händler, die einen datenschutzfreundlichen Interneteinkauf ermöglichen, können die große Gruppe datenschutzbewusster Kunden auf sich lenken. Für sie wird aber auch in der Folgezeit der Imagegewinn und die Vertrauensbildung durch Datenschutz einen bleibenden Wettbewerbsvorsprung bilden.

1.3   Das Teledienstedatenschutzgesetz als Antwort

Um den für E-Commerce notwendigen Kundendatenschutz zu gewährleisten und in dieser Frage für einigermaßen gleiche Wettbewerbsbedingungen zu sorgen, hat der Gesetzgeber mit dem Teledienstedatenschutzgesetz (TDDSG) 1997[5] neue, auf das Internet bezogene

---

[2]   Nach dem Report der FTC 2000 sammeln 99% der 100 größten Online-Anbieter in den USA große Mengen Daten ihrer Besucher. In der Bundesrepublik dürfte diese Zahl nicht wesentlich geringer sein.

[3]   S. hierzu z.B. Köhntopp/Köhntopp, CR 2000, 248; Hillenbrand-Beck/Gress, DuD 2001, 389.

[4]   Das weltweit größte Unternehmen für Online-Werbung „Double-Click" verfügt über etwa 100 Millionen Konsumentenprofile, der zweitgrößte Anbieter „Engage" über 52 Millionen. Die Profile von „Engage" enthalten nach eigenen Angaben 800 Interessenkategorien – s. <http://www.engage.com/uk/press/releases/2qfiscal.htm>.

[5]   Das TDDSG wurde im Dezember 2001 durch das Gesetz für den Elektronischen Geschäftsverkehr (EGG) – BT-Drs. 14/6098 – novelliert, wobei einige kleinere Umsetzungsprobleme beseitigt, die wesentlichen und neuen Regelungen aber beibehalten wurden.

Datenschutzanforderungen aufgestellt.[6]. Diese Anforderungen sind zwar anspruchsvoll, aber sachgerecht.[7] Nur durch ihre Umsetzung wird das Vertrauensproblem des Electronic Commerce zu lösen sein.

Um spezifische Probleme des Datenschutzes im Internet zu lösen, hat der Gesetzgeber neue Wege beschritten.[8] Erwähnt werden sollen hier:

Zusätzliche Anforderungen an die *Transparenz* der Datenverarbeitung: Der Anbieter muss sich dem Kunden mit Namen, Adresse und bei juristischen Personen mit den Namen der Vertretungsberechtigten sowie weiteren Informationen vorstellen.[9] Vor allem aber muss er ihn noch vor der Erhebung von Daten umfassend über die Datenverarbeitung und seine Rechte gegenüber dem Anbieter informieren.

Die Datenverwendung ist nur zulässig, wenn sie durch eine spezifische Regelung erlaubt wird oder wenn der Nutzer in sie eingewilligt hat. Eine Einwilligung ist grundsätzlich nur wirksam, wenn sie schriftlich erteilt worden ist. Um in Telediensten eine Einwilligung ohne Medienbruch zu ermöglichen, bietet das TDDSG auch die Möglichkeit einer *elektronischen Einwilligung*.

Der beste Datenschutz wird gewährleistet, wenn keine personenbezogenen Daten verwendet werden. Daher ist der durch das TDDSG eingeführte Grundsatz der *Datensparsamkeit* und *Datenvermeidung* inzwischen zu einem zentralen Grundsatz modernen Datenschutzrechts geworden.[10] Zu seiner Umsetzung soll der Anbieter – soweit ihm dies technisch möglich und zumutbar ist – Möglichkeiten des anonymen oder pseudonymen Einkaufens und Bezahlens anbieten. Pseudonymes Handeln des Kunden könnte in vielen Fällen die Lösung des oben beschriebenen Widerspruchs zwischen dem Informationsbedarf des E-Commerce und dem Schutz der informationellen Selbstbestimmung[11]

---

[6]   S. z.B. Roßnagel, DuD 1999, 253; Bäumler, DuD 1999, 258; Büllesbach, DuD 1999, 263.

[7]   S. z.B. Roßnagel 1999, Einl. ins TDDSG, Rn. 51 ff.

[8]   S. zu den rechtlichen Anforderungen an den Datenschutz im Electronic Commerce näher Kap. 5.

[9]   S. auch § 312c BGB und §§ 1, 3 InfoV sowie § 6 TDG.

[10]   S. Roßnagel/Pfitzmann/Garstka 2001, 37, 98 ff.

[11]   Die vom BVerfG im Volkszählungsurteil aus Art. 2 Abs. 1 GG abgeleitete informationelle Selbstbestimmung ist das Rechtsgut, das durch Datenschutz geschützt

des Kunden sein. *Pseudonyme* ermöglichen dem Kunden, die eigene Entscheidung über seine Identität und deren Verknüpfung mit der Fülle der gespeicherten Internetdaten zu wahren, und ermöglichen dem Anbieter, den Kunden wiederzuerkennen, Daten über ihn zu verknüpfen und im Streitfall dessen Identität aufdecken zu lassen.[12] Aus diesem Grund erlaubt das TDDSG auch, Kundenprofile zu Pseudonymen zu erstellen. Dagegen dürfen Profile zu Identitäten nur mit ausdrücklicher Einwilligung erstellt werden.[13]

Schließlich fordert das TDDSG, dass der Nutzer das Internet auch nutzen können soll, um seine *Rechte wahrzunehmen*. Dies wird vom Gesetz für die Unterrichtung und den Hinweis auf die Widerrufbarkeit der Einwilligung sowie die Einsicht in die über ihn gespeicherten Daten verlangt.[14] Dies sollte aber auch für seine Korrekturrechte wie den Antrag auf Berichtigung, Sperrung oder Löschung der Daten vorgesehen werden.

Der Gesetzgeber selbst hat das TDDSG als ein Experiment bezeichnet. Wegen der Ungewissheit seiner Wirkungen hat er eine Evaluierung nach zwei Jahren verlangt. Die Evaluierung im Sommer 1999 hat zwei wichtige Ergebnisse gebracht. Das erste Ergebnis war, dass sich das TDDSG grundsätzlich bewährt hat. Das zweite Ergebnis war jedoch die Feststellung, dass die Anforderungen bei einem Teil der betroffenen Wirtschaft, insbesondere bei kleinen und mittleren Unternehmen, noch nicht ausreichend bekannt sind oder nicht beachtet werden. Auch waren diese über die technischen Möglichkeiten nicht ausreichend unterrichtet.[15]

---

werden soll. Sie gewährleistet die „Befugnis des Einzelnen, grundsätzlich selbst über die Preisgabe und Verwendung seiner persönlichen Daten zu bestimmen" – BVerfGE 65, 1 (43).

[12] S. zur Absicherung des Pseudonyms durch Zahlungsgarantien und andere Formen pseudonymen Handelns Roßnagel/Pfitzmann/Garstka 2001, 151f.

[13] S. zu Pseudonymen ausführlich Roßnagel/Scholz, MMR 2000, 721.

[14] S. hierzu näher Bizer, in: Roßnagel 1999, § 3 TDDSG, Rn. 250; Schaar, in: Roßnagel 1999, § 7 TDDSG, Rn. 38 ff.

[15] Bundesregierung, BT-Drs. 14/1191, 14 ff.; Bäumler, DuD 1999, 262, Wolters, DuD 1999, 277, 280; Bundesbeauftragter für den Datenschutz 1999, 146; Tettenborn, MMR 1999, 519; Roßnagel, DuD 1999, 257; Büllesbach, DuD 1999, 265; Grimm/Löhndorf/Scholz, DuD 1999, 273.

Dieses Umsetzungsdefizit besteht fort. Bisher ist – uns zumindest – keine Realisierung von Einkaufsverfahren bekannt, die alle Anforderungen des TDDSG vollständig umsetzt. Dies hat seinen Grund vor allem darin, dass auch heute noch immer keine Internet-Shop-Anwendungen angeboten werden, die diese Anforderungen erfüllen. Der Widerspruch zwischen E-Commerce und Datenschutz bleibt bislang praktisch ungelöst.

1.4   Technisch-organisatorische Lösungen

Um zu zeigen, dass die Datenschutzanforderungen des TDDSG technisch umsetzbar und wirtschaftlich zumutbar sind, war das Ziel des Forschungsprojekts „Datenschutz in Telediensten (DASIT)", ein prototypisches Einkaufs- und Bezahlverfahren zu entwickeln, das genau dieses gewährleistet. Es sollte demonstrieren, dass durch eine technisch-organisatorische Lösung der Widerspruch zwischen E-Commerce und Datenschutz aufgehoben werden kann. Die technische Umsetzung datenschutzrechtlicher Anforderungen, die Erweiterung von E-Commerce-Anwendungen durch Datenschutzkonzepte und -mechanismen sollte zeigen, dass es möglich ist, fortschrittliche Technik zu entwickeln, die Datenschutz sichern, das Vertrauen stärken und dadurch den E-Commerce fördern kann.

Wie ein datenschutzförderndes Verfahren für das Einkaufen und Bezahlen im Internet konzipiert, entwickelt, implementiert und genutzt werden kann, soll in diesem Buch am Beispiel von DASIT beschrieben werden.

2 Internationale Bedeutung des Datenschutzes im Internet

Alexander Roßnagel, Rüdiger Grimm

2.1	Weltweite Vernetzung	15
2.2	Internetdatenschutz in Europa	17
2.3	Internetdatenschutz in USA	18
2.3.1	Beschränkte Datenschutzregeln	18
2.3.2	Selbstregulierung und Selbstkontrolle	19
2.3.3	Datenschutzpolitische Entwicklung	21
2.4	Internetdatenschutz in Japan	23
2.4.1	Gyoseishido und Guidelines	24
2.4.2	Selbstregulierung	25
2.4.3	Datenschutzaudit	27
2.4.4	Grundgesetz für den Datenschutz	27
2.5	Internetdatenschutz durch weltweite Technikstandards	28

2.1 Weltweite Vernetzung

E-Commerce findet weltweit statt. Ebenso ist Datenschutz weltweit ein Problem. Er kann nicht mehr allein auf der Ebene eines Staates oder auch nur der Europäischen Union gewährleistet werden. Die Globalisierung der Wirtschaft und die weltweite Vernetzung erzwingen den Blick für die globale Dimension dieser Herausforderung. Alle Staaten der Informationsgesellschaft haben in der Sache die gleichen Probleme.

So wird auch in den USA etwa das ungelöste Problem des Datenschutzes als ein bedeutendes Hindernis für die Entfaltung des E-Commerce gesehen.[1] Eine Umfrage des Wall Street Journal Ende 1999 stellte fest, dass sich die amerikanische Bevölkerung zu Beginn des neuen Jahrtausends angesichts der Zukunftsrisiken am meisten vor dem Verlust von Privacy (29%) fürchtet.[2] Es wird geschätzt, dass dem Electronic Commerce durch unzureichenden Datenschutz 1999 etwa 2,8 Mrd. US Dol-

---

[1] S. die vergleichende Untersuchung zu Großbritannien, Deutschland und USA von IBM 1999.

[2] Wall Street Journal, 16.9.1999, A-10.

lar verloren gingen[3] und bis 2002 etwa 18 Mrd. US Dollar verloren gehen werden.[4] Ebenso wird in Japan das Datenschutzproblem als eines der Haupthindernisse für eine breite Akzeptanz des E-Commerce gesehen. Auch die betroffene Industrie selbst ist der Auffassung, dass ein wirksamer Datenschutz die zentrale Voraussetzung für erfolgreichen Electronic Commerce der Zukunft darstellt.[5]

Die Staaten der Informationsgesellschaft unterscheiden sich nicht im tatsächlichen Problem des Datenschutzes und weniger in der Problemwahrnehmung, sondern vor allem darin, wie sie im Rahmen ihrer spezifischen Rechtsordnung und -tradition mit dem Problem umgehen – in USA stärker durch Selbstregulierung, in Kanada durch eine Industrienorm, in Japan durch ministeriell angeleitete Selbstregulierung, in Europa durch Gesetze.

Für die Suche nach einer Lösung macht es keinen Sinn, innerhalb eines Staates einen Sonderweg zu gehen – weder rechtlich noch gar technisch. Wenn versucht werden soll, ein Verfahren für ein datenschutzförderndes Einkaufen und Bezahlen im Internet zu entwickeln, dann muss dieses in die internationale Entwicklung von E-Commerce und Datenschutz passen und mit internationalen Standards in diesem Bereich vereinbar sein.

Hierfür ist es notwendig, zur Kenntnis zu nehmen, wie sich die stärksten Wirtschaftsmächte und die einflussreichsten Meinungsführer in dieser Frage entwickeln. Daher soll ein kurzer Blick auf Europa, vor allem aber auf die USA und Japan geworfen werden.[6] Außerdem ist

---

[3]   Forrester Privacy Best Practice Report, zit. in einer Microsoft Anzeige, New York Times vom 23.3.2000, A 12.

[4]   Im Vergleich zum geschätzten Umsatz von etwa 40 Mrd. US Dollar – s. Sandeep Junnarkar, CNET News.com (17.8.1999), http://home.cnet.com/category/0-1007-200-346152.html.

[5]   Nach einer im Auftrag des MPT 1999 durchgeführten Umfrage sind fast 70% an Datenschutz interessiert. 92% der Befragten haben das Gefühl, dass persönliche Informationen von ihnen unbemerkt verwendet werden – s. MPT News, Vol. 10, No. 17 vom 15.11.1999.

[6]   In diese beiden Staaten erfolgten zwei Forschungsreisen im Oktober 1999 und im April 2000 – s. hierzu die Berichte in Grimm/Roßnagel, DuD 2000, 446; Roßnagel/Scholz, DuD 2000, 454; Roßnagel, DuD 2001, 154.

darzustellen, wie sich technische Standards entwickeln, die Datenschutz in technische Lösungen umsetzen wollen.

2.2   Internetdatenschutz in Europa

In Europa wird der Datenschutz durch die Europäische Datenschutzrichtlinie von 1995 und die Europäische Telekommunikationsdatenschutzrichtlinie von 1997[7] geprägt. Beide regeln, dass die Verarbeitung personenbezogener Daten nur zulässig ist, wenn eine Einwilligung des Betroffenen oder eine besondere Rechtsregel dies erlaubt, sowie dass die Daten nur im erforderlichen Umfang erhoben werden und grundsätzlich nur zu dem ursprünglichen Zweck verwendet werden dürfen. Sie geben dem Betroffenen das Recht auf Auskunft zu den über ihn gespeicherten Daten sowie auf Berichtigung falscher und Löschung unzulässig gespeicherter Daten.

Die beiden Richtlinien sorgen dafür, dass innerhalb der Europäischen Gemeinschaft der Datenschutz ernst genommen wird und vergleichbare Maßnahmen zu seinem Schutz – auch im Hinblick auf das elektronische Einkaufen und Bezahlen – ergriffen werden. In der Bundesrepublik Deutschland wurde die Datenschutzrichtlinie im Mai 2001 – lange nach Ende der Umsetzungsfrist im Oktober 1998 – umgesetzt. Die Grundanforderungen an den Datenschutz gelten inzwischen in allen Mitgliedstaaten gleichermaßen, auch wenn einzelne Anforderungen des TDDSG nicht in allen Mitgliedstaaten Entsprechungen haben.[8]

Die Richtlinien werden auch außerhalb der Europäischen Gemeinschaft befolgt. In Europa orientieren sich alle anderen Staaten ebenfalls an den Richtlinien. Dies gilt einmal für die Beitrittskandidaten, weil sie sich der Rechtsordnung der Europäischen Gemeinschaft anpassen müssen.[9] Dies gilt aber auch für die anderen europäischen Staaten, weil es für sie in einer letztlich globalen Frage keinen Sinn macht, andere Regeln zu verfolgen als die übermächtige Gemeinschaft.

Die Datenschutzrichtlinie wirkt sich wegen ihres Verbots der Übermittlung von personenbezogenen Daten in Staaten außerhalb von Europa,

---

[7]   Diese befindet sich derzeit in einem Novellierungsprozess – s. KOM(2000)385.

[8]   Sie halten sich aber innerhalb des von der Richtlinie gegebenen Spielraums.

[9]   S. Schröder, DuD 2000, 466, für die baltischen Staaten und Leopold, DuD 2000, 471, für Norwegen.

in denen keine vergleichbaren Datenschutzregelungen bestehen, aber auch auf die Rechtsordnung anderer Staaten aus. So hat sich etwa Kanada im Jahr 2000 ein neues und für den gesamten nicht öffentlichen Bereich geltendes Datenschutzgesetz gegeben.[10] In Japan ist ein solches Gesetz im Gesetzgebungsverfahren.[11] Die USA mussten für die europäischen Daten „Safe Harbors" einrichten, in denen sie weitergehenden Datenschutz bieten als für ihre eigenen Bürger.

Somit kann für Europa und über Europa hinaus aufgrund der Datenschutzrichtlinien von vergleichbaren Datenschutzanforderungen ausgegangen werden wie in der Bundesrepublik Deutschland.

2.3   Internetdatenschutz in USA

In den USA ist es nicht strittig, dass für das noch ungelöste Problem des Datenschutzes im E-Commerce eine Lösung gefunden werden muss. Heiß umstritten ist jedoch, ob diese rechtlich in einer Selbstregulierung oder gesetzlichen Regulierung gefunden werden soll.

2.3.1   Beschränkte Datenschutzregeln

Die USA haben kein systematisches Datenschutzrecht. Dies hat vor allem verfassungsrechtliche Gründe. Das Datensammeln gilt als Grundrechtsausübung (Free Speech) und darf für das Erreichen eines gesetzlichen Ziels nur durch die „least restricting solution" eingeschränkt werden. Das Mittel muss „proportionate and transparent in time, place and mannor" sein. Nach überwiegender Ansicht verhindert dies weitgehend generelle Regelungen, weil spezifische Regelungen meist weniger einschneidend sind. Außerdem darf ein Gesetz nicht zu breit und zu vage sein, sondern muss ausreichend bestimmt sein. Es darf keinen „chilly effect on free speech" verursachen. Beide Grundsätze führen oft dazu, dass generelle Regelungen wie in europäischen Datenschutzgesetzen keine Umsetzungschance haben.[12]

---

[10]   Huband, DuD 2000, 461.

[11]   S. z.B. Fujiwara 2001.

[12]   Die OECD Guidelines von 1980, www. datenschutz-berlin.de/gesetze/internat/ bde.htm, spielen in den USA deshalb eine wichtige Rolle, weil es keine andere allgemeine Regelung gibt, auch wenn sie nur Empfehlungscharakter haben.

Aus diesem Grund ist – gerade umgekehrt wie in Deutschland – die Verarbeitung personenbezogener Daten – auch soweit sie als zweckfreie Vorratsspeicherung erfolgt – grundsätzlich zulässig, es sei denn, dies wird durch ein Gesetz untersagt. Solche Einschränkungen sind jedoch nur in spezifischen Bereichen in unsystematischer Weise geregelt.[13] Im privaten Bereich sind dies beispielsweise der „Video Privacy Protection Act" von 1988[14] und der „Fair Credit Reporting Act" von 1970.[15] Für das Internet gibt es bisher nur eine bereichsspezifische Regelung,[16] nämlich den „Children's Online Privacy Protection Act" von 1998. Das Gesetz verpflichtet für das Sammeln personenbezogener Daten von Kindern unter 13 Jahren zur Einhaltung von Mindeststandards und zur Einwilligung der Eltern.[17]

2.3.2   Selbstregulierung und Selbstkontrolle

Datenschutz im E-Commerce wird bisher durch Selbstregulierung und Selbstkontrolle zu gewährleisten versucht. „Fair Practices" der Anbieter sollen „Notice and Choice" ermöglichen. Dadurch sollen Marktmechanismen über den gewünschten Datenschutz entscheiden. Die marktorientierte Selbstregulierung soll vor allem in der Form erfolgen, dass der Internetanbieter seine Datenschutz-Politik in einem Privacy Statement auf seiner Homepage vorstellt. Statt diese selbst zu formulieren kann der Anbieter sich der branchenspezifischen Datenschutz-Politik eines Verbands anschließen. Das wichtigste Beispiel einer verbandlichen Selbstregulierung ist die „Online Privacy Alliance". In dieser haben sich

---

[13] Regelungen beschränken sich oft auf bestimmte Datenarten oder Verarbeitungsphasen – s. Reidenberg, Fed. Comm. Law Journal 44 (1993), 195; Schwartz/Reidenberg 1996, 215 ff.; Schwartz, Vanderbilt Law Review 52 (1999), 1632 ff.

[14] 18 USC 2710.

[15] 15 USC 1681 in der Fassung von 1992; der Federal Right to Financial Privacy Act von 1978, 12 USC. 3401, untersagt Finanzinstitutionen, personenbezogene Daten über Kunden an Staatsbehörden weiterzugeben; s. Schwartz/Reidenberg 1996, 266 ff.

[16] S. Kang, Stan.Law Review 50 (1998), 1193, 1230 ff.; Schwartz, Vanderbilt Law Review 52 (1999), 1632 ff.

[17] Private Selbstregulierung und -kontrolle kann aber nach Überprüfung durch die FTC die gesetzlichen Vorgaben ersetzen – s. www.ftc.gov/ogc/stat3.htm; s. hierzu die Childrens' Online Privacy Protection Rule, www.cdt.org/privacy/childrensprivacy.pdf; s. hierzu auch FTC 1999.

etwa 100 weltweit operierende amerikanische Unternehmen und Vereinigungen[18] zusammengeschlossen, um in Selbstregulierung das Problem des Datenschutzes zu lösen.[19] Die Mitglieder der Alliance müssen sich verpflichten,

- eine Datenschutz-Politik zu beschließen und bei sich umzusetzen

- die Datenschutz-Politik zu veröffentlichen und leicht zugänglich zu machen,

- dem Nutzer die Möglichkeit zu geben, vor der Erhebung von personenbezogenen Daten, die Datenschutz-Politik zur Kenntnis zu nehmen und sich für ein Verbleiben in dem Angebot oder sein Verlassen zu entscheiden,

- Maßnahmen der Datensicherung und zur Sicherung der Qualität der Daten und des Zugangs zu ihnen zu ergreifen.[20]

Das zentrale Problem privater Selbstregulierung ist jedoch deren Vollzug. Um eine effektive Umsetzung ihrer Selbstverpflichtung zu gewährleisten, sollen sich die Mitglieder der „Online Privacy Alliance" an einem „Privacy Seal Program" beteiligen. Solche Programme werden auf dem amerikanischen Markt zum Beispiel als „BBBonline" von der Verbraucherschutzvereinigung „Council of Better Business Bureaus", als „WebTrust" von den Organisationen der Wirtschaftsprüfer in USA und Kanada „American Institute of Certified Public Accountants" und „Canadian Institute of Chartered Accountants", als „ESRB Privacy Online" von dem „Entertainment Software Rating Board" (ESRB) und von dem Silicon-Valley-Unternehmen „TRUSTe" angeboten.[21] Hat sich der Teilnehmer zu einer Datenschutz-Politik verpflichtet, wie sie die „Online Privacy Alliance" formuliert hat, erhält er ein „Trustmark", das er auf seiner Homepage anbringen kann und das den Nutzer direkt zur Erklärung der Datenschutzpraktiken führt. Der Nutzer kann nach deren Lektüre entscheiden, ob er auf der Web-Site bleibt oder diese verlässt.

Die Teilnahme an einem „Seal Program" ist für den praktizierten Datenschutz allerdings nur begrenzt aussagekräftig. Zugespitzt formuliert, ist für das Siegel nur entscheidend, dass die eigene Datenschutz-Politik

---

[18] S. www.privacyalliance.org/who/; s. insb. die Untersuchung von Culnan 1999.

[19] S. hierzu auch FTC 1998, 8 ff.

[20] S. www.privacyalliance.org/resources/ppguidelines.shtml.

[21] S. www.bbbonline.org; www.cpawebtrust.org; www.esrb.org; www.truste.org.

veröffentlicht wird und sich der Anbieter an diese hält. Datenschutz ist reduziert auf die rechtzeitige Information des Nutzers und dessen Wahlmöglichkeit, das Angebot zu verlassen.[22] Letztlich bestätigt das Siegel nur die Selbstverpflichtung zu dieser Form der Transparenz. Daher erhalten auch diejenigen Anbieter das Siegel, die offen beschreiben, dass sie fleißig Daten sammeln und auch an Dritte weitergeben: „good notices of bad practices".[23]

2.3.3   Datenschutzpolitische Entwicklung

Mit der geschilderten Situation sind in den USA viele unzufrieden und dringen auf eine Verbesserung des Datenschutzes. Über den Weg, wie dies zu erreichen ist, ist eine heftige Debatte zu Regulierung und Selbstregulierung des Datenschutzes entbrannt.

Für den eingeschlagenen Weg der Selbstregulierung wird geltend gemacht, Selbstregulierung sei das einzige Mittel

- im zersplitterten Rechtssystem der USA, einen einheitlichen Standard zu formulieren,

- Datenschutz praktisch durchzusetzen, weil andere Vollzugsorgane wie Datenschutzbeauftragte oder Aufsichtsbehörden fehlen,

- immer wieder relativ schnell auf neue Herausforderungen im Internet zu reagieren.

Außerdem würden Besonderheiten des US-Prozessrechts[24] würden bei einer gesetzlichen Regelung zu einer Prozessflut mit unabsehbaren Risiken für die dynamische Entwicklung des E-Commerce führen

Zunehmend werden aber auch starke Argumente für eine Regulierung des Datenschutzes im E-Commerce geltend gemacht. Die Selbstregulierung der Wirtschaft sei unzureichend. Freiwillige Standards würden immer nur von einem Teil der Unternehmen befolgt. Ein großer Teil

---

[22] Nach FTC 2000, 20, haben nur 71% der 45% Top-Seiten, die an einem Seal Program teilnehmen, tatsächlich Notice und Choice implementiert, nur 56% von diesen ermöglichen zusätzlich Access und sehen Maßnahmen der Datensicherheit vor.

[23] Diesen Hinweis verdanken wir Schwartz, Brooklyn Law School.

[24] Dies seien Punitive Damages, Pretrial Discovery, Class Actions und Contigent Fees – s. hierzu Grimm/Roßnagel, DuD 2000, 451.

würde sich ihnen entziehen.[25] Für viele Internetkontakte hieße dies, dass in ihnen ein minderer oder gar kein Datenschutz gewährleistet werde. Dies werde sich über ein weiterbestehendes Misstrauen auch negativ auf diejenigen auswirken, die sich an freiwillige Standards halten. Die Selbstregulierung habe bisher nur geringe Erfolge erringen und nur einen kleinen Teil der Internetanbieter für sich gewinnen können.[26] Selbst gegenüber denjenigen Unternehmen, die sich formell zur Einhaltung selbstgesetzter Standards verpflichten, könnten diese nicht durchgesetzt werden, weil ein Verstoß an keine spürbaren Konsequenzen gebunden sei. Im Konfliktfall würden sich ökonomische Interessen immer gegen die Selbstverpflichtung durchsetzen, der Datenschutz somit unter einen Wirtschaftlichkeitsvorbehalt gestellt.

Dieser Ansicht hat sich die „Federal Trade Commission" (FTC) 2000 in ihrem Bericht an den Congress „Fair Information Practices in the Electronic Marketplace" angeschlossen. Die Internetwirtschaft habe die breite Annahme ihrer Programme zur Selbstregulierung des Datenschutzes nicht erreichen können. Selbstregulierung allein könne nicht sicherstellen, dass der Online-Marktplatz insgesamt die Datenschutzstandards umsetzen wird. Aufgrund der wachsenden Besorgnis über den Datenschutz im Internet und den geringen Erfolg der Selbstregulierung empfiehlt die FTC ein Gesetz, um den Online-Datenschutz der Verbraucher sicherzustellen. Dieses sollte regeln, dass kommerzielle Web-Angebote die folgenden vier Prinzipien zu beachten hätten:[27]

- *Notice:* Sie sollen die Nutzer klar und verständlich über ihre Datenverarbeitungspraxis informieren.

- *Choice:* Sie sollen den Nutzern die Möglichkeit bieten zu entscheiden, wie die Daten außerhalb der Verwendung genutzt werden können, zu der sie gegeben worden sind.

---

[25] Westin schätzt, dass in den USA nur etwa 25% der Unternehmen kurzfristig für Selbstregulierung zu gewinnen sind, langfristig vielleicht weitere 35 %. Jedoch sind 40% der Unternehmen nur mit gesetzlichen Vorgaben zu erreichen.

[26] S. z.B. Schwartz, Vanderbilt Law Review 52 (1999), 1696 ff.; Rotenberg 1999; CDT 1999; Reidenberg, Berkeley Technology Law Journal, 14 (1999), 781 ff.; ders., Texas Law Review 76 (1998), 553; Westin 1997. Diese Meinung wird von 82% der Antworten auf eine Umfrage geteilt, FTC 2000, 2.

[27] FTC 2000, 36 ff.

- *Access*: Sie sollen dem Nutzer Zugang zu den über ihn gesammelten Daten sowie die Möglichkeit gewähren, sie zu überprüfen, zu korrigieren und zu löschen, soweit dies verhältnismäßig ist.

- *Security*: Sie sollen verhältnismäßige Maßnahmen zur Sicherung der Daten ergreifen.

Die Befürwortung eines Gesetzes, nicht aber die Sorge um die Durchsetzung von Datenschutz, hat die neue FTC unter der Bush-Administration inzwischen wieder aufgegeben. Sie will statt dessen Datenschutz durch eine Aufstockung ihrer Datenschutzabteilung um 50 Prozent und vermehrte Kontrollen durchsetzen.[28]

Zusammenfassend kann festgehalten werden: Datenschutz hat in den USA rasant an Bedeutung gewonnen und ist zu einem Schlüsselproblem des Electronic Commerce geworden. Wie ausreichender Datenschutz im Internet gewährleistet werden soll, ist in den USA – entgegen dem hiesigen Eindruck – sehr umstritten. Unabhängig davon, wie dieser Streit ausgeht, besteht in den USA ein hohes Problembewusstsein und ein großes Interesse an technischen Unterstützungen der Anbieter und Nutzer bei der Bewältigung des Datenschutzproblems.

2.4   Internetdatenschutz in Japan

In Japan fehlte bisher ein umfassendes Datenschutzgesetz für alle Bereiche der Datenverarbeitung. Für den öffentlichen Bereich gibt es seit 1988 ein Datenschutzgesetz für die Bundesverwaltung,[29] nicht jedoch für die private Wirtschaft. Für diese gelten nur einige bereichsspezifische Gesetze.[30] Für das Internet von Bedeutung ist derzeit eigentlich nur der Schutz des Telekommunikationsgeheimnisses.[31] Die einschlägi-

---

[28] S. z.B. www.ftc.gov/speeches/muris/privisp1002.htm.

[29] Act Concerning Protection of Personal Data Related to Computer Processing Held by Administrative Organizations, 1988; s. Hiramatsu, UFITA 1991, 83.

[30] So sind z.B. für Kreditinformationen Datenschutzregelungen im Ratenzahlungsgesetz und im Gesetz für Kreditgeschäfte enthalten. Diese verbieten, Kreditinformationen außerhalb des ursprünglichen Zwecks zu verwenden.

[31] Art. 21 Abs. 1 der Verfassung; § 1 Abs. 4 Telecommunications Business Act, § 9 Wire Telecommunications Act, § 59 Radio Wave Act; s. dazu z.B. Hiramatsu, UFITA 1992, 19; ders., CACM 8/1993, 74; ders., The International Computer Lawyer 1993, Febr. 1993, 22.

gen Regelungen schützen die Vertraulichkeit und somit die Inhaltsdaten der Kommunikation, nicht aber Bestandsdaten und nur beschränkt Nutzungs- und Abrechnungsdaten. Die Erstellung von Profilen aus den Daten der Internetnutzung ist gesetzlich nicht geregelt.

2.4.1   Gyoseishido und Guidelines

Für den Datenschutz im privaten Bereich sind nicht verbindliche Gesetze, sondern formal unverbindliche behördliche Empfehlungen (Administrative Guidelines) entscheidend. Faktisch wirken sie allerdings aufgrund der japanischen Rechtskultur[32] wie Gesetze. Sie sind ein möglicher Ausdruck von Gyoseishido,[33] einem spezifischen Steuerungsinstrument des japanischen Verwaltungsrechts, für das es in Deutschland keine direkte Entsprechung gibt.[34] Gyoseishido sind „tatsächliche Anleitungen des Volkes oder der Bürger durch die Verwaltung". In der Form behördlicher Empfehlungen[35] werden sie von Ministerien erlassen, gelten aber nicht – wie Verwaltungsvorschriften – für den Binnenraum der Verwaltung, sondern wenden sich, ohne formal verbindliches Recht zu sein, an die Bürger.

Solche Empfehlungen enthalten die Guidelines des Ministeriums für internationalen Handel und Industrie (MITI) und des Ministeriums für Post und Telekommunikation (MPT).[36] Die „MITI-Guidelines for the Protection of Computer-Processed Personal Data in the Private Sector"[37] orientieren sich stark an den OECD-Guidelines von 1980. Sie sehen vor, dass der Datenverarbeiter ein eigenes Datenschutzmanagement einführen, eine Datenschutzpolitik entwerfen und diese öffentlich

---

[32] S. zu dieser mit Blick auf die Datenschutzregulierung Roßnagel/Scholz, DuD 2000, 456f. m.w.N.

[33] Zur etymologischen Herleitung s. Pape 1980, 3.

[34] S. z.B. Fujita, Verwaltung 1982, 226; Shiono 1990, 45; Pape 1980, 32 ff.

[35] Zu den möglichen Formen s. Fujita, NVwZ 1994, 133; ders., Verwaltung 1982, 227; Pape 1980, 9 ff.

[36] Das MITI wurde inzwischen zum Minitsry of Economy, Trade and Industry (METI) umbenannt und das MPT in das neue Ministry of Public Management, Home Affairs, Post and Telecommunications (MPMHPT) integriert.

[37] MITI Notification No. 98, 4.3.1997, www.jipdec.or.jp/security/privacy/guidline-e.html und www.datenschutz-berlin.de/sonstige/dokument/miti.htm. Zu ihrer Geschichte s. MITI 1998, 17f.

bekannt machen, sich selbst interne Datenschutzregeln geben, eine Reihe inhaltlicher Anforderungen wie Zweckbindung und Einwilligung des Betroffenen erfüllen und diesem Rechte der Einsicht und Korrektur einräumen muss. Einwilligung und Einsicht können auch online erfolgen, wenn der Datenverarbeiter ohnehin im Internet handelt und dort auch seine Datenschutzpolitik veröffentlicht hat. Ähnliche Anforderungen enthalten die „Guidelines for the Protection of Personal Data in the Telecommunications Industry" des MPT, die für Telekommunikationsunternehmen und Internet-Service-Provider gelten.[38]

Die Guidelines sind im Rechtssinn nicht bindend, werden aber von den Verbänden und den meisten Unternehmen als verbindlich angesehen. Sie werden zum einen befolgt, weil sie weitgehend den Konsens der interessierten Kreise zum Ausdruck bringen. Sie haben vor allem die Aufgabe, eine gemeinsame Linie für alle festzulegen und einen Maßstab der Vergleichbarkeit zu bieten, wenn Unternehmen oder Verbände eigene Guidelines aufstellen. Der zweite Grund für ihre Befolgung ist die informelle Diskriminierung von Abweichlern durch den Verband oder das Ministerium. Da Japan eine aktivere Industriepolitik betreibt, bedeutet der Ausschluss von Subventionen und anderen Unterstützungen mehr, als dies in Deutschland der Fall wäre.[39]

---

[38] MPT Notice No. 570 of 1998, www. mpt.go.jp/guideline_privacy-e.html – s. hierzu auch MPT 1998.

[39] S. Fujita, Verwaltung 1982, 228, 233.

2.4.2   Selbstregulierung

Die MITI- und die MPT-Guidelines sind als Modell gedacht, das von Wirtschafts-Verbänden in eigene bereichsspezifische, ihren Bedürfnissen angepasste Guidelines übernommen werden soll. Die MITI-Guidelines etwa wurden bis 2000 von 18 Wirtschaftsverbänden, die 94.000 Unternehmen vertreten, in eigene Codes of Conduct umgesetzt.[40]

Alle privaten Datenschutz-Guidelines sind entweder an den MITI-Guidelines oder an den MPT-Guidelines orientiert. Die Selbstregulierung in Japan ist eine der spezifischen Rechtskultur angepasste regulierte Selbstregulierung. Die Ministerium-Guidelines entsprechen dabei einer inhaltlich sehr starken rechtlichen Rahmenregelung für die wirtschaftliche Selbstregulierung. Relevante private Guidelines für den Electronic Commerce sind die des „Electronic Network Consortium" (ENC), der "Japan Information Service Industry Association" (JISA), der "Cyber Business Association" (CBA) und des "Electronic Commerce Promotion Council of Japan" (ECOM).[41] Sie konkretisieren die Vorgaben der MITI- oder MPT-Guidelines für besondere Anwendungsbereiche. Einzelne Unternehmen befolgen entweder die Guidelines ihres Verbands oder orientieren sich für ihren Code of Conduct an den Guidelines, die ihnen am passendsten erscheinen.

Hinsichtlich der Befolgung der selbstregulierten Vorgaben wird jedoch auch Kritik geäußert. Zwar gelten ihre Inhalte als geeignet, auch sehen die meisten vor, dass bei Konflikten sich der Kunde direkt an den jeweiligen Unternehmensverband wenden und dort seine Beschwerde

---

[40] Sie repräsentieren fast alle Unternehmen, die von dem Anwendungsbereich der MITI-Guidelines – Kundendaten, nicht Arbeitnehmerdaten – betroffen sind.

[41] ENC: Guidelines For Protecting Personal Data In Electronic Network Management (Revised), December 1997, www.nmda.or.jp/enc/ privacy-rev-english.html; JISA: Guidelines Concerning the Protection of Computer Processed Personal Data in The Information Service Industry in Japan (JISA, 26.11.1997), www.jisa.or.jp/info-e/JISAprivacyguideline-e.html; CBA: Guidelines for the Protection of Personal Data in Cyber Business, December 1997, www.fmmc.or.jp/associations/cba/; ECOM: Guidelines Concerning the Protection of Personal Data in Electronic Commerce in the Private Sector (Version 1.0), March 1998, www.ecom.or.jp/ecom_e/guide/personal.pdf.

einreichen kann. Doch sehen sie keine Mittel zur Durchsetzung vor. Die Guidelines haben Einfluss auf die Unternehmensführungen, weil diese in Kontakt zum Ministerium oder zum Verband stehen und sich diesen verpflichtet fühlen. Sie werden aber längst nicht von allen Verbandsmitgliedern und noch seltener von Nichtmitgliedern beachtet. Auch sind keine Fälle bekannt, in denen Wirtschaftsverbände Mitglieder wegen Verstößen gegen die Privacy Guidelines ausgeschlossen hätten. Als großes Problem wird angesehen, dass die Guidelines nicht für die Angestellten gelten und von diesen auch nicht besonders ernst genommen werden, weil sie keine Strafvorschriften enthalten. Die meisten Datenschutzverletzungen erfolgen jedoch durch Angestellte.

2.4.3   Datenschutzaudit

Die Durchsetzung des Datenschutzes wird durch freiwillige Auditsysteme verstärkt, die die Befolgung bestimmter Datenschutzanforderungen mit einem Datenschutzzeichen auszeichnen. Um als Grundlage eines Audits dienen zu können, wurden die MITI-Guidelines zum „Japanese Industrial Standard" (JIS) Q 15001 „Requirements for Compliance Program on Personal Information Protection" fortentwickelt[42] und vom MITI im März 1999 als Industrienorm in Kraft gesetzt. Durch die Annahme als Industriestandard hat die Autorität und faktische Verbindlichkeit dieser Guidelines gewonnen.[43] Nach dieser Norm führt das „Japan Information Processing Development Center" (JIPDC) das „Privacy Mark System" durch, an dem im Herbst 2000 über 170 Unternehmen teilnahmen.[44]

2.4.4   Grundgesetz für den Datenschutz

Das zunehmende Datenschutzbewusstsein, die rasante technische Entwicklung, die Bedeutung des Datenschutzes für den Electronic Commerce und die Vorgaben der Art. 25, 26 EG-Datenschutzrichtlinie haben dazu geführt, dass Japan sich jetzt ein Grundgesetz für den Datenschutz gibt, das sowohl den öffentlichen wie auch den bisher weitge-

---

[42]   S. www.jsa.or.jp/eng/catalog/frame.htm.

[43]   Japan ist nach Kanada – s. Huband, DuD 2000, 461 ff. – das zweite Land, das Datenschutz in einer Industrienorm geregelt hat.

[44]   S. zu Auditverfahren in Japan ausführlich Roßnagel, DuD 2001, 154.

hend ungeregelten privaten Bereich umfassen wird.[45] Es befindet sich kurz vor der Verabschiedung.

Das Gesetz enthält im ersten Teil ein „Grundgesetz des Datenschutzes" und im zweiten Teil ein allgemeines Gesetz für den nicht-öffentlichen Bereich mit praktisch wichtigen Pflichten für die Unternehmen. Das Gesetz enthält nur Minimalforderungen. Deshalb kann und soll die Selbstregulierung von Wirtschaftsverbänden ein höheres Regelungsniveau erreichen.[46]

Jeder, der personenbezogene Daten verarbeitet, soll folgende fünf Grundprinzipien beachten: Zweckbindung (und Erforderlichkeit), Erhebung der Daten durch rechtmäßige Mittel, Korrektheit der Daten, Gewährleistung der Datensicherung und vor allem Transparenz der Datenverarbeitung. Die Grundsätze sind erstens Richtlinien für die Regierung, die verpflichtet ist, ein umfassendes Datenschutzprogramm zu planen, zweitens Kriterien für die Arbeit der Beschwerdestellen und drittens Maßstab für alle, die personenbezogene Daten verarbeiten.

Das Datenschutzrecht in Japan steht vor einem tiefen Wandel. Im Vergleich zu Deutschland wurde Datenschutz bisher in einer anderen Rechtstradition und dementsprechend mit anderen Instrumenten und Ansätzen realisiert. Aber ebenso wie hier sind diese für Electronic Commerce unzureichend und müssen an neue Herausforderungen angepasst werden. Dabei wird sich Japan stärker an der allgemeinen internationalen Entwicklung, die von Europa ausging, orientieren.

2.5   Internetdatenschutz durch weltweite Technikstandards

Nationale Regelungen können nur im Hoheitsgebiet des Nationalstaats wirken. Technische Lösungen, die Anbieter und Nutzer unterstützen, können den Datenschutz jedoch über Grenzen hinweg weltweit sicherstellen. In einem vollständig technisierten Umfeld wie dem Internet müssen daher Datenschutzregeln durch technische Hilfsmittel umgesetzt werden. Für technische Lösungen müssen jedoch soweit möglich weltweite Technikstandards beachtet werden.

---

[45] S. zur Entstehungsgeschichte Roßnagel/Scholz, DuD 2000, 459f.; Fujiwara 2001.
[46] S. näher Fujiwara 2001.

Um die Grundregel des „Notice and Choice" technisch zu unterstützen, hat das World Wide Web Consortium (W3C) den Standard „Platform for Privacy Preferences (P3P)" erarbeitet.[47] In der ersten Version unterstützt P3P den automatisierten Abgleich von Privacy Statements mit Datenschutzpräferenzen des Nutzers. Mit Hilfe des P3P-Protokolls kann der Anbieter seinen Informationspflichten nachkommen und der Kunde kann automatisch gewarnt werden, wenn die dargestellte Datenschutzpolitik der Website nicht seinen Vorstellungen über Datenschutz entspricht. Er kann dann entscheiden, die Website zu besuchen oder dies zu vermeiden. In einer künftigen Version soll P3P darüber hinausgehend ermöglichen, dass Nutzer und Anbieter ihre Vorstellungen von Verhaltensregeln frei aushandeln und anschließend die Daten nach den vereinbarten Regeln austauschen.

Überall wird versucht, Datenschutz durch technische Lösungen abzusichern. Dies kann rechtliche Regelungen nicht ersetzen, aber unterstützen. Daher sieht beispielsweise die FTC in USA es als erforderlich an, den E-Commerce durch selbstbestimmte Kontrollmechanismen zu unterstützen, mit deren Hilfe die Nutzer ihre Datenschutzinteressen selbst wahrnehmen können.[48] In Japan fordert die Regierung die Wirtschaft auf, Datenschutztechnik zu entwickeln, und fördert dies auch finanziell.[49] Eine in Deutschland entwickelte Lösung für den Datenschutz im E-Commerce könnte daher auf weltweites Interesse stoßen.

---

[47] S. zu P3P z.B. www.w3.org/p3p; Cranor, DuD 2000, 479; Cavoukian/Gurski/ Mulligan/Schwartz, DuD 2000, 475; Grimm/Roßnagel 2000a, 293 ff.; dies. 2000b, 157; Wenning/Köhntopp, DuD 2001, 139 ff.; Gress, DuD 2001, 144 ff.

[48] S. z.B. FTC 1999, 14.

[49] S. z.B. die Entwicklung der New Media Development Association (NMDA), Privacy Information Managament System P3P, 1999, www.nmda.or.jp/enc/ privacy/eindex.html'new.

3 Das Interesse der Wirtschaft am Datenschutz

Michael Salmony, Markus Birkelbach

3.1   Datenschutz und Wirtschaft 31
3.2   Engagement der DZ BANK 32
3.3   Mehrwert durch das Forschungsprojekt 34

3.1 Datenschutz und Wirtschaft

In unserer heutigen Informationsgesellschaft gehört der Datenschutz zu den wesentlichen Akzeptanzproblemen für die Nutzung der Neuen Medien und ist damit auch ein Grund, warum das so euphorisch prognostizierte Wachstum im E-Commerce noch nicht in dem von vielen erwarteten Maß eingetreten ist.

Anders als beim traditionellen Bargeldkauf werden bei Einkaufs- und Bezahlvorgängen im Internet zahlreiche Daten übermittelt und gespeichert. Der Kunde muss in der Regel Informationen wie Name, Anschrift, E-Mail-Adresse und Kreditkartennummer weitergeben. Die so in elektronischer Form vorliegenden Daten ermöglichen potentiell ein schnelles Zusammenführen, so dass die Verwendung oft umfangreicher Datenprofile nicht mehr dem ursprünglichen Zweck der Erhebung (z.B. Kaufvertrag) entspricht. Die zunehmende Verteilung der Daten erschwert die Kontrollmöglichkeiten entsprechend.

Der Kunde versucht sich heute dadurch zu schützen, dass er entweder Online-Angebote ganz meidet oder immer wieder mit neuen phantasievollen Namen durch das Online-Angebot stöbert. Aber als Karl Mustermann aus Musterstadt muss er letztendlich doch den vollgepackten Warenkorb an der virtuellen Kasse stehen lassen und ein elektronischer Handel zwischen Verkäufer und Kunde kommt nicht zustande.

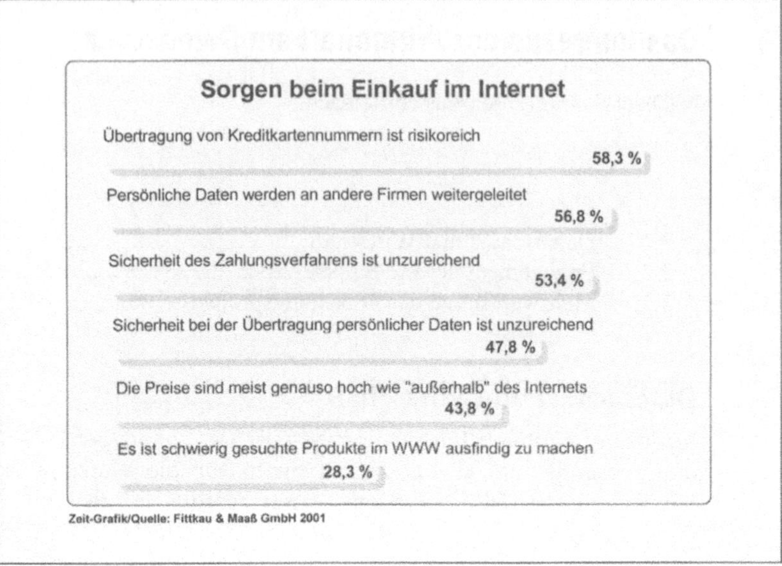

Abbildung 1: Sorgen beim Einkauf im Internet

Auf der anderen Seite bietet das Internet durch die Möglichkeit der Personalisierung auch Vorteile für den Kunden. Der Händler kann basierend auf den Präferenzen und Interessen des einzelnen Kunden individuelle Informationen, Dienstleistungen und Produkte bereitstellen. Unter den Bedingungen – zwischen Anonymität und One-to-One-Kommunikation – kommt dem Datenschutz im Internet eine besondere Bedeutung zu.

3.2 Engagement der DZ BANK[1]

Mit dem TDDSG nimmt Deutschland aus juristischer Sicht im E-Commerce weltweit eine Vorreiterrolle ein. Allerdings stand dessen Umsetzung noch aus.[2] Die DZ BANK hat gern die Herausforderung angenommen, die anspruchsvollen Datenschutzanforderungen erstmals im Rahmen eines Forschungsprojekts vorbildhaft umzusetzen.

---

[1] Ehemalige DG BANK AG, jetzt DZ BANK AG, Frankfurt am Main.
[2] S. hierzu Kap. 1.

Sie hat sich nicht nur als Praxispartner an dem Projekt beteiligt, sondern zugleich auch die Führung des Projektkonsortiums übernommen. Für die Durchführung des Projekts fand sich ein hervorragendes Team zusammen, bestehend aus

- *„bester Sicherheit"* (ehemalige GMD, jetzt Fraunhofer Institut SIT)

- *„IT-Weltmarktführer"* (IBM),

- *„einschlägigem juristischer Sachverstand"* (provet, Universität Kassel, unter Leitung von Prof. Roßnagel),[3]

- *„einer der führenden Wirtschaftsorganisationen Europas"* (DZ BANK und Genossenschaftlicher Verbund).

- *dem „professionellen IT-Dienstleister" der Bayerischen Volks- und Raiffeisenbanken* (RBG Rechenzentrale*)*.

Das wirtschaftliche Interesse der DZ BANK kommt nicht zuletzt aus ihrer generischen Aufgabe, innovative Themen aufzugreifen, um potentielle Geschäftsfelder zu identifizieren und die eigene Wettbewerbsfähigkeit sowie die des genossenschaftlichen Finanzverbunds zu sichern und zusätzlich weiter auszubauen. Banken stehen der Situation gegenüber, dass einzelne Produkte und Dienstleistungen, wie der Zahlungsverkehr und das Wertpapiergeschäft, immer austauschbarer und die Margen immer geringer werden. Differenzierungsmerkmale bestehen vor allem darin, dem Kunden aus der Kombination der einzelnen Leistungen individuelle Lösungen anzubieten. Im E-Commerce könnten dies beispielsweise Lösungen für den Online-Einkauf sein – inklusive Shopping-Mall, Bezahlmöglichkeiten, Digitaler Signatur und natürlich auch Datenschutz. DASIT ist damit ein wichtiger Schritt, um im elektronischen Handel Lösungen anbieten zu können.

Weitere wirtschaftliche Aspekte, die den Knowhow-Aufbau im Hinblick auf den Datenschutz erforderlich machen, sind zum einen die durchaus sehr komplexe Regulierung des Datenschutzes bei Informations- und Kommunikationsmedien und zum anderen die ständig steigenden Kosten, um die Rechtskonformität der eigenen Geschäftstätigkeit sicherzustellen.

---

[3] Provet e.V. hat unter Leitung von Prof. Roßnagel das TDDSG durch einen Entwurf vorbereitet – s. provet 1996.

Ein dritter Grund des wirtschaftlichen Interesses ist die Erwartung, dass insbesondere Banken das Zusammenspiel aller Teilnehmer und somit die komplette Wertschöpfungskette im E-Commerce neu strukturieren (s. Abbildung 2). Der Grund liegt wohl darin, dass den Banken eine hohe Kompetenz in Bezug auf Sicherheit, Zahlungsverkehr, dem Umgang mit komplexen technischen Systemen sowie weiteren Kernfragen des elektronischen Geschäftsverkehrs zugesprochen wird.

Somit sind Banken geradezu aufgefordert, das Thema „Vertrauenswürdige Dienstleistungen" – mit elektronischer Signatur und Datenschutz – aufzugreifen. Die DZ BANK hat sich daher gefreut, zusammen mit den exzellenten Partnern, dieses Forschungsprojekt anzugehen.

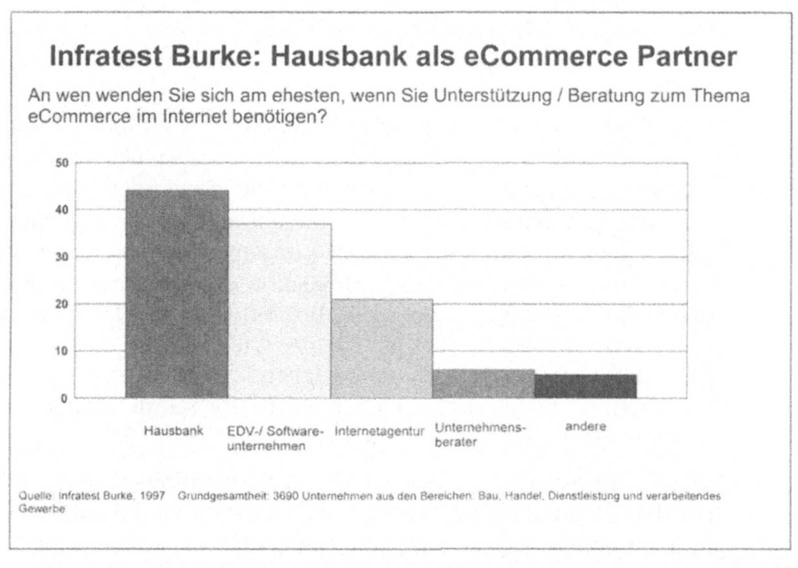

Abbildung 2: Hausbank als E-Commerce-Partner

3.3 Mehrwert durch das Forschungsprojekt

Mit DASIT verfolgte die DZ BANK das Ziel zu demonstrieren, dass heute schon dem Wunsch nach mehr Datenschutz im Internet entsprochen werden kann. Durch das Erreichen dieses Ziel kann DASIT nachhaltig die Akzeptanz von E-Commerce stärken sowie Anreiz und Vorbild für Dienstleister im Internet sein, die Vorgaben des Datenschutzrechts in elektronischen Einkaufs- und Bezahlverfahren zu integrieren.

Die DZ BANK wird den gewonnenen Knowhow-Vorsprung aus dem Projekt nutzen und die Erfahrungen und Ergebnisse in ihre zukünftigen Lösungen einfließen lassen. Denn die Bank, die diese Innovation am Markt anbietet, wird dadurch sowohl Privatkunden als auch Firmenkunden stärker an sich binden können.

Je nach Bedarf können Kunden entweder unter Pseudonym oder vollidentifiziert einkaufen. Dem Händler wird die Möglichkeit gegeben, entsprechende Lösungen anzubieten. Darüber hinaus ergibt sich für ihn der Vorteil, dass der Kunde sich nicht mehr bei jedem Besuch unter einem neuen phantasievollen Namen anmeldet, sondern aller Voraussicht nach unter dem gleichen Pseudonym agieren wird. Damit erhöht sich die Qualität der Nutzerdaten erheblich und die Unternehmen können mit brauchbaren und aussagekräftigen Informationen arbeiten. Diese können zur „pseudonymen Personalisierung" herangezogen werden und unterstützen damit die Kundenbindung. Der Spagat zwischen Privacy und Personalisierung ist damit möglich.

Es bleibt allerdings abzuwarten, ob der skeptische Verbraucher, der mit DASIT sicher und datenschutzkonform online einkaufen kann, auch tatsächlich den elektronischen Handel mehr nutzen wird.[4] Was aber festzuhalten ist: Datenschutz ist vermutlich keine hinreichende, aber mit Sicherheit eine notwendige Bedingung für den Erfolg des E-Commerce!

---

[4]   Zu weiteren Herausforderungen s. Kap. 12.

4 Projektplanung

Gerhard Spies, Fleur Weißgerber

4.1   Projektorganisation   37
4.2   Theoretische Arbeiten   38
4.3   Entwicklung der Pilotanwendung DASIT   40

Als das Projekt 1998 gestartet wurde, betraten sowohl die DZ BANK als auch das Bundesministerium für Wirtschaft und Technologie Neuland. Noch nie zuvor wurde ein Forschungsprojekt an eine Bank vergeben, noch nie zuvor hatte sich die DZ BANK um die Durchführung eines Forschungsprojekts bemüht.

Das Forschungsvorhaben verfolgte das Ziel, moderne Datenschutzerfordernisse und -möglichkeiten für das Internet aus wissenschaftlicher Sicht zu erarbeiten und in einer praktischen Anwendung prototypisch umzusetzen. In dem Forschungsvorhaben mussten sich daher Wissenschaft und Praxis gegenseitig inspirieren und ergänzen.

4.1 Projektorganisation

Das Projekt DASIT wurde innerhalb der DZ BANK als internes Entwicklungsprojekt gestartet. Da anfangs die theoretische Untersuchung und die pilothafte Umsetzung der im TDDSG vorgeschriebenen Regelungen vorgesehen war, wurde das Projekt in seiner ersten Hälfte innerhalb der DZ-Bank von der Forschungsabteilung betreut. Dies änderte sich im April 2000, weil von da an die Umsetzung der bisher erzielten theoretischen Ergebnisse in eine technische Anwendung im Fokus des Projekts stand. Daher wechselte die Projektleitung innerhalb der DZ BANK zum Kompetenzcenter „Electronic Banking".

Innerhalb des Projekts waren die Aufgaben wie folgt verteilt:

Die *DZ BANK* plante, koordinierte und kontrollierte als Konsortialführer das Projekt, brachte ihre Erfahrungen mit E-Commerce aus organisatorischer und fachlicher Sicht ein und übernahm den Kontakt zu den Kundenbereichen der DZ BANK und externen Lieferanten.

Die *Projektgruppe verfassungsverträgliche Technikgestaltung (provet) der Universität Kassel* war zuständig für die Rechtsfragen, die sich durch die Umsetzung der Anforderungen des TDDSG ergaben, und beobachtete die nationale und internationale Diskussion zu rechtlichen Datenschutz- und E-Commerce-Strategien.

Das Fraunhofer *Institut für sichere Telekooperation (FhI-SIT), ehemals GMD Forschungszentrum Informationstechnik GmbH*, Darmstadt, übernahm die technische Bewertung und die Entwicklung von Datenschutzmechanismen und beobachtete die nationale und internationale Diskussion zu technischen Datenschutz- und E-Commerce-Strategien.

Zusätzlich zu den Projektpartnern wurden Kooperationspartner gefunden, die das Projektteam zur Erreichung bestimmter Ziele ergänzten. Dazu gehörten:

BROKAT Infosystems AG, die verschiedene Umsetzungsoptionen analysierte, eine Machbarkeitsanalyse erstellte und eine Systemarchitektur entwickelte.

IBM Deutschland GmbH entwickelte den Prototypen DASIT, integrierte die Anwendung in die Shopping-Mall „My Shop", unterstützte die Projektpartner technisch während der Pilot- und Test-Phase, lieferte die dazu benötigte Hardware und erstellte ein Roll-Out-Verfahren.

Die *Rechenzentrale Bayerischer Genossenschaftsbanken e.G. (RBG)* in Aschheim stellte ihr Testsystem zur Verfügung, integrierte den DASIT-Piloten in die Shopping-Mall „My Shop" und überwachte den Systembetrieb während der Testphase.

4.2 Theoretische Arbeiten

Bevor die Anforderungen des Datenschutzrechts in einer Pilotanwendung praktisch umgesetzt werden konnten, waren folgende theoretische „Vor"arbeiten erforderlich:

Zu Beginn des Projekts wurde eine Marktanalyse erstellt und die vorhandenen Verfahren zum bargeldlosen Einkauf wurden in realer und virtueller Umgebung untersucht und miteinander verglichen. Auf dieser Basis wurde ein Szenario für die spätere praktische Erprobung erstellt.[1]

---

[1] S. hierzu Kapitel 7.4.1.

Parallel dazu wurde für den Interneteinkauf und das Online-Bezahlen untersucht, wo welche personenbezogenen Daten erhoben, übermittelt und verarbeitet werden und zu welchen Verwendungszwecken dies geschieht. Außerdem wurde untersucht, welche Missbrauchsmöglichkeiten auftreten können. Schließlich wurden die einschlägigen datenschutzrechtlichen Vorgaben zusammengestellt und auf die Projektfragestellung angewendet.[2]

In einem zweiten Schritt wurde geprüft, welche Möglichkeiten im technischen, betrieblichen und überbetrieblichen Ablauf der Anwendungen bestehen, die Einkauf- und Bezahlvorgänge unter Datenschutzgesichtspunkten neu oder verändert zu organisieren. Dies diente vor allem der Suche nach Möglichkeiten, Datensparsamkeit und Systemdatenschutz technisch-organisatorisch umzusetzen.

Parallel dazu wurde der Stand neuer Datenschutztechniken festgestellt. Im Vordergrund standen dabei Mechanismen zur Erhöhung der Transparenz der Datenverarbeitung für den Betroffenen und zur Verbesserung seiner Kontrolle und Mitwirkung bei der Datenverarbeitung wie Einwilligung, Widerruf, Berichtigung und Löschaufforderung.[3]

Diese Mechanismen und die Gestaltungsmöglichkeiten im Ablauf von Einkauf und Bezahlprozessen wurden schließlich zu konsistenten Szenarien des Datenschutzes im Internet gebündelt und gedanklich in die Anwendungen integriert. Diese Szenarien wurden nach ihrer technischen Realisierung, ihrem Organisationsaufwand, ihrer Nutzerfreundlichkeit, ihrer rechtlichen Zulässigkeit und vor allen nach ihrem Beitrag zum Datenschutz bewertet.

Die Zwischenergebnisse des Projekts wurden immer wieder mit den jeweils neuesten nationalen und internationalen Strategien des E-Commerce und des Datenschutzes verglichen, um die Vorschläge zur Entwicklung des DASIT-Prototypen mit diesen kompatibel zu halten.[4]

---

[2] S. hierzu Kap. 5.

[3] S. hierzu Kap. 6 sowie zur Umsetzung in DASIT Kap. 8.

[4] S. hierzu Kap. 2 und 12.

4.3   Entwicklung der Pilotanwendung DASIT

Während der gesamten Projektlaufzeit wurde am Pflichtenheft für die Pilotanwendung als „lebendem" Dokument gearbeitet. In ihm wurden die anfangs sehr abstrakten Vorstellungen der späteren Anwendung nach und nach konkretisiert. Im Rahmen des Prototyping wurde dann festgelegt, wie die definierten Ziele erreicht werden konnten.[5] Damit war das komplette System exakt beschrieben. Es musste jedoch noch das Umfeld geschaffen werden, in dem es in der Praxis erprobt werden konnte. Nachdem mit der Mall My Shop ein passendes Testumfeld gefunden worden war, konnte IBM beauftragt werden, den DASIT-Prototypen zu erstellen. Die Herstellung erfolgte in enger Kooperation mit dem DASIT-Team, da der Prototypcharakter der Anwendung auch im Herstellungsprozess immer wieder kleine Veränderungen und Ergänzungen erforderte.[6] Die integrierte Anwendung sollte in einem begrenzten Umfeld für begrenzte Zeit genutzt und beobachtet werden. Die Ergebnisse dieser Erprobungsphase wurden ausgewertet und sollen für Verbesserungen eines künftigen Produkts genutzt werden.[7]

Die Arbeitsschritte des Projekts und deren Abhängigkeiten untereinander können grob wie folgt dargestellt werden:

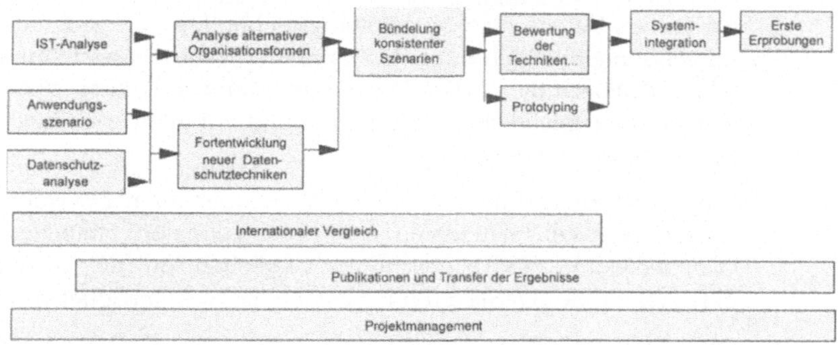

---

[5]   S. hierzu Kap. 6.

[6]   Die DASIT-Anwendung ist in Kap. 7 beschrieben.

[7]   S. zu den Erprobungen Kap. 9, zu ihrer Auswertung Kap. 10 und zur Produktentwicklung Kap. 11.

5 Datenschutzrechtliche Anforderungen

Philip Scholz

5.1	Anwendbares Datenschutzrecht	41
5.1.1	Teledienste-Datenschutz	42
5.1.2	Nebeneinander von TDDSG und BDSG	43
5.1.3	Anwendbares Recht bei ausländischen Internet-Angeboten	45
5.2	Zulässigkeit der Datenverarbeitung	47
5.2.1	Gesetzliche Erlaubnistatbestände	47
5.2.2	Einwilligung	51
5.3	Anonymität und Pseudonymität beim Internet-Einkauf	55
5.3.1	Angebotspflicht für Teledienste	55
5.3.2	Anonymer Einkauf	57
5.3.3	Pseudonymer Einkauf	58
5.4	Rechte der betroffenen Nutzer und Kunden	61
5.4.1	Unterrichtung	61
5.4.2	Auskunft	65
5.4.3	Datenkorrektur	68

5.1 Anwendbares Datenschutzrecht

Im Zug eines Warenkaufs oder der Inanspruchnahme einer Dienstleistung über das Internet, angefangen beim ersten Zugriff auf die Web-Seite eines Anbieters über den Bestell- und Bezahlvorgang bis hin zum abschließenden Leistungsaustausch, fallen beim Händler (Anbieter) zahlreiche Daten über den Kunden (Nutzer) an. Dabei werden zum Einen Angaben beim Kunden selbst erfragt, in erster Linie durch das auszufüllende elektronische Bestellformular. Der Kunde gibt Informationen über seine Person mehr oder weniger bewusst preis. Zum Anderen hinterlässt er – in der Regel von ihm unbemerkt – durch die Nutzung des Internet vielfältige „elektronische Spuren". Mittels Auswertung von Server-Log-Files und des Einsatzes von Cookies sind die Anbieter in der Lage, Zeitpunkt und Ablauf der Nutzung sowie den gesamten Entscheidungsprozess eines Nutzers präzis nachzuvollziehen und auf Basis dieser Informationen ökonomisch wertvolle Konsumentenprofile zu bilden.[1] Zum wirksamen Schutz der informationellen Selbstbestimmung der betroffenen Kunden setzt das deutsche Datenschutzrecht den Händlern allerdings enge Grenzen für den Umgang mit personenbezogenen Daten und fordert die Einhaltung besonderer Angebots- und Informationspflichten.[2]

5.1.1 Teledienste-Datenschutz

Die für das Angebot zum Internet-Einkauf geltenden Datenschutzanforderungen müssen unterschiedlichen Normkomplexen entnommen werden. Für Internet-Angebote als privatwirtschaftlich betriebene Kommunikationsdienste gilt generell das Bundesdatenschutzgesetz (BDSG) mit seinen allgemeinen Querschnittsregelungen für die private Datenverarbeitung in den §§ 27 ff. Als allgemeines (Auffang-)Gesetz kann das BDSG nach § 1 Abs. 3 jedoch nur dann Geltung beanspruchen, soweit nicht bereichsspezifische Regelungen eingreifen, die die generellen Anforderungen für einen jeweils näher definierten Verwendungszusammenhang präzisieren und weiterentwickeln. Solche Spezialvorschriften bestehen seit 1997 für sogenannte Teledienste. Die Regelungen des Teledienstedatenschutzgesetzes (TDDSG) versuchen, den spezifischen Datenschutzrisiken bei der Information und Kommunikation über weltweite Netze adäquat zu begegnen und diesbezüglich für gleiche Wettbewerbsbedingungen unter den Anbietern zu sorgen. Hierfür wurden neben den bekannten Regelungskonzepten des Erlaubnisvorbehalts und der Zweckbindung erstmals auch neue Ansätze des Selbst- und Systemdatenschutzes, insbesondere die Pflicht zur Gewährleistung einer anonymen oder pseudonymen Nutzungsmöglichkeit umgesetzt.[3]

Die Vorschriften des TDDSG gelten für den Schutz personenbezogener Daten bei Telediensten im Sinn des Teledienstegesetzes (TDG). Das

---

[1] S. zu Datenspuren im Internet z.B. Köhntopp/Köhntopp CR 2000, 248; Wiese 2000, 9; Gundermann, K&R 2000, 225; Schaar, DuD 2001, 383; Hillenbrand-Beck/Gress, DuD 2001, 389. Speziell zum Internet-Einkauf Wolters, DuD 1999, 277. Zur Cookie-Technologie s. Wichert, DuD 1998, 273; Bizer, DuD 1998, 277; Eichler, K&R 1999, 76; Ihde, CR 2000, 413; Schaar, DuD 2000, 275.

[2] Tatsächlich bestehen erhebliche Defizite in der praktischen Umsetzung. Vor allem bei Internet-Anbietern sind die gesetzlichen Anforderungen nicht ausreichend bekannt oder werden nicht beachtet. S. dazu Bundesregierung 1999, BT-Drs. 14/1191, 14f.; Wolters, DuD 1999, 277; Gundermann 2000, 58.

[3] S. zur Evaluierung und Novellierung des TDDSG Kap. 1.3.

Angebot von Waren und Dienstleistungen über das Internet ist als ein solcher Teledienst zu qualifizieren, weil es im Unterschied zu den massenkommunikativ angebotenen Mediendiensten „für eine individuelle Nutzung" bestimmt ist. Soweit die Angebote zum Internet-Einkauf „in elektronisch abrufbaren Datenbanken mit interaktivem Zugriff und unmittelbarer Bestellmöglichkeit" erfolgen, erfüllen sie insbesondere die Voraussetzungen des Regelbeispiels in § 2 Abs. 2 Nr. 5 TDG. Maßgeblich ist hierbei, dass der Nutzer und potentielle Kunde auf das Angebot „unmittelbar", das heißt ohne Medienbruch etwa aus dem Web-Browser heraus, reagieren kann.[4]

5.1.2 Nebeneinander von TDDSG und BDSG

Die bereichsspezifischen Regeln des TDDSG gehen für ihren Anwendungsbereich dem BDSG vor. Sie beschränken sich in ihrem Geltungsbereich allerdings auf die datenschutzrechtlichen Anforderungen, die sich aus der Nutzung von Telediensten ergeben. Soweit personenbezogene Daten daher nicht durch die Nutzung des Dienstes selbst anfallen, sondern über das Nutzungsverhältnis hinausgehend gesonderter Inhalt des Angebots sind, unterliegt ihre Verarbeitung – entsprechend der datenschutzrechtlichen Regelungssystematik – den allgemeinen Bestimmungen des BDSG.[5] Dieser Abgrenzung kommt vor allem dann Bedeutung zu, wenn Angebote zur Nutzung bereitgehalten werden, um bestimmte Verträge elektronisch abzuwickeln. Allgemeines Datenschutzrecht ist in diesen Fällen auf die vertraglichen Beziehungen anzuwenden, die sich als das Ziel oder Ergebnis der Inanspruchnahme des Teledienstes ergeben. Werden über das Internet Waren gekauft oder Dienstleistungen gebucht, gelten folglich für die im Zusammen-

---

[4] Allgemein zur Abgrenzung der Diensteformen s. z. B. Spindler, in: Roßnagel 1999, § 2 TDG, Rn. 13ff.; Holznagel, in: Hoeren/Sieber 1999, Teil 3.2, Rn. 8 ff.; Schmitz, in: Hoeren/Sieber 1999, Teil 16.4, Rn. 6 ff.

[5] S. zu dieser Abgrenzung Engel-Flechsig, in: Roßnagel 1999, Einl. TDDSG, Rn. 60; Bizer, in: Roßnagel 1999, § 3 TDDSG, Rn. 49f; Dix, in: Roßnagel 1999, § 5 TDDSG, Rn. 22; Bäumler, DuD 1999, 259; Felixberger, DSB 1/2001, 4. Anders aber Imhof, CR 2000, 112ff.; Geis, RDV 2000, 209, die die Unterscheidung nach Diensteinhalt und sonstigen zu transportierenden Inhalten vollständig ablehnen und den Umgang mit sämtlichen im Zusammenhang mit dem Erbringen von Telediensten anfallenden Daten unter das TDDSG subsumieren wollen. Unklar insoweit Schmitz, in: Hoeren/Sieber 1999, Teil 16.4., Rn. 99ff., der die Erlaubnistatbestände des TDDSG und des BDSG in unzulässiger Weise vermengt.

hang mit dem auf der Internet-Nutzung basierenden Kauf- oder Dienstvertrag anfallenden Daten die Anforderungen des BDSG. Der Teledienst ist in diesen Fällen lediglich das Übertragungsmedium, das die jeweilige Leistung gegenüber dem Vertragspartner oder Kunden in elektronischer Form ermöglicht und vermittelt. Nicht erfasst wird von den bereichsspezifischen Regelungen die darauf aufbauende Erbringung der Leistung selbst.[6]

Die vom Gesetzgeber vorgesehene Aufteilung der Anwendungsbereiche von allgemeinem Datenschutzrecht und bereichsspezifischem Teledienste-Datenschutz kann bei der Beurteilung einzelner Sachverhalte zu nicht unerheblichen praktischen Abgrenzungsproblemen führen. Unter Umständen kann der Umgang mit ein und demselben Datum, wie etwa dem Namen oder der E-Mail-Adresse eines Nutzers, nach unterschiedlichen Datenschutzgesetzen zu beurteilen sein, wenn es nicht nur zur Durchführung des Teledienstes, sondern auch zur späteren Abwicklung des gegebenenfalls zustande gekommenen Kaufvertrags gespeichert wurde. BDSG und TDDSG kommen hier nebeneinander zur Anwendung. Welche Rechtsmaterie im Einzelfall einschlägig ist, richtet sich nach dem jeweiligen Verwendungszusammenhang.

Bezogen auf den Internet-Einkauf kann dabei als grobe Orientierungslinie an die einzelnen Phasen des Einkaufsvorgangs angeknüpft werden. Das bedeutet, dass für die Erhebung, Verarbeitung und Nutzung personenbezogener Daten im Rahmen der Produktauswahl unter Nutzung eines elektronischen Katalogs das TDDSG Anwendung findet, während sich die Datenverarbeitung im Zusammenhang mit der Bestellung von Waren nach den Regelungen des BDSG richtet.

Das Nebeneinander von BDSG und TDDSG bei einem Internet-Angebot kann zu Wertungswidersprüchen führen, solange das Schutzniveau des allgemeinen Datenschutzrechts in Teilen noch hinter dem des TDDSG zurückbleibt. Regelungsdivergenzen bestehen etwa bei der Zweckbindung im Zusammenhang mit der Verwendung von Vertragsdaten für Werbung und Marketing, bei der Zulässigkeit der Profilbil-

---

[6] Ist demgegenüber die gesamte Leistung mittels Teledienst möglich – wie z.B. die Lektüre einer Online-Zeitung oder der Zugriff auf Informationsdatenbanken – unterliegt diese den datenschutzrechtlichen Bestimmungen des TDDSG, das allgemeine Datenschutzrecht findet in diesen Fällen keine Anwendung – s. Engel-Flechsig, in: Roßnagel 1999, Einl TDDSG, Rn. 60.

dung, bei den Anforderungen an die elektronische Einwilligung und bei der konkreten Ausgestaltung des Grundsatzes der Datenvermeidung. Eine entsprechende Harmonisierung wird auch mit der jetzt erfolgten Neufassung des TDDSG nicht in ausreichender Weise erreicht.[7]

5.1.3   Anwendbares Recht bei ausländischen Internet-Angeboten

Die durch das Internet entstehenden globalen Informationsinfrastrukturen und die internationale Verflechtung der Märkte korrespondieren mit einer Internationalisierung der Datenflüsse. Dies gilt auch und vor allem für den elektronischen Geschäftsverkehr, namentlich den Internet-Handel, der zunehmend über nationale Grenzen hinweg vollzogen wird. So ist es verbreitete Praxis, dass deutsche Nutzer von ausländischen Anbietern Waren beziehen oder Dienstleistungen in Anspruch nehmen, beziehungsweise umgekehrt ausländische Kunden mit deutschen Anbietern kontrahieren. Bei internationalen Geschäftskontakten stellt sich daher auch die Frage, unter welchen Voraussetzungen das deutsche Datenschutzrecht anwendbar ist.[8]

Nach der Umsetzung der Vorgaben aus Art. 4 DSRL enthält das BDSG in § 1 Abs. 5 erstmals ausdrückliche Regelungen über die Anwendbarkeit des Gesetzes für Verarbeitungsvorgänge durch verantwortliche Stellen, die nicht in der Bundesrepublik ihren Sitz haben. Diese Regelungen greifen über die subsidiäre Geltung des BDSG nach § 1 Abs. 2 TDDSG auch bei Telediensten ein. Innerhalb des Europäischen Wirtschaftsraums kommt es nach § 1 Abs. 5 Satz 1 BDSG für die Anwendbarkeit grundsätzlich nicht mehr – wie bisher[9] – auf den Ort der Verarbeitung, sondern auf den Sitz der verantwortlichen Stelle an (sog.

---

[7] Für die Zukunft ist zu erwarten, dass Datenverarbeitung ohne Telekommunikation die Ausnahme sein wird. Um Überschneidungen in den Anwendungsbereichen zu beseitigen und eine Vereinheitlichung auf hohem Niveau zu erreichen, sollte das Telekommunikations- und das Teledienste-Datenschutzrecht daher in das BDSG integriert werden – s. zu dieser Neustrukturierung Roßnagel/Pfitzmann/Garstka 2001, 43 ff.

[8] Die Anwendbarkeit deutschen Datenschutzrechts kann jedenfalls nicht durch vertragliche Rechtswahlklauseln bestimmt werden. Art. 34 EGBGB erlaubt international zwingendem deutschen Recht, sich gegen das Vertragsstatut durchzusetzen. Dazu gehört auch das Datenschutzrecht –s. Moritz/Winkler, NJW-CoR 1997, 45.

[9] S. zur alten Rechtslage etwa Moritz/Winkler, NJW-CoR 1997, 45; Dieselhorst, ZUM 1998, 296.

Sitzlandprinzip).[10] Die Verwendung personenbezogener Daten in der Bundesrepublik beurteilt sich folglich nicht nach den materiellen Vorschriften des BDSG und des TDDSG, wenn die für die Datenverarbeitung verantwortliche Stelle in einem anderen Mitgliedstaat der EU belegen ist. Als Ausnahme vom Sitzlandprinzip gilt aber weiterhin das Territorialitätsprinzip und damit die Anwendung des BDSG oder des TDDSG, wenn die verantwortliche Stelle eine Niederlassung im Bundesgebiet unterhält. Es kann sich bei einer Niederlassung auch um einen einzelnen Anbieter-Server handeln, der auf deutschem Boden betrieben, administriert und gewartet wird.[11]

Anders ist die Rechtslage bei verantwortlichen Stellen, die außerhalb der EU ihren Sitz haben. Verarbeiten diese Stellen in Deutschland personenbezogene Daten, kommt gemäß § 1 Abs. 5 Satz 2 BDSG grundsätzlich das deutsche Datenschutzrecht zur Anwendung. Ob die dem Anbieter zurechenbaren Aktivitäten tatsächlich zur Erhebung und Verarbeitung im Inland führen, ist im Einzelfall aber nicht immer ohne weiteres feststellbar.[12] Nicht anwendbar ist das BDSG jedenfalls, wenn von Deutschland aus lediglich die Web-Seite eines außerhalb der EU ansässigen Anbieters aufgerufen wird. Der deutsche Nutzer muss sich in diesem Fall auf die fremde Rechtsordnung einlassen.

Bislang stehen sich auf internationaler Ebene sehr heterogene einzelstaatliche Datenschutzsysteme gegenüber, die in hohem Maß von der jeweiligen Rechtstradition und dem kulturellen Datenschutzverständnis geprägt sind. Sie reichen von Staaten mit einem relativ starken und elaborierten Regelungsgefüge über solche, die primär auf eine die Regelungsverantwortung delegierende Selbstregulierung setzen bis hin zu Rechtssystemen, die den Datenschutz nur marginal oder überhaupt nicht garantieren.[13] Angesichts der begrenzten Anwendungsbereiche

---

[10] Zu den diesbezüglichen Vorgaben der DSRL s. Gounalakis/Mand, CR 1997, 434; Ehmann/Helfrich 1999, Art. 4 Rn. 4; Dammann/Simits 1997, Art. 4 Rn. 2ff.

[11] Zum Begriff der Niederlassung s. Dammann/Simitis 1997, Art. 4 Rn. 3; Ehmann/Helfrich 1999, Art. 4 Rn. 15.

[12] S. dazu eingehend Duhr/Naujok/Schaar, MMR aktuell 7/2001, 17. Zur Auslegung können die Formulierungen von Art. 4 Abs. 1 c) DSRL herangezogen werden, die daran anknüpfen, dass die verantwortliche Stelle „zum Zwecke der Verarbeitung personenbezogener Daten auf automatisierte oder nicht automatisierte Mittel zurückgreift, die im Hoheitsgebiet des betreffenden Mitgliedstaates belegen sind".

[13] S. Kap. 2.

nationaler Vorschriften und der in globalen Netzanwendungen nur eingeschränkten Kontroll- und Durchsetzungsmöglichkeiten muss der Datenschutz verstärkt in die Technik eingelassen werden. Technische Schutzvorkehrungen sind im Gegensatz zu Rechtnormen in ihrer Geltung nicht auf das Hoheitsgebiet eines Staates beschränkt, sondern universell verwendbar und weltweit wirksam. Technischer Datenschutz ist zudem wesentlich effektiver als nur rechtlicher Datenschutz, da Verarbeitungsvorgänge, die technisch verhindert werden können, nicht mehr verboten werden müssen.[14]

5.2   Zulässigkeit der Datenverarbeitung

Das deutsche und europäische Konzept des Datenschutzes knüpft an ein grundsätzliches Verbot der Datenerhebung, -verarbeitung und -nutzung an, das für die Fälle durchbrochen wird, in denen entweder eine ausdrückliche gesetzliche Erlaubnis besteht oder aber der Betroffene vorher einwilligt (§ 4 Abs. 1 BDSG). Diese Grundregel wird mit § 3 Abs. 1 TDDSG auch für den Bereich der Teledienste beibehalten.

5.2.1   Gesetzliche Erlaubnistatbestände

Die allgemeinen Zulässigkeitstatbestände für die private Datenverarbeitung zur „Erfüllung eigener Geschäftszwecke" ist in § 28 BDSG zusammengefasst. Daneben gestattet das TDDSG als bereichsspezifische Regelung die Erhebung, Verarbeitung und Nutzung personenbezogener Daten in Konkretisierung der allgemeinen Verwendungsbefugnis für sogenannte Bestandsdaten und für sogenannte Nutzungsdaten.

Nach § 5 TDDSG darf der Diensteanbieter Bestandsdaten eines Nutzers erheben, verarbeiten und nutzen, soweit sie für die Begründung, Ausgestaltung oder Änderung eines Vertragsverhältnisses mit ihm über die Nutzung von Telediensten erforderlich sind. Der Begriff der Bestandsdaten ist ebenso wie der der Nutzungsdaten eine verkürzte Ausdrucksweise für die Umschreibung des Zwecks, zu dem diese personenbezogen Daten jeweils erhoben und verarbeitet werden. Welche Daten als geeignete Bestandsdaten in Betracht kommen, hängt daher maßgeblich von dem jeweiligen Teledienst-Vertrag ab. Der Gesetzgeber hat angesichts der Vielfältigkeit von derzeit bekannten und zukünftig entstehen-

---

[14]   S. Roßnagel, DuD 1999, 255.

den Telediensten von einer katalogartigen Aufzählung möglicher Bestandsdaten abgesehen.[15]

Bei Waren- oder Dienstleistungsangeboten mit unmittelbarer Bestell- oder Buchungsmöglichkeit beabsichtigt der Internet-Händler zwar den Abschluss eines Kaufvertrags über die angebotene Ware oder eines Dienstleistungsvertrags über die angebotene Dienstleistung. Ein Vertragsverhältnis mit dem Kunden über die Nutzung des Telediensts selbst, welcher nur der Vermittlung der auf der „Inhaltsebene" liegenden Verträge dient, wird aber im Regelfall nicht begründet. Eine Erhebung, Verarbeitung und Nutzung von Bestandsdaten kommt in diesen Fällen von vornherein nicht in Betracht. Hingegen wird man bei Internet-Diensten, bei denen bereits die Sichtung des Angebots selbst entgeltpflichtig ist oder eine Vermittlungsgebühr für den Händler anfällt, wie bei elektronischen Buchungen von Reisen, Hotels oder Mietwagen, davon ausgehen müssen, dass ein Vertrag zwischen Teledienstanbieter und Nutzer des Dienstes geschlossen wird und demnach grundsätzlich Bestandsdaten verarbeitet werden dürfen.[16]

Entscheidendes Kriterium für die Zulässigkeit der Bestandsdatenverarbeitung ist die Erforderlichkeit für die Begründung, Ausgestaltung oder Änderung eines Vertragsverhältnisses mit dem Nutzer von Telediensten.[17] Der Begriff der Erforderlichkeit ist dabei eng auszulegen und setzt mehr als die bloße Zweckmäßigkeit voraus. Nur die Verwendung solcher Bestandsdaten ist daher zulässig, die für die Gestaltung des Teledienst-Vertrags „unerlässlich sind".[18]

Erhebt und verarbeitet der Händler in rechtmäßiger Weise Bestandsdaten nach dem TDDSG, unterliegen diese einer strikten Zweckbindung. Eine Zweckentfremdung, also eine Verwendung der Daten über den im

---

[15] S. BT-Drs. 13/7385, 24. Mögliche Bestandsdaten sind Name, Anschrift, E-Mail-Adresse und Bankverbindung. S. zum Begriff der Bestandsdaten ausführlich Dix, in: Roßnagel 1999, § 5 TDDSG, Rn. 28 ff.

[16] Unter besonderen Umständen – abhängig vom Rechtsbindungswillen der beteiligten Parteien – wird man eine vertragliche Vereinbarung über das Nutzungsverhältnis sogar annehmen müssen, wenn etwa für die Nutzung des elektronischen Produktkatalogs oder des Warenkorbs bereits eine Anmeldung oder Registrierung des potentiellen Kunden verlangt wird.

[17] S. Dix, in: Roßnagel 1999, § 5 TDDSG, Rn. 36 ff.

[18] So die Gesetzesbegründung, BT-Drs. 13/7385, 24.

Gesetz benannten Primärzweck hinaus zu anderen Zwecken ist damit unzulässig. Dies gilt beispielsweise für die Zwecke der Beratung, Werbung, der Markt- und Meinungsforschung und zur bedarfsgerechten Gestaltung[19] der Teledienste.[20] Die Verfolgung dieser Zwecke wird nicht schon durch den zugrundeliegenden Teledienst-Vertrag legitimiert, sondern bedarf vielmehr einer ausdrücklichen Erlaubnis in Form einer Einwilligung durch den Nutzer.

Im Bereich der Werbung und der Markt- und Meinungsforschung durch die datenverarbeitende Stelle zeigt sich dadurch eine deutlich geänderte Bewertung im TDDSG gegenüber dem BDSG. Zwar ist eine Verarbeitung von Daten, die auf das Konsumentenverhalten gerichtet ist und eine möglichst zielgenaue Werbung an die Adresse der eigenen Kunden oder die Erstellung unternehmensinterner Marktanalysen auf der Grundlage der jeweils gespeicherten Kundendaten anstrebt, für die Vertragsabwicklung nicht erforderlich und damit auch nicht vom Erlaubnistatbestand des § 28 Abs. 1 Satz 1 BDSG gedeckt. Doch kann sich unter besonderen Voraussetzungen die Legitimation für eine entsprechende Auswertung von Kundendaten aus § 28 Abs. 1 Satz 1 Nr. 2 oder Abs. 3 Satz 1 Nr. 3 BDSG ergeben.[21] Während das TDDSG den Diensteanbieter zwingt, den Nutzer um seine Einwilligung zu bitten („opt in") und – falls dieser nicht einverstanden ist – die Zweckentfremdung von Bestandsdaten zu unterlassen, gewährt das BDSG in § 28 Abs. 4 den betroffenen Personen nur ein Widerspruchsrecht gegen die Nutzung und Übermittlung ihrer Daten zu Zwecken der Werbung oder der Marktbeobachtung („opt out") und weist ihnen damit die Initiative zu.[22] Der unter 5.1.2 vorgenommenen Abgrenzung der Anwendungsbereiche

---

[19] Unter bedarfsgerechter Gestaltung kann etwa das individuelle Anpassen des Dienstes an die Bedürfnisse des Nutzers im Wege des One-to-One-Marketings verstanden werden – s. Imhof, CR 2000, 112.

[20] § 5 Abs. 2 TDDSG a.F. sah für die hier genannten Zweckänderungen eine eigene Regelung zur Zweckbindung vor, die insoweit aber nur deklaratorischen Charakter besaß und keinesfalls als abschließender Katalog zu verstehen war.

[21] Zur Zulässigkeit der Datenerhebung und -verarbeitung zu Werbe- und Marketingzwecken nach dem BDSG s. Weichert, WRP 1996, 522; Breinlinger, RDV 1997, 247; Podlech/Pfeifer, RDV 1998, 148; Scholz, in: Roßnagel 2002, Kap. 9.2, Rn. 85 ff.

[22] Dix, in: Roßnagel 1999, § 5 TDDSG, Rn. 50; Schulz 1999, 206f.

kommt angesichts dieser Regelungsunterschiede wesentliche Bedeutung zu.[23]

Gesonderten Regelungen des TDDSG unterliegen die Nutzungsdaten, die nach § 6 Abs. 1 Satz 1 TDDSG nur erhoben, verarbeitet oder genutzt werden dürfen, „soweit dies erforderlich ist, um die Inanspruchnahme von Telediensten zu ermöglichen und abzurechnen". Beispielhaft werden als Nutzungsdaten Merkmale zur Identifikation des Nutzers, Angaben über Beginn und Ende sowie des Umfangs der jeweiligen Nutzung und Angaben über den vom Nutzer in Anspruch genommenen Teledienst aufgeführt. Erfasst werden damit in erster Linie technische Steuerungsinformationen, wie IP-Adressen oder Cookie-Daten, soweit sie Personenbezug aufweisen.[24] Maßgebliche Grenze der zulässigen Verarbeitung von Nutzungsdaten ist wie bei den Bestandsdaten die Erforderlichkeit, die sich hier allerdings nicht auf die Vertragsabwicklung, sondern auf die Ermöglichung und Abrechnung des Dienstes bezieht. Die Verarbeitung zu anderen Zwecken, wie beispielsweise zur Orientierung über das Nutzerverhalten, ist damit unzulässig.

Wegen des großen Gefährdungspotenzials sind gemäß § 6 Abs. 4 TDDSG Nutzungsdaten nach Ende der jeweiligen Nutzung zu löschen, es sei denn sie sind als Abrechnungsdaten für die Erstellung von Entgeltabrechnungen erforderlich. Für Abrechnungsdaten sind ebenfalls Löschungspflichten vorgesehen, wobei sich die Fristen an den Zeiträumen für die Rechnungsstellung und -abwicklung orientieren.

---

[23] Bäumler, DuD 1999, 261 bezeichnet die Zweckbindung in § 28 BDSG zutreffend als „generalklauselartig aufgeweicht". Kritisch ebenso Simitis, in: ders. u.a. 1992, § 28 Rn. 3, 75 ff., 289. Kritisch gegenüber den strengeren Anforderungen in den Spezialgesetzen Gola/Müthlein, RDV 1997, 196.

[24] S. ausführlich Dix/Schaar, in: Roßnagel 1999, § 6 TDDSG, Rn. 81 ff. Zur Frage des Personenbezug von IP-Adressen s. Bizer, in: Roßnagel 1999, § 3 TDDSG, Rn. 213 ff.; Schaar/Schulz, in: Roßnagel 1999, § 4 TDDSG, Rn. 77; Schulz, Die Verwaltung 1999, 167; Gundermann, K&R 2000, 226f.

5.2.2   Einwilligung

Fehlt es für die vom Internet-Händler beabsichtigte Datenverarbeitung an einem diese deckenden gesetzlichen Erlaubnistatbestand, muss er entweder darauf verzichten oder aber die entsprechende Einwilligung des Kunden und Nutzers seines Angebots einholen. Dennoch zeigt die Praxis im Internet, dass in vielen Fällen unzulässigerweise ohne Einwilligung vorgegangen wird oder aber die Anforderungen an eine gesetzeskonforme Einwilligung bei weitem nicht eingehalten werden.

Die Einwilligung des Betroffenen ist nach § 4a Abs. 1 Satz 1 BDSG nur wirksam, wenn sie auf seiner „freien Entscheidung beruht". Wenn dem Kunden eines Einkaufsangebots im Internet die Entscheidung zur Datenverarbeitung tatsächlich überlassen bleiben soll, dann muss er zwischen Einverständnis und Verweigerung wirklich wählen können, also auch nicht latent einem auf den ansonsten drohenden Nachteilen beruhenden Zwang zur Einwilligung ausgesetzt sein.[25] Das Nichtvorliegen einer freiwilligen Einwilligung ist jedenfalls zu vermuten, wenn die Verweigerung die vereinbarte oder angestrebte Leistung ganz verhindern würde oder diese nur mit einer höheren Gegenleistung zu erlangen ist. Der Abschluss eines Kaufvertrags kann also nicht ohne weiteres verweigert werden, wenn der potentielle Kunde zur Angabe vertraglich nicht erforderlicher persönlicher Daten nicht bereit ist. Für den Bereich der Teledienste ist diesem Gedanken besonders Rechnung getragen worden. In Präzisierung des Freiwilligkeitserfordernisses verbietet § 3 Abs. 4 TDDSG ausdrücklich die „Koppelung" der Erbringung eines Dienstangebots an die Bereitschaft zur Erteilung einer Einwilligung durch den Nutzer in eine Verarbeitung oder Nutzung seiner Daten für andere Zwecke.[26]

Weiterhin kann die Zustimmung des Betroffenen zur Datenverarbeitung ihre Aufgabe als ein den Rechtsvorschriften gleichwertiger Anknüpfungspunkt für eine rechtlich zulässige Verwendung von Daten nur erfüllen, wenn sie hinreichend bestimmt ist und der Betroffene rechtzeitig und umfassend über die beabsichtigte Verwendung seiner Daten informiert wurde.[27] Die Einwilligung muss – anders ausgedrückt – klar zu

---

[25] S. Simitis, in: ders. u.a. 1992, § 4 Rn. 74

[26] S. Bizer, in: Roßnagel 1999, § 3 TDDSG, Rn. 112 ff.

[27] S. Simitis, in: ders. u.a. 1992, § 4 Rn. 55, 60.

erkennen geben, unter welchen Bedingungen sich der Betroffene mit der Verarbeitung welcher Daten einverstanden erklärt. Aus diesem Grund sind weder Blanko-Einwilligungen noch pauschal gehaltene Erklärungen, die dem Betroffenen die Möglichkeit nehmen, die Tragweite ihres Einverständnisses zu überblicken, ausreichend.[28] Nach § 4 Abs. 1 Satz 2 BDSG muss der Betroffene auf den vorgesehenen Zweck der Erhebung, Verarbeitung oder Nutzung seiner Daten und die Folgen der Verweigerung der Einwilligung hingewiesen werden. Besonderer Bestandteil der informierten Einwilligung des Nutzers im Bereich der Multimediadienste ist ferner der Hinweis des Diensteanbieters auf die Widerrufsmöglichkeit der Einwilligung.[29]

Als wesentliche formale Anforderung an die Einwilligungserklärung erweist sich das Schriftformerfordernis in § 4a Abs. 1 Satz 3 BDSG. Die Einwilligung muss danach grundsätzlich den in § 126 Abs. 1 BGB geregelten Anforderungen entsprechen, setzt also eine körperliche Urkunde voraus, die von dem Aussteller eigenhändig durch Unterschrift unterzeichnet wurde.[30] Die Schriftform hat hier, wie auch in anderen Bereichen im Wesentlichen Warn- und Beweisfunktion. Die Betroffenen sollen von einer unbedachten und vorschnellen Äußerung abgehalten werden und sich die Tragweite und Folgen ihrer Erklärung genau überlegen.[31] Im Streitfall verfügt der Datenverarbeiter mit der Einwilligung über ein seine Datenverarbeitung rechtfertigendes Beweismittel.[32]

Die Schriftform ist für Online-Anwendungen jedoch umständlich und ungeeignet. Ein Medienbruch würde der elektronischen Kommunikation zwischen Anbieter und Nutzer ihrer wesentlichen Vorteile berauben, Akzeptanzprobleme verstärken und zusätzlichen organisatorischen Aufwand bedeuten. Aus diesem Grund hat der Gesetzgeber als Ausnahme von der ansonsten über § 1 Abs. 2 TDDSG für den Bereich der

---

[28] BGHZ 95, 362 (367f.); 115, 123 (127); 116, 268 (273).

[29] S. zum Widerruf der Einwilligung Bizer, in: Roßnagel 1999, § 3 TDDSG, Rn. 236 ff.

[30] Gola/Schomerus 1997, § 4 Anm. 6.1; Simitis, in: ders. u.a. 1992, § 4 Rn. 37.

[31] S. Dörr, RDV 1992, 167; Podlech/Pfeiffer, RDV 1998, 152.

[32] Simitis, in: ders. u.a. 1992, § 4 Rn. 37.

Teledienste als Regel vorgeschriebenen Schriftform auch die elektronische Erklärung der datenschutzrechtlichen Einwilligung zugelassen.[33]

§ 3 Abs. 3 i.V.m. § 4 Abs. 2 TDDSG stellt an die Wirksamkeit der elektronischen Einwilligung besondere Anforderungen. Der Diensteanbieter hat danach sicherzustellen, dass die Einwilligungserklärung nur durch eindeutige und bewusste Handlung des Nutzers erfolgen kann (Nr. 1), die Einwilligung protokolliert wird (Nr. 2) und der Inhalt der Einwilligung jederzeit vom Nutzer abgerufen werden kann (Nr. 3). Die Nichteinhaltung dieser Pflichten wird in § 9 TDDSG sanktioniert, um der Durchsetzung in der Praxis stärkeres Gewicht zu verleihen, und führt zur Unwirksamkeit der Einwilligung und zur Unzulässigkeit der auf sie gestützten Verarbeitung. Unter den Voraussetzungen des § 4 Abs. 2 TDDSG ist in der elektronischen Einwilligung nach dem Willen des Gesetzgebers ein gleichwertiger Ersatz der schriftlichen Einwilligung zu sehen.[34] Schriftform und elektronische Form stehen gleichberechtigt nebeneinander.[35]

Mit der Beschränkung auf die drei genannten Anforderungen an eine elektronische Einwilligung hat der Gesetzgeber im Zug der Novellierung des TDDSG eine deutliche Änderung gegenüber der ursprünglichen Gesetzesfassung vorgenommen. In § 3 Abs. 7 Nr. 2 TDDSG a. F. musste der Dienstanbieter zusätzlich zu den jetzigen Anforderungen auch sicherstellen, dass die Einwilligungserklärung nicht „unerkennbar verändert" werden kann. § 3 Abs. 7 Nr. 3 TDDSG a. F. verlangte ferner, dass der Urheber der Einwilligungserklärung erkannt werden kann.[36] Damit trug der Gesetzgeber unmittelbar den spezifischen Risiken Rechnung, denen elektronische Erklärungen mangels Verkörperung (Schriftform) und biometrischer Kennzeichen (eigenhändige Unterschrift) ausgesetzt sind. Die Vorgaben im TDDSG a.F. zielten im Kern

---

[33] Diese Regelung steht mit der EG-Datenschutzrichtlinie in Einklang, welche in Art. 2 h), Art. 7 a) keine spezielle Form der Einwilligungserklärung vorschreibt und somit elektronische Erklärungen zumindest nicht ausschließt, s. Brühann, DuD 1996, 69; Dammann/Simitis 1997, Art. 2 Rn. 22; Ehmann/Helfrich 1999, Art. 7 Rn. 9. Auch einige Bundesländer haben die elektronische Einwilligung in ihren Landesdatenschutzgesetzes vorgesehen. S z.B. § 4 Abs. 3 BbgDSG; § 6 Abs. 6 LDSG Berlin; § 12 Abs. 3 LDSG Schl.-H.

[34] S. zum TDDSG a.F. BT-Drs. 13/7385, 23.

[35] S. Bizer, in: Roßnagel 1999, § 3 TDDSG, Rn. 262.

[36] S. dazu Bizer, in: Roßnagel 1999, § 3 TDDSG Rn. 279 ff., 286 ff.

auf eine Umsetzung mittels der auf asymmetrischer Verschlüsselung beruhenden Verfahren der digitalen (elektronischen) Signatur.[37]

Eine solche normative Vorgabe setzt allerdings auch die ausreichende Verbreitung von Signaturverfahren voraus. Anders als bei Erlass des IuKDG erwartet, ist dies aber bis heute noch nicht in ausreichendem Maß geschehen.[38] Unter Berücksichtigung dieser Entwicklung verfolgt der Gesetzgeber mit der Herabsetzung der Anforderungen im neuen TDDSG nunmehr das Ziel, das Verfahren der elektronischen Einwilligung zu vereinfachen, attraktiver zu machen und ihm damit zu einer breiteren Anwendung im elektronischen Geschäftsverkehr zu verhelfen.[39] Ob diese Strategie Sinn macht, ist allerdings zu bezweifeln. Mit der Neufassung ist ausdrücklich klargestellt, dass die Erfüllung der Voraussetzungen nicht mehr an die Verwendung digitaler Signaturen anknüpft. Das bedeutet im Ergebnis, dass es für eine gesetzeskonforme Einwilligung ausreicht, allein den Namen des Erklärenden zu der elektronischen Erklärung zu speichern. Ob es sich bei der über ein ungesichertes Web-Formular erfragten Identität tatsächlich um die des jeweiligen Nutzers handelt oder der Nutzer aus Gründen des Selbstschutzes von vornherein falsche Daten angibt, ist für den Diensteanbieter jedenfalls nicht ersichtlich. Die Nutzer können somit theoretisch jede von ihnen abgegebene Einwilligung erfolgreich abstreiten. Ohne die Verwendung digitaler Signaturen fehlt es an einer der Streitvermeidung dienenden Nachvollziehbarkeit und eindeutigen Überprüfbarkeit der Einwilligung und im Streitfall an einem dauerhaften Beweismittel. Der-

---

[37] S. Münch, RDV 1997, 245; Grimm/Löhndorf/Scholz, DuD 1999, 275; Gundermann, K&R 2000, 230; Geis, RDV 2000, 210. Die Gesetzesbegründung zu § 3 Abs. 7 Nr. 2 und 3 TDDSG a.F. nennt die digitalen Signaturverfahren als Beispiele, BT-Drs. 13/7385, 23. Andere Verfahren, wie etwa die Identifikation des Urhebers mittels PIN und TAN oder die Sicherstellung der Erkennbarkeit von Veränderungen mittels symmetrischer Verschlüsselung, waren daher als Umsetzungsoption nicht von vornherein ausgeschlossen. Diese kommen jedoch nur bei bereits bestehender Geschäftsbeziehung in Betracht. Als kritisch erweist sich außerdem, dass neben dem Absender auch der Empfänger den gemeinsamen Schlüssel oder die PIN kennt und daher beliebige Einwilligungen selbst erzeugen kann.

[38] Zu dieser Kritik s. die Ergebnisse des Evaluierungsberichts der Bundesregierung, BT-Drs. 14/1191, 13; Schulz, Die Verwaltung 1999, 159; Gundermann, K&R 2000, 230; Geis, RDV 2000, 211. Zum Stand der Marktentwicklung bei Signaturverfahren s. Roßnagel, NJW 2001, 1817.

[39] So die Gesetzesbegründung, BT-Drs. 14/6098, 14, 28.

artige Mängel fördern nicht den Electronic Commerce, sondern erweisen sich als Akzeptanzhemmnis. Schon aus diesem Grund sollte der Gesetzgeber die ursprünglichen Anforderungen an die elektronische Einwilligung wieder aufnehmen und damit die Verbreitung von Signaturverfahren weiter forcieren.

Davon abgesehen ist die Neuregelung der elektronischen Einwilligung im TDDSG zu verwerfen, weil sie eine weitere unnötige Inkonsistenz im deutschen Datenschutzrecht bedeutet. Nach den neuen §§ 126 Abs. 3, 126a BGB wird die sogenannte „elektronische Form" im allgemeinen Zivilrecht als Ersatz für die Schriftform anerkannt.[40] § 126 Abs. 3 BGB lässt sich – je nach dogmatischer Einordnung der Einwilligung als Willenserklärung oder Realakt – direkt oder zumindest analog auch auf die Einwilligungserklärung anwenden. Ebenso wie im Bereich der Teledienste ist folglich auch nach allgemeinem Datenschutzrecht eine elektronische Einwilligung möglich. Allerdings besteht insoweit eine deutliche Diskrepanz in den Anforderungen. Um eine Äquivalenz zu den klassischen Funktionen der Schriftform zu gewährleisten, verlangt das BDSG über Rückgriff auf die Formvorschriften im BGB (§ 126a) eine qualifizierte elektronische Signatur, während das TDDSG in seiner neuen Fassung gerade auf die entsprechenden Anforderungen verzichtet. Dieser Widerspruch sollte vom Gesetzgeber dringend aufgelöst und die bereichsspezifischen Regelungen zur elektronischen Einwilligung ersatzlos gestrichen werden. Das Datenschutzrecht sollte keine zusätzlichen Formvorschriften schaffen, sondern sich der Formen bedienen, die allgemein für Willenserklärungen vorgesehen sind.[41]

5.3   Anonymität und Pseudonymität beim Internet-Einkauf

5.3.1   Angebotspflicht für Teledienste

Die Vorschrift des § 4 Abs. 6 TDDSG gestaltet das Prinzip der Datenvermeidung konkret aus, indem sie den Diensteanbieter verpflichtet, dem Nutzer eine anonyme Inanspruchnahme seines Angebots oder ei-

---

[40]   Eingeführt durch das Gesetz zur Anpassung der Formvorschriften des Privatrechts und anderer Vorschriften an den modernen Rechtsgeschäftsverkehr vom 13. Juli 2001, BGBl. I 2001, 1542. S. hierzu Scheffler/Dressel, CR 2000, 378; Müglich, MMR 2000, 7; Boente/Riehm, JURA 2001, 793.

[41]   S. Roßnagel/Pfitzmann/Garstka 2001, 93.

ne solche unter Pseudonym zu ermöglichen.[42] Die Angebotspflicht trifft jeden Diensteanbieter, so dass es nicht ausreicht, wenn nur ein für den Nutzer erreichbarer Anbieter anonyme oder pseudonyme Inanspruchnahme und Zahlung anbietet.[43] Bestimmte Verfahren zur Erreichung dieses Ziels werden im Hinblick auf die noch offene Technikentwicklung aber nicht vorgeschrieben.[44]

Um nicht einzelne Angebote vollständig zu unterbinden, steht die Anbieterpflicht allerdings unter dem Vorbehalt, dass ihre Erfüllung „technisch möglich und zumutbar ist". Kann der Anbieter also die technische Unmöglichkeit oder die Unzumutbarkeit im Einzelfall darlegen und gegebenenfalls beweisen, ist er von der Pflicht zur anonymen oder pseudonymen Abwicklung des Nutzungsverhältnisses befreit. An den technischen Möglichkeiten als solchen wird ein Angebot nur in seltenen Fällen scheitern.[45] In der Praxis wird sich die Diskussion vielmehr an der Frage des damit verbundenen wirtschaftlichen Aufwands und folglich an der Bestimmung der Zumutbarkeit entzünden.

Der Rechtsbegriff der Zumutbarkeit ist relativ und wird maßgeblich von Variablen wie den Möglichkeiten der bereits in den Unternehmen vorhandenen technischen Systeme, der Unternehmensgröße und des zur Verfügung stehenden Kapitals der Anbieter bestimmt.[46] Die Bestimmung der Zumutbarkeitsgrenze darf dabei allerdings nicht ausschließlich von der individuellen Situation des einzelnen Anbieters abhängen. Andernfalls könnte etwa ein kleiner oder wirtschaftlich erfolgloser Anbieter regelmäßig mit der Behauptung durchdringen, dass es ihm finanziell nicht zumutbar sei, anonyme oder pseudonyme Angebote bereitzustellen, während ein wirtschaftlich erfolgreicher Anbieter für seine unternehmerische Leistung quasi noch „bestraft" würde. Dies liefe im Ergebnis auf eine dem Schutzzweck der Norm widersprechende Wett-

---

[42] Anonyme oder pseudonyme Angebote und „personenbezogene" Angebote können nebeneinander bestehen. Die Anbieterpflicht aus § 4 Abs. 1 TDDSG entscheidet damit nicht über die Zulässigkeit der Datenerhebung, sondern ist als Pflicht zur Einräumung einer Wahlmöglichkeit zu verstehen.

[43] S. Schaar/Schulz, in: Roßnagel 1999, § 4 TDDSG, Rn. 47; § 13 MDStV, Rn. 34.

[44] Engel-Flechsig/Maennel/Tettenborn, NJW 1997, 2987. Als Beispiel für entsprechende anonyme Nutzungsmöglichkeiten wird in der Gesetzesbegründung die Einführung vorbezahlter Wertkarten genannt, BT-Drs. 13/7385, 23.

[45] Bäumler, DuD 1999, 260.

[46] S. BT-Drs. 13/7385, 23 („Größe und Leistungsfähigkeit").

bewerbsverzerrung hinaus. Der Gesetzgeber wollte mit der Regelung vielmehr die Anbieter motivieren, im eigenen Interesse möglichst kostengünstig anonyme oder pseudonyme Angebote zu schaffen.[47]

Kann es nicht allein auf den subjektiven Maßstab ankommen, müssen objektive Bewertungskriterien herangezogen werden. Um eine annähernd vergleichbare Rechtssituation für alle denkbaren und noch so verschiedenen Teledienstangebote zu schaffen, sollte daher auf eine branchenbezogen durchschnittliche Zumutbarkeit abgestellt werden. Die Ermöglichung der anonymen oder pseudonymen Inanspruchnahme und Bezahlung seiner Dienste ist dem Anbieter somit immer dann zumutbar, wenn sie auch anderen branchengleichen Anbietern mit zumindest mittlerer Finanzkraft wirtschaftlich möglich ist.[48]

Nach § 4 Abs. 6 Satz TDDSG haben die Diensteanbieter den Nutzer über die Möglichkeiten zu informieren, die Dienste anonym oder unter Pseudonym in Anspruch zu nehmen und zu bezahlen. Der Zweck dieser flankierenden Verpflichtung zur Information des Nutzers besteht primär darin, Interessenten, die ein entsprechendes Angebot nutzen wollen, die Möglichkeit zur anonymen oder pseudonymen Nutzung aber noch nicht kennen, auf die Option hinzuweisen, bevor sie sich für das „personalisierte" Angebot entscheiden. Der Hinweis auf das anonyme oder pseudonyme Angebot muss also zu einem Zeitpunkt erfolgen, zu dem noch keine personenbezogenen Daten erhoben worden sind. Um die (präventive) Transparenz der Datenverarbeitung für den Nutzer herzustellen und seine Selbstbestimmung zu sichern, darf sich der Inhalt der Information aber nicht auf das bloße „Ob" beschränken, sondern muss auch Aussagen hinsichtlich des „Wie" anonymer und pseudonymer Inanspruchnahme und Bezahlung enthalten.[49]

5.3.2   Anonymer Einkauf

In der Offline-Welt sind anonyme Geschäfte vollkommen selbstverständlich. Niemand wird etwa beim Kauf einer Zeitung am Kiosk nach seinem Namen gefragt. Die Bezahlung von Waren mit Bargeld im Supermarkt oder im Kaufhaus erfolgt ohne Erhebung personenbezogener Daten. Im Internet besteht diese Selbstverständlichkeit nicht mehr. Zum

---

[47] Schaar/Schulz, in: Roßnagel 1999, § 4 TDDSG, Rn. 54.

[48] Schaar/Schulz, in: Roßnagel 1999, § 4 Rn. 54a.

[49] S. dazu Roßnagel/Scholz, MMR 2000, 730.

einen, weil jede Handlung mit technischer Notwendigkeit Datenspuren hinterlässt.[50] Die Möglichkeit zur anonymen Nutzung dieser Technik muss daher durch besondere Verfahren erst künstlich hergestellt werden.[51] Zum anderen, weil – im Gegensatz zum stationären Bargeldkauf – Bestellung, Auslieferung und Zahlung in den meisten Fällen zeitlich und räumlich getrennt erfolgen.

Die Kooperation mit einem anonym Handelnden ist für den Händler nur risikolos, wenn es entweder gleichzeitig zu einem vollständigen Leistungsaustausch kommt – dies kann allein beim Bezug digitaler Produkte (z.B. Software) oder der Inanspruchnahme digitaler Dienstleistungen (z.B. Nutzung von Online-Datenbanken oder Suchmaschinen) realisiert werden – oder, wenn der anonym Handelnde vorleistet. In beiden Fällen wird der Händler aber eine vollständige Bezahlung seiner Leistung – etwa auf der Basis von Online-Zahlungssystemen – fordern und sich mit Bezahlverfahren, die nur zu einem Zahlungsversprechen oder zu widerrufbaren Lastschriftmöglichkeiten oder Überweisungsaufträgen führen, nicht zufrieden geben.

Soll umgekehrt der Händler vorleisten, kann ihm nicht zugemutet werden, seine Leistung gegenüber einem anonym Handelnden zu erbringen. Vielmehr muss er die Möglichkeit haben, den Vertragspartner im Fall der Nichterfüllung der Zahlungsforderungen zur Verantwortung zu ziehen und im Streitfall zu verklagen.

5.3.3 Pseudonymer Einkauf

Zur Lösung dieses Konflikts kann auf das Konzept pseudonymen Handelns zurückgegriffen werden.[52] „Pseudonym" kommt aus dem Griechischen (pseudónymos „fälschlich so genannt") und bedeutet nach allgemeinem Verständnis so viel wie „erfundener Name", „fingierter Na-

---

[50] Die Nutzung von Telediensten setzt aufgrund der interaktiven Kommunikation und der notwendigen Adressierung der zu übermittelnden Daten zumindest voraus, dass der Anbieter die IP-Adresse des Kommunikationspartners kennt.

[51] Zu Anonymitätstechniken s. Kapitel 12.3.2; Arbeitskreis Technik, DuD 1997, 709; Federrath/Pfitzmann, DuD 1998, 628.

[52] S. dazu Roßnagel, in: ders. 1999, Einführung, Rn. 61f.; Bizer, in: Roßnagel 1999, § 3 TDDSG, Rn. 175; Roßnagel/Scholz, MMR 2000, 721f.; Roßnagel/Pfitzmann/Garstka 2001, 102 ff., 152f.

me" oder „Deckname".[53] § 3 Abs. 6a BDSG definiert „Pseudonymisieren" als „das Ersetzen des Namens und anderer Identifikationsmerkmale durch ein Kennzeichen zu dem Zweck, die Bestimmung des Betroffenen auszuschließen oder wesentlich zu erschweren". Indem der Betroffene in verschiedenen Situationen unter Pseudonym (Kennzeichen) handelt, kann er verhindern, dass er bei jedem, der davon erfährt, Datenspuren hinterlässt, die zu ihm führen und die gegen seinen Willen gesammelt, weiterverarbeitet und weitergegeben werden können.

Da das Pseudonym einer bestimmten Person zugeordnet wurde, kann diese jedoch – im Gegensatz zur Verwendung anonymisierter Daten – über die Zuordnungsregel (oder Liste) identifiziert werden.[54] Pseudonyme bieten somit den gerade bei Transaktionen in Netzen erforderlichen Kompromiss zwischen dem Bedarf an Authentifizierung der Kooperationspartner und dem Bedarf an Sicherung der informationellen Selbstbestimmung, indem sie ermöglichen, im Ausnahmefall – bei der Verletzung von Vertragspflichten oder zur Rückabwicklung von Verträgen – den Personenbezug des pseudonym Handelnden über die vorhandene Zuordnungsregel herzustellen.

§§ 5 Abs. 3 und 7 Abs. 1 Satz 1 SigG ermöglichen die Ausstellung von Zertifikaten auf ein Pseudonym und damit eine verlässliche und nachprüfbare Form von Pseudonymen. Da die Aufdeckungsmöglichkeit wie gesehen für den Electronic Commerce essentiell ist, zugleich aber leicht missbraucht werden kann, ist eine Regelung notwendig, die einerseits eine Aufdeckung in berechtigten Ausnahmefällen leicht und unbürokratisch ermöglicht, andererseits die Aufdeckung aber in allen anderen Fällen verlässlich ausschließt.[55] Das Signaturgesetz hat zunächst nur die Aufdeckungsinteressen hoheitlicher Stellen berücksichtigt.[56] Inzwischen ist in § 14 Abs. 2 SigG eine Aufdeckung durch die Zertifizierungsstellen auch vorgesehen, soweit „Gerichte dies im Rahmen anhängiger Verfah-

---

[53] Brockhaus – Die Enzyklopädie, 20. Aufl. 1996; Bizer/Bleumer, DuD 1997, 46.

[54] Bei Pseudonymität ist daher zwischen den Personen, die die Zuordnungsregel kennen, und denen, die sie nicht kennen, zu unterscheiden. Pseudonyme Daten sind für den Kenner der Zuordnungsregel personenbeziehbar, für alle anderen sind sie anonyme Daten. Zu den verschiedenen Pseudonymarten s. Roßnagel/Scholz, MMR 2000, 721 ff.

[55] S. bereits provet/GMD 1994, 210ff.

[56] Zur Forderung nach einem Aufdeckungsverfahren für Private bereits Roßnagel, DuD 1997, 79; Rieß, DuD 2000, 533.

ren anordnen". Diese Variante dürfte jedoch in den meisten praktischen Fällen der Rechtsverfolgung gegenüber einem Pseudonymträger daran scheitern, dass die Verfahrenseröffnung ohne eine Identifizierung der beklagten Partei und die Zustellung der Klage an eine ladungsfähige Anschrift nicht erfolgen kann.[57] Insoweit besteht dringender gesetzgeberischer Handlungsbedarf.[58]

Neben der Sicherheit durch die Aufdeckungsmöglichkeit im Konfliktfall bietet die Verwendung von Pseudonymen für den Anbieter, der die Zuordnungsregel nicht kennt, vor allem den Anreiz, dass pseudonyme Daten für ihn als nicht-personenbezogen anzusehen sind und folglich auch nicht in den Anwendungsbereich der Datenschutzgesetze fallen.[59] Die Händler, die eine vollständig pseudonymen Geschäftsvorgang anbieten, sind weder an spezielle Erlaubnistatbestände gebunden noch müssen sie eine Einwilligung für die Datenverwendung einholen.

Pseudonyme ermöglichen dem Internet-Anbieter auch die Verkettung der einzelnen Informationen unter demselben Pseudonym und erlauben so die Bildung von kundenindividuellen Profilen und Auswertungen – allerdings ohne dass die dahinterstehende Person für ihn identifizierbar ist. Die Wiedererkennbarkeit eines bestimmten Pseudonymträgers ermöglicht die Etablierung längerer und individuell zugeschnittener Geschäftskontakte auch ohne Kenntnis des richtigen Namens. Der Konsument hat zur Sicherung seiner informationellen Selbstbestimmung aber die Möglichkeit, bei Bedarf sein Pseudonym zu wechseln. Wenn eine Person mehrere Pseudonyme verwendet, kann sie auch die Zuordnung ihrer Aktivitäten in unterschiedlichen Rollen und Kontexten verhindern.

Um das Risiko einer (ungewollten) nachträglichen Zuordnung von Pseudonymen zu dem dahinterstehenden Träger zu minimieren, sind entsprechende Vorsorgemaßnahmen auf technischer und organisatori-

---

[57] S. Roßnagel, NJW 2001, 1821.

[58] S. Roßagel/Pfitzmann/Garstka 2001, 152 mit einem Formulierungsvorschlag für eine Neuregelung.

[59] Ausführlich zu den Rechtsfolgen der Verwendung pseudonymer Daten Roßnagel/Scholz, MMR 2000, 725 ff., anders aber Bizer, in: Roßnagel 1999, § 3 TDDSG, Rn. 176; Schaar, DuD 2000, 276f.; Hillenbrand-Beck, DuD 2001, 391.

scher Ebene zu ergreifen.[60] § 6 Abs. 3 TDDSG sieht für unter Pseudonym erstellte Nutzungsprofile eine solche Sicherungsregel bereits vor. Die Bildung von Profilen ist auf bestimmte Zwecke beschränkt, dem Nutzer wird ein Widerspruchsrecht eingeräumt und die nachträgliche Herstellung des Personenbezugs wird ausdrücklich für unzulässig erklärt.[61]

5.4   Rechte der betroffenen Nutzer und Kunden

Um die Transparenz der Verarbeitungsvorgänge gegenüber den betroffenen Personen sicherzustellen, sieht das deutsche Datenschutzrecht umfassende individuelle Kontrollmöglichkeiten vor. Zentraler Bestandteil der zur Sicherung des Rechts auf informationelle Selbstbestimmung erforderlichen verfahrensrechtlichen Schutzvorkehrungen ist das Auskunftsrecht, das verbunden ist mit den Rechten auf Datenkorrektur sowie Unterrichtungspflichten der Daten verarbeitenden Stellen.[62]

5.4.1   Unterrichtung

Der Gesetzgeber hat für die Unterrichtung eine bereichsspezifische Regelung im TDDSG geschaffen, die für den vorliegenden Untersuchungsgegenstand berücksichtigt werden muss. Nach § 4 Abs. 1 Satz 1 TDDSG ist der Nutzer von Telediensten zu Beginn des Nutzungsvorgangs über Art, Umfang und Zweck der Erhebung, Verarbeitung und Nutzung personenbezogener Daten sowie über die Verarbeitung seiner Daten im Ausland zu informieren.

Damit wird der Nutzer in die Lage versetzt, zu entscheiden, ob er das Nutzungs- oder Vertragsverhältnis unter den konkreten Verarbeitungsbedingungen fortsetzen oder abbrechen will, das heißt, ob er bestimmte Daten preisgeben will oder nicht. Die Unterrichtung ist damit auch eine Voraussetzung des Selbstdatenschutzes.[63] Die Verletzung der

---

[60] Zu Aufdeckungsrisiken, Folgen späterer Aufdeckung und erforderlichen Vorsorgeregelungen s. Roßnagel/Scholz, MMR 2000, 728 ff.

[61] Will man auf die Vorteile eines geregelten Aufdeckungsverfahrens nicht verzichten, muss sichergestellt werden, dass nach der Aufdeckung das Profil bis auf die für die weitere Rechtsverfolgung notwendigen Daten gelöscht wird. Zur Zulässigkeit von Nutzungsprofilen s. Schaar, DuD 2001, 385 ff.

[62] S. BVerfGE 65, 1 (46).

[63] S. Kap. 6.

Unterrichtungspflicht macht die Erhebung der Daten rechtswidrig und verhindert rechtlich eine weitere Verarbeitung.[64] Nach § 9 Abs. 1 Nr. 1 TDDSG handelt ordnungswidrig, wer entgegen den gesetzlichen Vorgaben nicht richtig, nicht vollständig oder nicht rechtzeitig unterrichtet.

Um dem Sinn und Zweck der Unterrichtung ausreichend Rechnung zu tragen, muss diese möglichst frühzeitig erfolgen. Der Nutzer soll die Nutzung des Diensts rechtzeitig abbrechen können, ohne dass es zu einer Erhebung seiner Daten kommt. Die Unterrichtung kann also nur als eine Vorleistung des Diensteanbieters interpretiert werden, die er vor dem Beschaffen von Daten über den Nutzer zu erbringen hat. Dementsprechend war in der alten Fassung des TDDSG auch ausdrücklich vorgeschrieben, dass die Nutzer *vor der Erhebung* personenbezogener Daten unterrichtet werden müssen.[65] In der Neufassung wird demgegenüber auf den *Beginn des Nutzungsvorgangs* abgestellt, da bereits die Kontaktaufnahme mit einem Teledienst, etwa dem Aufruf einer Web-Seite, zur Erhebung personenbezogener Daten führen kann, eine davor liegende Unterrichtung dann aber praktisch nicht durchführbar ist.

Von der Unterrichtungspflicht mitumfasst werden gemäß § 4 Abs. 1 Satz 2 TDDSG automatisierte Verfahren, die eine spätere Identifizierung des Nutzers ermöglichen und eine Erhebung, Verarbeitung oder Nutzung personenbezogener Daten vorbereiten. Obwohl Personenbezug damit erst zu einem späteren Zeitpunkt hergestellt wird, ist der Nutzer bereits vor Beginn dieses Verfahrens zu unterrichten.[66] Diese zeitliche Vorverlegung der Unterrichtungspflicht ist vornehmlich auf Cookie-Dateien und Verfahren mit vergleichbarer Funktionalität zugeschnitten.[67] Bereits das Setzen von Cookies kann – abhängig von ihrer konkreten Ausgestaltung – dazu dienen, die künftige Erhebung, Verarbeitung und Nutzung personenbezogener Daten vorzubereiten. Wird beispielsweise eine zunächst nicht personenbezogene, weil nur mit einer pseudonymen

---

[64] Anders Mallmann, in: Simitis u.a. 1992, § 33 Rn. 37.

[65] S. dazu Bizer, in: Roßnagel 1999, § 3 TDDSG, Rn. 194.

[66] S. dazu Bizer, in: Roßnagel 1999, § 3 TDDSG, Rn. 192 ff.

[67] Bizer, DuD 1998, 280f.; Gundermann, K&R 2000, 228f.; Schaar, DuD 2000, 276; Hillenbrand-Beck, DuD 2001, 392. Die Gesetzesbegründung, BT-Drs. 13/7385, 22, nennt als Beispiel einer frühzeitigen Unterrichtung das „Speichern einzelner Nutzerdaten auf der Festplatte des vom Nutzer benutzten PC".

Nutzer-ID versehene Cookie-Datei nach ihrer Rücksendung an den Web-Server sofort mit der von einem früheren Besuch der Web-Seite bekannten Identität des Nutzers verknüpft, kommt es bei der Rückmeldung des Cookies zur Erhebung personenbezogener Daten durch den Anbieter. Eine solche Konstellation erfüllt die Voraussetzungen des § 4 Abs. 1 Satz 2 TDDSG.[68] Der Nutzer ist folglich schon vor dem Setzen des Cookies über das Vorhaben des Anbieters zu informieren und nicht erst zum Zeitpunkt der Rückmeldung an den Web-Server.[69]

Zu unterrichten hat der Diensteanbieter über Art, Umfang und Zwecke der Erhebung, Verarbeitung und Nutzung personenbezogener Daten. Im Regelfall wird sich die Unterrichtung daher an den Bestimmungen des TDDSG über die Verarbeitung von Bestands- und Nutzungsdaten orientieren.[70]

Der Zweck der Unterrichtung wird verfehlt, wenn der Nutzer nur in allgemeiner Form unter Wiedergabe des Gesetzestexts über die Erhebung, Verarbeitung und Nutzung informiert wird. Ein bloßer Hinweis auf die ermächtigende Rechtsvorschrift reicht ebenso wenig aus wie blankettartig formulierte Klauseln, die dem Nutzer und Kunden „aufgrund gesetzlicher Verpflichtungen" eine mögliche Verwendung ankündigen, ohne die konkreten Verwendungszecke zu benennen. Vielmehr sind die jeweils zu erhebenden Daten genau und für den durchschnittlichen Nutzer einfach verständlich zu beschreiben. Unter dem Gesichtspunkt der Transparenz kommt es entscheidend darauf an, dass der Anbieter seine Verwendungszwecke vollständig offen legt und nicht nur die aus Nutzersicht positiven Aspekte darstellt und den Nutzer damit über die tatsächlichen Verarbeitungsbedingungen täuscht. Dementsprechend ist gegebenenfalls auch über die Weitergabe von Kundendaten an Dritte (z.B. Anbieter von Werbe-Servern, Marketingunternehmen, Adresshändler) oder über die Bildung von Nutzerprofilen unter Darstellung ihrer spezifischen Struktur und ihres Zwecks zu informieren. Durch die

---

[68] Differenzierend Gundermann, K&R 2000, 229, der eine „Vorbereitung" für die Fälle in Frage stellt, in denen die spätere Identifizierung losgelöst vom Setzen des Cookies bei einem vom Sachzusammenhang her abtrennbaren Nutzungsvorgang stattfindet.

[69] Bei „temporären" Cookies wird man hingegen nicht davon ausgehen können, dass die künftige Datenerhebung vorbereitet wird.

[70] S. zum Gegenstand der Unterrichtung Bizer, in: Roßnagel 1999, § 3 TDDSG, Rn. 196 ff.

Bezugnahme in § 6 Abs. 3 TDDSG auf § 4 Abs. 1 TDDSG hat der Gesetzgeber die Unterrichtungspflicht auch auf pseudonyme Nutzungsprofile ausgedehnt.

Explizit aufgeführt wird in § 4 Abs. 1 TDDSG ferner die Pflicht zur Unterrichtung über eine etwaige Datenverarbeitung in Staaten außerhalb des Anwendungsbereichs der EG-Datenschutzrichtlinie, da bei diesen nicht ohne weiteres von einem vergleichbaren Datenschutzniveau ausgegangen werden kann. Damit wurde die bisherige pauschale Verpflichtung zur Angabe des Verarbeitungsorts im Hinblick auf das besondere Transparenzbedürfnis sinnvoll beschränkt und konkretisiert.

Die Unterrichtungspflicht aus § 4 Abs. 1 TDDSG umfasst nur die dem TDDSG unterliegende Datenverarbeitung und ist insoweit lex specialis gegenüber den Unterrichtungs- und Benachrichtigungspflichten nach dem BDSG. Soweit personenbezogene Daten entsprechend der oben dargestellten Systematik nach den Bestimmungen des BDSG verarbeitet werden, richten sich auch die Kontrollrechte des Nutzer beziehungsweise Kunden nach dem allgemeinen Datenschutzrecht. Dieses stellt insoweit allerdings inhaltliche Anforderungen, die mit den Vorgaben der Regelung im TDDSG im Wesentlichen vergleichbar sind. Nach § 4 Abs. 3 Satz 1 BDSG ist der Betroffene über die Identität der verantwortlichen Stelle, die Zweckbestimmungen der Erhebung, Verarbeitung und Nutzung und die Kategorien vom Empfängern zu unterrichten.[71]

Zur konkreten Form und Gestaltung der Informationspflichten äußern sich BDSG und TDDSG nicht. Sie liegen daher im Ermessen der verantwortlichen Stelle. Zweckmäßigerweise erfolgt die Unterrichtung bei Internet-Angeboten über die Web-Seiten, damit der Zusammenhang zwischen Information und Erhebung eindeutig feststeht.[72] Entscheidend

---

[71] Werden personenbezogene Daten nicht beim Betroffenen selbst erhoben, sondern erstmals für eigene Zwecke ohne seine Kenntnis gespeichert, ist der Betroffene nach den Vorgaben des § 33 Abs. 1 BDSG zu benachrichtigen. Die wesentliche Differenz zwischen Unterrichtungs- und Benachrichtigungspflicht besteht darin, dass die Benachrichtigungspflicht zu einem anderen Zeitpunkt aktuell wird. Muss die Unterrichtung vor der Erhebung erfolgen, stellt § 33 Abs. 1 BDSG auf den Zeitpunkt der erstmaligen Speicherung ab. Zu den diesbezüglichen Vorgaben der EG-Datenschutzrichtlinie s. Dammann/Simitis 1997, Art. 10 Rn. 2; Art. 11 Rn. 3.

[72] S. Kap. 6.2.1.

ist, dass die technische Darstellung eine klare und zuverlässige Wahrnehmung durch den Nutzer und Kunden ermöglicht.

Der Diensteanbieter muss nach § 4 Abs. 1 Satz 3 TDDSG außerdem dafür Sorge tragen, dass der Inhalt der Unterrichtung für den Nutzer „jederzeit abrufbar" ist.[73] Das bedeutet, dass er die Informationen ständig, ohne großen Suchaufwand auffindbar zur Nutzung bereithalten muss.[74] Dabei ist mit Blick auf die informationelle Selbstbestimmung auf die Sicht eines „durchschnittlichen Nutzers" und nicht auf die Perspektive eines „findigen" und geübten Nutzers abzustellen. Nicht ausreichend ist es daher, wenn die Informationen über die Datenverarbeitung zwar grundsätzlich vorhanden, aber über verschiedene Teile des Angebots verteilt sind. Ebenso wenig genügt es den rechtlichen Anforderungen, wenn die Unterrichtung ohne Hinweis in anderen Rubriken des Angebotes versteckt wird, in denen sie nur ein sehr „phantasievoller" Nutzer vermuten würde, zum Beispiel in den Allgemeinen Geschäftsbedingungen, der Hilfe-Funktion oder bei den Frequently Asked Questions (FAQ).[75]

Mit dem Zwang zur Offenlegung der Verarbeitungsprozesse trägt die Unterrichtungspflicht auch zur Akzeptanz der neuen Dienste bei. Die Internet-Anbieter sollten die Unterrichtungspflicht als Chance verstehen, mit den Nutzern ihres Teledienstes über die Verarbeitungsbedingungen zu kommunizieren.[76] Aufgeschlossene Unternehmen benutzen bereits heute Privacy Statements als Grundlage für eine transparente Darstellung ihrer Datenschutzpolitik und zur Vertrauenswerbung in der Öffentlichkeit.

5.4.2   Auskunft

Der von der Datenverarbeitung Betroffene muss auch die Möglichkeit haben, die Verarbeitung seiner Daten laufend zu kontrollieren. Daher sind Eingriffe in das informationelle Selbstbestimmungsrecht durch ein

---

[73] Bizer, in: Roßnagel 1999, § 3 TDDSG, Rn. 223 ff..

[74] S. zur vergleichbaren Darstellung der Anbieterkennzeichnung Brönneke, in: Roßnagel 1999, § 6 TDG, Rn. 56 ff.

[75] Zur tatsächlichen Praxis der Anbieter s. Wolters, DuD 1999, 280; Gundermann 2000, 60f.

[76] Bizer, in: Roßnagel 1999, § 3 TDDSG, Rn. 184.

Auskunftsrecht abzumildern.[77] Der allgemeine Auskunftsanspruch des Betroffenen gegenüber privaten Datenverarbeitern ist in § 34 Abs. 1 BDSG geregelt. Für den Bereich der Teledienste besteht in § 4 Abs. 7 TDDSG eine bereichsspezifische Sondervorschrift. Für die betroffenen Nutzer und Kunden von Internet-Angeboten besteht bei der Geltendmachung ihres Auskunftsrechts aber nur ein Unterschied in der Rechtsgrundlage. Was die Reichweite der Auskunft angeht, sind allgemeines und besonderes Datenschutzrecht – bedingt durch die präzisen Vorgaben aus Art. 12 der EG-Datenschutzrichtlinie – im Wesentlichen vergleichbar.

Der Auskunftsanspruch umfasst alle personenbezogenen Daten, die der Anbieter zum Zeitpunkt des Auskunftsbegehrens speichert. Die Pflicht zur Auskunft beinhaltet die Verpflichtung, eine entsprechende Anfrage auf jeden Fall zu beantworten, mit anderen Worten auch Negativ-Auskünfte zu erteilen. Das Auskunftsrecht besteht auch unabhängig davon, ob die Daten im Einflussbereich des Anbieters, etwa in seiner Kundendatenbank, oder – wie beim Einsatz von Cookies – auf dem Rechner des Nutzers gespeichert werden. Stellt der Händler dem Kunden ein komplettes Softwarepaket für die Nutzung seiner Einkaufsseiten oder zur Bezahlung der Ware zur Verfügung, bezieht sich der Auskunftsanspruch auch auf die lokal gespeicherten Komponenten.[78]

Mitzuteilen sind nach § 34 Abs. 1 Satz 1 Nr. 1 BDSG nicht nur die zur Person des Betroffenen gespeicherten Daten selbst, sondern auch ihre Herkunft, sofern solche Angaben ebenfalls gespeichert sind. Weiterhin sind nach § 34 Abs. 1 Satz 1 Nr. 2 und 3 BDSG Angaben zu machen über den konkreten Zweck der Verarbeitung und die Empfänger, an die Daten weitergegeben werden. Im Wege richtlinienkonformer Interpretation müssen diese Anforderungen an den Inhalt der Auskunft auch ohne ausdrückliche Erwähnung im TDDSG ebenso für den Bereich der Teledienste gelten.[79]

Als Ausnahme zum Schriftformerfordernis im allgemeinen Datenschutzrecht (§ 34 Abs. 3 BDSG) *kann* der Diensteanbieter nach § 4 Abs. 7 Satz

---

[77] BVerfGE 65, 1 (46).

[78] Schaar, in: Roßnagel 1999, § 7 TDDSG, Rn. 27f.

[79] Schaar, in: Roßnagel 1999, § 7 TDDSG, Rn. 25. Versteht man die Sonderregelung in § 4 Abs. 7 TDDSG als nicht abschließend, kommt man unter Rückgriff auf § 1 Abs. 2 TDDSG direkt zur Anwendung der Vorgaben im BDSG.

2 TDDSG die Auskunft auf Verlangen des Nutzers auch elektronisch erteilen. Von der noch in der alten Gesetzesfassung bestehenden Verpflichtung zur elektronischen Auskunftserteilung hat der Gesetzgeber abgesehen, um – so die Begründung – den technischen und wirtschaftlichen Möglichkeiten der Anbieter Rechnung zu tragen. Ob sich elektronische Verfahren unter der Neuregelung etablieren, wird damit in erster Linie davon abhängen, wie häufig die Nutzer ihre Rechte tatsächlich in Anspruch nehmen. Gerade bei massenhaften Anfragen zu den gespeicherten Daten wird die elektronische Erteilung der Auskunft auch eine deutliche Erleichterung für die Anbieter bedeuten. Analog zur elektronischen Einwilligung legen die bestehenden Kommunikationsmöglichkeiten des Internet die technische Realisierung der elektronischen Auskunft nahe.[80]

Auskunftsfunktionen, die es dem Nutzer ermöglichen, einfach und schnell Anfragen an den Anbieter zu stellen und auf dem gleichen Weg unverzüglich Antwort zu erhalten, können die mit einem schriftlichen Ersuchen verbundenen faktischen Hindernisse für viele Betroffene beseitigen. Das Auskunftsrecht wird aufgewertet und erhält größere praktische Relevanz, die im Ergebnis auch zu einer Akzeptanzsteigerung bei den Nutzern von Internet-Diensten führen wird. So gesehen muss es auch im Interesse der Händler liegen, eine elektronische Auskunft zu ermöglichen.

Der Gesetzgeber hat für Teledienste das Auskunftsrecht des Nutzers auch auf Daten erstreckt, die zu einem Pseudonym des Nutzers gespeichert wurden. Die Regelung in § 4 Abs. 7 Satz 2 TDDSG knüpft damit unmittelbar an die Angebotspflicht aus § 4 Abs. 5 TDDSG an. Da unter Pseudonym Daten verkettet und zu Profilen verarbeitet werden können, sollte der Nutzer die Möglichkeit haben, Inhalt und Umfang der Datensammlung zu erfahren, um das Schadenspotential einer Aufdeckung seines Pseudonyms abschätzen zu können. Bei der Auskunftserteilung über Daten, die unter Pseudonym gespeichert sind, liegt das Grundproblem in der Gefahr, dass durch das Auskunftsbegehren das bisher genutzte Pseudonym verraten und vom auskunftsverpflichteten Diensteanbieter dem Nutzer zugeordnet wird. Damit wäre der datenschutzrechtliche Zweck der Verwendung von Pseudonymen aufgehoben. Dies war vom Gesetzgeber gerade nicht beabsichtigt, wie sich aus

---

[80] S. Kap. 6.2.2; Grimm/Löhndorf/Scholz, DuD 1999, 276.

§ 6 Abs. 3 Satz 2 TDDSG ergibt. Die Auskunftsregelung kann deshalb nur so verstanden werden, dass nicht bloß die Nutzung der Dienste selbst, sondern auch die Auskunftserteilung unter Pseudonym erfolgen muss.[81] Für die notwendige Authentisierung des Nutzers ist eine Aufdeckung des Pseudonyms jedenfalls nicht erforderlich. Der Anbieter kann bei der Vergabe des Pseudonyms mit dem Nutzer einen persönlichen Kennsatz vereinbaren (welcher auch das Pseudonym selbst sein kann, wenn es eindeutig ist) und bei der Auskunftserteilung abfragen. Auch könnte das Pseudonym von einer dritten Instanz bestätigt werden. Eine solche Organisationsform sieht das SigG vor: §§ 5 Abs. 3 und 7 Abs. 1 Satz 1 SigG ermöglichen die Ausstellung von Zertifikaten durch eine Zertifizierungsstelle auf ein unverwechselbares Pseudonym.

5.4.3 Datenkorrektur

Das Datenschutzrecht gewährt den betroffenen Personen in § 6 Abs. 1 BDSG neben den Informationsrechten auch unabdingbare Ansprüche auf Berichtigung, Löschung und Sperrung der sie betreffenden Daten. Diese Ansprüche stehen ohne Einschränkung auch den Nutzern von Internet-Angeboten zu.

Nach § 35 Abs. 1 BDSG sind personenbezogene Daten zu berichtigen, „wenn sie unrichtig sind".[82] Die Formulierung macht deutlich, dass die verantwortliche Stelle von sich aus tätig werden muss, wenn sie von der Unrichtigkeit der Daten erfährt. Eines Antrags seitens des Betroffenen bedarf es nicht. In der Regel wird die Kenntnis der Unrichtigkeit aber erst durch Hinweis des Betroffenen erreicht werden, sei es durch eine bloße Mitteilung oder durch ein Berichtigungsverlangen. Für die

---

[81] Mit Einschränkungen („sollte") auch Schaar, in: Roßnagel 1999, § 7 TDDSG, Rn. 37. Anders Schmitz, in: Hoeren/Sieber 1999, Teil 16.4, Rn. 111, der diese Möglichkeit übersieht und zwingend von einer Aufdeckung des Pseudonyms ausgeht und hinsichtlich des Auskunftsrechts über die pseudonymisierten Nutzungsprofile die Verfassungswidrigkeit der Regelung annimmt.

[82] Unrichtig sind personenbezogene Daten, wenn sie Informationen enthalten, die mit der Wirklichkeit nicht übereinstimmen oder nur ein unvollständiges Abbild derselben abgeben und deswegen falsch sind. Unrichtigkeit kann auch dann vorliegen, wenn die Einzeldaten zwar richtig sind, diese jedoch in einem anderen Zusammenhang verwendet werden und dadurch ein falsches Gesamtbild entsteht. S. Schaffland/Wiltfang 1978, § 20 Rn. 5 ff., § 35 Rn. 5 ff. Zur Beweislast bezüglich der (Un)richtigkeit der Daten s. Schaffland/Wiltfang 1978, § 35 Rn. 12 ff.

Berichtigungspflicht ist unerheblich, ob die Daten versehentlich oder absichtlich falsch gespeichert wurden und ob die Daten bereits von Anfang an oder erst später – aufgrund nach der Speicherung eintretender Umstände – unrichtig geworden sind. Im Rahmen von Geschäftsbeziehungen im Internet wird die Berichtigung vor allem für die direkt beim Kunden erfragten Daten eine Rolle spielen, etwa weil der Kunde sich bei ihrer Eingabe in ein Web-Formular „vertippt" hat oder sich die Daten während der bestehenden Vertragsbeziehung (z.B. wegen Umzugs) ändern. Die Korrektur wird in diesen Fällen normalerweise keine Probleme bereiten, da auch dem Datenverarbeiter daran gelegen sein wird, nur zutreffende Informationen zu verarbeiten. Die Berichtigung erfolgt, indem ein falsches durch eine richtiges Datum ersetzt wird.

Die verantwortliche Stelle kann Daten nach § 35 Abs. 2 Satz 1 BDSG grundsätzlich jederzeit löschen.[83] Eine Ausnahme besteht nur bei Aufbewahrungspflichten oder wenn anzunehmen ist, dass schutzwürdige Interessen des Betroffenen durch die Löschung beeinträchtigt werden. Darüber hinaus hat die verantwortliche Stelle nach § 35 Abs. 2 Satz 2 BDSG aber nicht nur das Recht, sondern auch die Pflicht, personenbezogene Daten zu löschen, etwa wenn ihre Speicherung unzulässig ist (Nr. 1) oder wenn ihre Kenntnis für den mit der Speicherung verfolgten Zweck nicht mehr erforderlich ist (Nr. 3). Unzulässig ist eine Speicherung, wenn die Daten überhaupt nicht hätten gespeichert werden dürfen, weil es bereits an einer Zulässigkeitsvoraussetzung fehlte. Die Erforderlichkeit entfällt, wenn eine die weitere Speicherung legitimierende Zweckbestimmung nicht mehr vorliegt. Ist etwa das die Datenverarbeitung legitimierende Vertragsverhältnis endgültig beendet, dürfen die zu dessen Abwicklung erhobenen Kundendaten nicht länger beim Händler vorgehalten werden, sondern sind zu löschen. Dem widerspricht die gängige Praxis der Anbieter, sämtliche getätigte Transaktionen einzelner Kunden über Jahre hinweg in Kundendatenbanken zu

---

[83] Die Norm hebt insoweit das generelle Verarbeitungsverbot des § 4 Abs. 1 BDSG auf. Löschen umfasst nach § 3 Abs. 4 Nr. 5 BDSG jede Form der Unkenntlichmachung, von der Zerstörung des Datenträgers bis hin zum mehrfachen Überschreiben mit Zufallsmustern bei automatisierter Datenverarbeitung – s. Dammann, in: Simitis u.a. 1992, § 3 Rn. 183 ff. Daten gelten als gelöscht, wenn sie mit der heute verfügbaren sowie für die für die Daten relevanten Zeiträume zu erwartenden Technik mit vertretbaren Kosten nicht wiederhergestellt werden können.

„lagern".[84] Dies ist nur zulässig, wenn sich eine neue Legitimationsgrundlage für die fortgesetzte Speicherung der Daten finden lässt. Zu denken ist etwa an Werbe- oder Marketingmaßnahmen oder an eine nachvertraglichen Betreuung der Kunden durch Service- oder Reparaturdienste. Ist die Speicherung zu diesen – konkret anzugebenden – Zwecken von einer entsprechenden Rechtsnorm oder der Einwilligung des Kunden gedeckt, besteht hinsichtlich der insoweit erforderlichen Daten keine Löschungsverpflichtung.[85]

An die Stelle der Löschung kann nach § 35 Abs. 3 Nr. 1 BDSG eine Pflicht zur Sperrung treten, wenn die nicht mehr erforderlichen Daten aufgrund gesetzlicher, satzungsmäßiger oder vertraglicher Verpflichtungen aufbewahrt werden müssen. Für den vorliegenden Untersuchungsgegenstand kann dies relevant werden, da Kaufleute nach § 257 Abs. 4 HGB Handelsbücher für zehn Jahre, Handelsbriefe und Buchungsbelege für sechs Jahre vorhalten müssen. Ferner reicht eine Sperrung, wenn die Löschung wegen der technischen Gegebenheiten nicht oder nur unter unverhältnismäßigem Aufwand möglich ist (Nr. 2). Die Sperrung hat ein relatives Verarbeitungs- und Nutzungsverbot zur Folge.[86] Die Übermittlung oder Nutzung gesperrter Daten ist nach § 35 Abs. 8 BDSG nur ausnahmsweise unter besonderen Voraussetzungen zulässig. Daraus folgt, dass eine Auswertung und Verwendung gesperrter Kundendateien zu Werbe- oder Marketingzwecken ausschließlich mit entsprechender Einwilligung des betroffenen Kunden möglich ist.

Das Gesetz schreibt keine bestimmte Frist vor, innerhalb derer die Berichtigung, Löschung oder Sperrung zu erfolgen hat, jedoch wird sie innerhalb angemessener Zeit durchgeführt werden müssen. Welche Frist angemessen ist, richtet sich nach den individuellen Möglichkeiten der verantwortlichen Stelle aufgrund ihrer organisatorischen und technischen Einrichtungen. In jedem Fall muss die Korrektur so rechtzeitig erfolgen, dass eine weitere Verarbeitung und Nutzung der unrichtigen,

---

[84] S. zum Umgang mit Kundendaten im Data Warehouse Scholz, in: Roßnagel 2002, Kap. 9.2.

[85] Gola/Schomerus 1997, § 35 Anm. 3.4. Zu weitgehend Schaffland/Wiltfang 1978, § 35 Rn. 36.

[86] Das Sperren von Daten ist in § 3 Abs. 4 Nr. 4 BDSG als eigene Phase der Verarbeitung von Daten definiert. Bei automatisierten Dateien kann die Sperrung etwa durch entsprechende Kennzeichnung des Datenfeldes, des Datensatzes oder anderer bestimmter Datenmengen erfolgen.

unzulässig gespeicherten oder nicht mehr erforderlichen Daten nicht mehr stattfindet.[87] Eine in bestimmten Zeitabständen gebündelte Berichtigung dürfte unter diesen Voraussetzungen grundsätzlich ebenso zulässig sein[88] wie die gängige Praxis, die Löschung von Daten in Datenbanksystemen zunächst nur logisch und erst im Zug einer Reorganisation des Datenbestands auch physikalisch zu vollziehen.[89] Eine unverzügliche Korrektur kann im Einzelfall aber verlangt werden, wenn andernfalls Nachteile für den Betroffenen zu befürchten sind, etwa weil es sich um besonders sensible Daten handelt.

Zur Abrundung des Schutzes der Betroffenen trifft die verantwortlichen Stellen ferner eine Nachsorgepflicht. Nach § 35 Abs. 7 BDSG sind von der Berichtigung, Löschung oder Sperrung unrichtiger oder unzulässiger Daten die Stellen zu verständigen, denen im Rahmen einer Datenübermittlung diese Daten zur Speicherung weitergegeben werden, wenn dies keinen unverhältnismäßigen Aufwand erfordert und schutzwürdige Interessen des Betroffenen nicht entgegenstehen. Ein solcher Nachbericht spielt bei Geschäftsvorfällen im Internet insofern eine Rolle, als hieran in der Regel über die Person des Händlers und des Kunden hinaus noch weitere Akteure beteiligt sind, die über bestimmte Kundendaten verfügen. Werden beispielsweise Adressinformationen regelmäßig an ein Transportunternehmen weitergegeben, das die Auslieferung von Waren für den Händler übernimmt, liegt es auch im Interesse des Kunden, dass der Transporteur über eventuelle Änderungen der Anschrift frühzeitig informiert wird.

Die Rechtsansprüche des Betroffenen auf Berichtigung, Löschung und Sperrung seiner Daten müssen im Internet durch technische Mittel unterstützt werden, um eine effektive Wahrnehmung ohne Medienbruch zu garantieren.[90]

---

[87] Insofern ist die von Bergmann/Möhrle/Herb 1995, § 35 Rn. 39 vorgeschlagene Drei-Monats-Frist als zu pauschal abzulehnen.

[88] Schaffland/Wiltfang 1978, § 35 Rn. 10; Gola/Schomerus 1997, § 35 Anm. 2.2.

[89] S. Tinnefeld/Ehmann 1998, 205.

[90] S. Kap. 6.

6 Technisch-organisatorische Gestaltungsmöglichkeiten

Matthias Enzmann, Philip Scholz

6.1	Rechtliche Technikgestaltung	73
6.2	Transparenz	75
6.2.1	Unterrichtungsfunktion	75
6.2.2	Auskunftsfunktion	77
6.2.3	Protokollierung und Abrufbarkeit	79
6.3	Entscheidungsfreiheit	81
6.3.1	Elektronische Einwilligung	81
6.3.2	Abbruchmöglichkeit	83
6.4	Datenvermeidung	84
6.5	Vertraulichkeit	87
6.6	Zusammenfassung	88

In Kapitel 5 sind die rechtlichen Anforderungen, die sich aus dem TDDSG und dem BDSG für das Anwendungsfeld des Interneteinkaufs ergeben, dargestellt worden. Bisher weitgehend unberücksichtigt geblieben ist dabei die Frage der technischen und organisatorischen Umsetzung der normativen Ziele. In diesem Kapitel sollen nunmehr für die Praxis der Datenverarbeitung im Internet Optionen zur technischen und organisatorischen Absicherung und Unterstützung der Einhaltung und Erfüllung rechtlicher Vorgaben aufgezeigt werden.

6.1 Rechtliche Technikgestaltung

Trotz bestehender Defizite, die Folgen von Informations- und Kommunikationstechniken im Hinblick auf das Rechtsziel Datenschutz abzuschätzen und zu bewerten, lassen sich mittlerweile einer Reihe von Rechtsvorschriften relativ konkrete Vorgaben für die Gestaltung der technischen Systeme entnehmen.[1] Das gilt insbesondere für das im vorliegenden Zusammenhang relevante TDDSG, betrifft aber auch einzelne Neuregelungen im BDSG. Der Gesetzgeber ist hier – jedenfalls in

---

[1] Zur Technikgestaltung im Datenschutzrecht s. Roßnagel 1993, 241 ff, 267 ff.; Hammer/Pordesch/Roßnagel 1993, 43 ff.; Bizer 1998, 45; ders. 1999, 28; Roßnagel, DuD 1999, 254; Roßnagel/Pfitzmann/Garstka 2001, 35f., 184 ff.

Ansätzen – seiner Aufgabe nachgekommen, eine Regelungsform zu finden, die so tief in den Bereich des Technischen eindringt, dass es möglich ist, im Vorfeld einer irreversiblen Entwicklung die Technik nach den Zielen des Rechts zu steuern.[2]

Die Perspektive der Technikgestaltung als neuer Regelungsansatz im TDDSG und im BDSG basiert im Grundsatz auf Konzepten des System- und des Selbstschutzes. Unter dem Begriff des Systemdatenschutzes lassen sich Vorgaben zusammenfassen, die auf die Gestaltung des technisch-organisatorischen Systems der Erhebung, Verarbeitung und Nutzung von Daten zielen, um auf diese Weise die Einhaltung der normativen Datenschutzanforderungen zu gewährleisten. Vor dem Hintergrund einer dynamischen Technikentwicklung ist es das Ziel, bereits durch die Gestaltung der Systemstrukturen, in denen personenbezogene Daten verarbeitet werden, einer unzulässigen Datenverwendung vorzubeugen und die Selbstbestimmung der Nutzer sicherzustellen.[3]

Der Systemdatenschutz ist durch Selbstdatenschutz zu ergänzen. Da der Nationalstaat angesichts grenzenloser Kommunikation in offenen Netzen den gebotenen Schutz der informationellen Selbstbestimmung nicht mehr in vollem Umfang selbst gewährleisten kann, muss er im Rahmen grundrechtlicher Schutzpflichten soweit wie möglich den Betroffenen einfache und kostengünstige Schutzinstrumente an die Hand geben und sie damit zum Selbstschutz befähigen. Durch die Etablierung von Selbstschutzmöglichkeiten soll der Einzelne die ihm erwünschte Verarbeitung seiner Daten ermöglichen und unzulässige Datenverarbeitung verhindern können. Selbstdatenschutz ist so gesehen unmittelbarer Ausdruck des subjektiven Gehalts des Rechts auf informationelle Selbstbestimmung.[4]

---

[2]   Zur Techniksteuerung durch das Recht grundlegend Roßnagel 1993; ders. 1994a, 425; ders. 1997, 361.

[3]   S. zum Systemdatenschutz Roßnagel, 1994b, 236ff.; ders., ZRP 1997, 29; ders., DuD 1999, 256; Engel-Flechsig, DuD 1997, 13f.; Büllesbach/Garstka 1997, 383 ff.; Hoffmann-Riem, AöR 1998, 535; Garstka, DVBl. 1998, 988; Trute, JZ 1998, 827f.; Roßnagel/Pfitzmann/Garstka 2001, 39.

[4]   S. zum Selbstdatenschutz Roßnagel, ZRP 1997, 26; Borking, DuD 1996, 654; ders., DuD 1998, 636; Hoffmann-Riem, AöR 1998, 534f.; Schneider/Pordesch, DuD 1998, 645; Schrader, DuD 1998, 128; ders. 1998, 206; Cranor 2000, 107; Enzmann, DuD 2000, 535.

Die Umsetzungskonzepte des Selbst- und Systemschutzes für eine datenschutzadäquate Technikgestaltung müssen inhaltlich gefüllt werden, will man die angestrebten Steuerungspotentiale zur Geltung bringen. Dabei kann auf zentrale Datenschutzziele Bezug genommen werden, an denen sich die Auswahl und Gestaltung der technischen Systeme zu orientieren hat.

6.2   Transparenz

Eine wesentliche Voraussetzung für die Ausübung der informationellen Selbstbestimmung ist das Wissen des Betroffenen um das Vorliegen eines datenschutzrelevanten Vorgangs. Angesichts vielfältiger unbemerkter Datenerhebungen, der schwindenden Übersichtlichkeit der Datenströme und zunehmender Intransparenz der Technik muss es Zielsetzung einer datenschutzkonformen Gestaltung sein, eine möglichst hohe Transparenz über die Verarbeitung personenbezogener Daten für die Beteiligten zu erreichen. Die Datenschutzgesetze enthalten eine Reihe von Regelungen zur Transparenz der Datenverarbeitung. In erster Linie sind hier die individuellen Kontrollmöglichkeiten des Betroffenen durch Wahrnehmung der Informations- und Auskunftsrechte angesprochen. Das TDDSG bietet hier besondere Ansatzpunkte für eine technisch-funktionale Unterstützung der Nutzerkontrolle im Internet.[5]

6.2.1   Unterrichtungsfunktion

Eine gesetzeskonforme Unterrichtung des Nutzers über die angestrebte Datenverarbeitung ist für einen Anbieter im Internet vergleichsweise leicht zu realisieren.[6] Es genügt, wenn der Anbieter eine Web-Seite erstellt, in der über Art, Umfang und Zweck der Erhebung, Verarbeitung und Nutzung personenbezogener Daten informiert wird. Der Inhalt einer solchen Seite wird oft auch als *Datenschutzrichtlinie oder Datenschutzpolitik* bezeichnet. Die Unterrichtung ist so anzubringen, dass der Nutzer sie üblicherweise zur Kenntnis nimmt, wenn er das entsprechende Angebot aufruft. Dabei können die Informationen beispielsweise so in den Nutzungsvorgang und Bestellablauf eingebunden werden, dass der Nutzer zwingend über eine Web-Seite oder ein Fenster mit dem vollständigen Inhalt der Unterrichtung geführt wird. Es reicht aber

---

[5]   S. Grimm 1999b; Bizer/Grimm 1999, 103.

[6]   Zu den rechtlichen Anforderungen s. Kap. 5.4.1.

auch ein Hinweis auf die Unterrichtung in Form eines stets eingeblendeten Hyperlink beispielsweise auf einer Navigationsleiste der Web-Seite. Diese Praxis findet immer häufiger Anwendung in kommerziell angebotenen Telediensten im Internet.

Auf der anderen Seite verhält es sich mit Datenschutzrichtlinien ähnlich wie mit den allgemeinen Geschäftsbedingungen (AGB) von Anbietern in der physischen Welt: Nutzer und Kunden nehmen zwar die Existenz solcher Bedingungen wahr, lesen jedoch in den seltensten Fällen deren Inhalt. Dies hat für einen Anbieter eines Teledienstes, dessen Alleinstellungsmerkmal ein besonders datenschutzfreundliches Angebot ist, den Nachteil, dass dieses besondere Dienstmerkmal von den Nutzern unter Umständen gar nicht wahrgenommen wird.

Eine bessere Strategie ist deshalb, die Datenschutzpolitik, eventuell in verkürzter Form, zusätzlich auf den eigentlichen Datenerhebungsseiten zu platzieren. Im Besonderen wird durch die Platzierung der Datenschutzerklärung auf den Erhebungsseiten auch erreicht, dass der Nutzer entsprechend den Anforderungen des Datenschutzrechts *vor* der Erhebung seiner persönlichen Daten unterrichtet wird.

Allerdings können Daten bereits beim Aufruf der Startseite eines Anbieters oder während des Surfens durch die Seiten des Anbieters von diesem gesammelt und ausgewertet werden. Diese Daten können sowohl personenbezogen als auch pseudonym oder anonym sein. Zu ihnen zählen die vom Nutzer aufgerufenen Seiten, deren Betrachtungsdauer, zuvor besuchte Seiten (unter Umständen auch bei anderen Anbietern) und nicht zu vergessen *Cookies*.[7] Um sich über die Sammlung derartiger Daten zu informieren, müsste der Nutzer entweder stets als erstes die Datenschutzrichtlinien des Anbieters selbst aufrufen oder gar diese durch den Anbieter zwingend als erste Seite angezeigt bekommen. Ersteres erfordert von dem Nutzer sehr viel Disziplin und auch Geduld, da Datenschutzerklärungen in der Regel relativ umfangreich und deshalb auch nicht schnell zu lesen sind. Die zweite Möglichkeit käme einer „Zwangsumleitung" gleich, was sicher eine zu starke Be-

---

[7]   S. zu Datenspuren bei der Internet-Nutzung Köhntopp/Köhntopp CR 2000, 248; Schaar, DuD 2001, 383; Hillenbrand-Beck/Greß, DuD 2001, 389. Zur Cookie-Technologie s. Wichert, DuD 1998, 273; Bizer, DuD 1998, 277; Ihde, CR 2000, 413; Schaar, DuD 2000, 275.

vormundung der Nutzer wäre. Denn selbst Nutzer, die die Erklärung bereits gelesen haben, würden diese immer wieder angezeigt bekommen. Zudem kann die Realisierung einer solchen Lösung sehr aufwändig sein.

Das *World Wide Web Consortium* (W3C) hat sich dieses Problems mit seinem Standard *Platform for Privacy Preferences* (P3P)[8] angenommen. P3P erlaubt es dem Anbieter, seine Datenschutzpolitik in einer maschinenlesbaren Form auszudrücken, so dass ein Browser diese Informationen automatisch gegen vom Nutzer festgelegte Datenschutzeinstellungen prüfen kann. P3P ist somit dazu geeignet, den Nutzer automatisch über die Art der gesammelten Daten oder auch über die Möglichkeit der pseudonymen Dienstnutzung zu informieren. Im Idealfall muss sich der Nutzer noch nicht einmal die Datenschutzpolitik des Anbieters durchlesen, sofern der Browser eine Übereinstimmung mit den Datenschutzeinstellungen des Nutzers festgestellt hat. Die Form einer Benachrichtigung mit Hilfe von P3P ist nicht festgelegt, so dass deren Wahrnehmbarkeit durch den Nutzer von Browser zu Browser stark variieren.

6.2.2 Auskunftsfunktion

Die Herausforderung bei der technischen Realisierung der elektronischen Auskunft liegt vor allem in der authentischen Absicherung eines Auskunftsbegehrens, um zu verhindern, dass unbefugte Dritte auf personenbezogene oder pseudonyme Daten des Nutzers Zugriff erhalten. Dies schließt nicht nur Vorkehrungen bezüglich des Zugriffs ein, sondern auch Vorkehrungen, um die Daten auf dem Transportweg, das heißt während der Übermittlung über das Internet, vor unbefugtem Zugriff zu schützen.

Um Zugriff auf seine persönlichen Daten zu erhalten, muss der Nutzer zuerst die Richtigkeit seiner behaupteten Identität gegenüber dem Anbieter beweisen. Dieser Prozess wird als Authentifikation bezeichnet.

---

[8] World Wide Web Consortium, Candidate Recommendation; Cranor et al.: Platform for Privacy Preferences 1.0 (P3P1.0) Specification, 15 December 2000, abrufbar unter www.w3.org/P3P. S. zu P3P auch Cavoukian u.a., DuD 2000, 475.; Cranor, DuD 2000, 479; Grimm/Roßnagel 2000, 293; Enzmann, DuD 2000, 535; Köhntopp, in: Bäumler/Breinlinger/Schrader 1999, P 920; Wenning/Köhntopp, DuD 2001, 139; Greß, DuD 2001, 144.

Zur Authentifikation werden häufig so genannte Login/Passwort-Verfahren eingesetzt. Bei diesen Verfahren gibt sich der Nutzer einen Login-Namen und ein Passwort, die er beide übermitteln muss, bevor er Zugriff auf seine Daten erhält. Hierbei ist darauf zu achten, dass die Übertragung des Login-Namens und des Passworts ebenfalls vertraulich, das heißt verschlüsselt, erfolgen muss. Anderenfalls besteht die Möglichkeit, dass der Login-Name und das Passwort auf dem Übertragungsweg von Dritten ausgespäht werden. So genannte *Challenge-Response*-Protokolle können durch die Verwendung von *Public-Key-Kryptographie* und Nutzerzertifikaten einen weitaus besseren Schutz vor dem Nachahmen oder Ausspähen einer Nutzeridentität gewährleisten. Ein Zertifikat ist eine Art digitaler Ausweis, der den Namen des Nutzers, oder den seines Pseudonyms, enthält und eine Verbindung zu dem, einem Nutzer zugeordneten, so genannten öffentlichen Schlüssel herstellt. Unter Verwendung dieses Schlüssels kann der Nutzer im Rahmen eines kryptographischen Protokolls gegenüber dem Anbieter beweisen, dass er der rechtmäßige Eigentümer des Schlüssels ist und somit seine behauptete Identität der im Zertifikat eingetragenen Identität entspricht. Im Unterschied zu Login-Name/Passwort-Verfahren kann ein Lauscher die im Rahmen eines Challenge-Response-Protokolls ausgetauschten Informationen in der Regel nicht dazu verwenden, zu einem späteren Zeitpunkt die Identität des Nutzers nachzuahmen – durch Mithören des Login-Namens und des Passworts wäre dies zu jedem späteren Zeitpunkt möglich.

Umgekehrt ist es auch für den Nutzer notwendig festzustellen, ob er tatsächlich mit dem „richtigen" Anbieter verbunden ist. Ein Dritter könnte die Identität des Anbieters nachahmen[9] und den Nutzer zur Übermittlung vertraulicher Informationen wie beispielsweise seinen Login-Namen und das Passwort veranlassen. Ohne eine ausreichende Authentifizierung des Servers ist es dann sogar möglich, dass ein solcher Nachahmer den Nutzer dazu benutzt, die sonst für ihn unmögliche Challenge-Response-Authentifizierung durchzuführen, so dass er letztlich Zugriff auf die Daten des Nutzers erhalten kann. Solche Angriffe bezeichnet man auch als *Man-in-the-Middle*-Attacken.

Die Umsetzung einer beidseitigen Authentifizierung mit Hilfe von Challenge-Response-Verfahren ist mit einem marktüblichen Browser

---

[9]   Fox, DuD 1997, 724; Felten/Balfanz/Dean/Wallach 1996.

ohne weiteres möglich. Browser stellen mit dem *Secure Socket Layer*-Protokoll (SSL)[10] beziehungsweise dessen Nachfolger *Transport Layer Security* (TLS)[11] ein Standard-Protokoll zur Verfügung, das in der Lage ist, die Authentifizierung beider Parteien sicherzustellen.

Neben der reinen Auskunft muss der Nutzer auch die Möglichkeit haben, unrichtige oder falsche Daten zu korrigieren oder zu löschen. Es bietet sich an, eine solche Funktionalität mit der Dateneinsichtsfunktion zu kombinieren und dem Nutzer so die Korrektur seiner Daten an Ort und Stelle zu ermöglichen.[12] Dies bedeutet jedoch nicht, dass Korrekturen unmittelbar in die Datenbank übernommen werden. Der Anbieter muss vor der Übernahme von geänderten Daten diese prüfen können, um eine missbräuchliche Nutzung dieser Funktionalität zu verhindern.

6.2.3   Protokollierung und Abrufbarkeit

Auf die Erfüllung des Transparenzgebots zielen ebenso die Pflichten des Diensteanbieters, jederzeit den Abruf des Inhalts von Unterrichtung und Einwilligung durch den Nutzer gemäß § 4 Abs. 1 Satz 3 und § 4 Abs. 2 Nr. 3 TDDSG zu ermöglichen.[13] Der Gesetzgeber versucht hier durch präzise Vorgaben an die Gestaltung der Technik, die sich aus der Flüchtigkeit des Mediums ergebenden Risiken für den Nutzer zu minimieren und die Akzeptanz für die durchgeführte Datenverarbeitung zu erhöhen. Dies gilt auch für die erforderliche Protokollierung der Einwilligung nach § 4 Abs. 2 Nr. 2 TDDSG. Mit Hilfe der Protokollierung soll festgehalten werden, dass der Nutzer überhaupt eine Einwilligung erklärt hat. Diese Funktion erfüllt der Diensteanbieter, indem er die elektronische Einwilligung des einzelnen Nutzers speichert.[14] Festzuhalten ist dabei der Zeitpunkt der Einwilligung, damit überprüft werden kann, wann der Nutzer seine Einwilligung erklärt hat, sowie der Um-

---

[10] Freier/Karlton/Kocher 1996.

[11] Dierks/Allen 1999.

[12] S. zu den rechtlichen Anforderungen an die Datenkorrektur Kap. 5.4.3.

[13] Engel-Flechsig, DuD 1997, 13; Bizer, in: Roßnagel 1999, § 3 TDDSG, Rn. 296.

[14] Da die Aufbewahrung der elektronischen Einwilligung die Speicherung eines personenbezogenen Datums darstellt, kann der Nutzer jederzeit Auskunft verlangen. Ist die Speicherung der Einwilligung zum Beweis für die Zulässigkeit der Datenverarbeitung nicht mehr erforderlich, ist sie unzulässig und deshalb nach § 35 Abs. 2 Satz 2 Nr. 1 BDSG zu löschen – s.. Bizer, in: Roßnagel 1999, § 3 TDDSG, Rn. 291.

fang und die Zweckbestimmung der personenbezogenen Daten, die zu erheben, verarbeiten oder nutzen der Anbieter berechtigt ist.

Abrufbarkeit der Einwilligung bedeutet, dass der Diensteanbieter die protokollierten Informationen ständig für den Nutzer, der die elektronische Einwilligung erklärt hat, bereithalten muss. Der Nutzer muss unverzüglich nach einer Anfrage den genauen Inhalt der von ihm erteilten Einwilligung übermittelt bekommen.

Handelt es sich bei der Einwilligung um keinen individuellen Text, reicht im Prinzip das Referenzieren des Textes durch einen Hyperlink, ähnlich wie bei der Datenschutzerklärung. Hat sich der Inhalt eines Einwilligungsformulars mit der Zeit verändert, so muss dem Nutzer der Einwilligungstext zugänglich gemacht werden, der ihm zum Zeitpunkt der Einwilligung vorlag. Der Anbieter muss in einem solchen Fall die „alten" Einwilligungstexte archivieren und zum Abruf bereitstellen. Dabei ist allerdings zu berücksichtigen, dass es keine Pflicht des Nutzers ist und ihm auch nicht zuzumuten ist, den Zeitpunkt der Einwilligung selbst zu protokollieren, um sich zu einem späteren Zeitpunkt noch einmal die ehemals geltende Datenschutzerklärung herauszusuchen. Hat sich die Datenschutzpolitik des Anbieters mit der Zeit geändert, muss für deren Abruf der Nutzer authentifiziert werden, um zu gewährleisten, dass diesem die für „seine" Einwilligung geltende Textfassung zur Verfügung gestellt wird.

Da der Anbieter ohnehin abspeichern muss, ob, wann und mit welchem Inhalt der Nutzer eingewilligt hat, und darüber hinaus nach § 4 Abs. 7 TDDSG ein elektronisches Auskunftsverfahren bereitzustellen hat, ist es sinnvoll, die Funktion zum elektronischen Abruf der Einwilligung an dieses Verfahren anzubinden. Der Nutzer könnte dann die über ihn gespeicherten Daten und den – für ihn geltenden – Einwilligungstext zusammen einsehen. Es kann so zusätzlicher technischer und finanzieller Aufwand für den Diensteanbieter vermieden werden.

Eine jederzeitige Abrufbarkeit der Datenschutzerklärung eines Anbieters, wie sie § 4 Abs. 1 Satz 3 TDDSG vorsieht, ist sowohl durch Hyperlinks als auch durch P3P-fähige Browser gegeben. Auf diese Weise wird dem Nutzer ermöglicht, sich auch nach einer Erhebung seiner Daten über den gesamten Nutzungszeitraum hinweg über die Umstände der Verarbeitung Kenntnis zu verschaffen, um dann gegebenenfalls noch das Nutzungsverhältnis abzubrechen oder aber sein Recht auf Auskunft gegenüber dem Datenverarbeiter geltend zu machen.[15]

6.3   Entscheidungsfreiheit

Das Kriterium der Entscheidungsfreiheit ist in der Umschreibung der informationellen Selbstbestimmung durch das Volkszählungsurteil bereits angelegt. Der Betroffene muss danach grundsätzlich selbst darüber bestimmen können, ob und in welcher Weise er Informationen über sich offen legt.[16] Die Entscheidungsfreiheit zielt auf eine aktive Beteiligung des Betroffenen am Verarbeitungsvorgang. Die Nutzung informationstechnischer Systeme darf daher nicht zu einer ungewollten oder unbemerkten Datenpreisgabe und -verwendung zwingen. Verschiedene rechtliche Instrumente sollen die Entscheidungsfreiheit absichern.

6.3.1   Elektronische Einwilligung

Unmittelbarer Ausdruck und Konsequenz ist die informierte und freiwillige Einwilligung in die Verarbeitung personenbezogener Daten, die auch elektronisch erteilt werden kann.[17]

Autorisierung. Die Autorisierung einer Einwilligung, das heißt die ausdrückliche Zustimmung des Nutzers, setzt eine klare Repräsentation der Einwilligungsfunktion voraus, damit auch unaufmerksame Nutzer nicht „versehentlich" in eine Verarbeitung ihrer Daten einwilligen. Eine unbeabsichtigt erteilte Einwilligung könnte zwar widerrufen werden. Dies setzt jedoch voraus, dass der Nutzer seinen Irrtum bemerkt hat. Würde die unbeabsichtigte Einwilligung des Nutzers den Regelfall darstellen, könnte nicht mehr von einer bewussten und *eindeutigen* Handlung der Nutzer ausgegangen werden, wie sie in § 4 Abs. 2 Nr. 1 TDDSG gefordert ist.

Daher sollte die Einwilligung so gestaltet sein, dass eine Zustimmung ein Abweichen vom „normalen Handlungsfluss" des Teledienstes erfordert. Beispielsweise könnte eine solche für eine Zustimmung notwendige Abweichung durch das Anhaken einer so genannten Checkbox erfolgen, sofern diese Checkbox als Einwilligungsklausel hinreichend

---

[15]   Bizer, in: Roßnagel 1999, § 3 TDDSG, Rn. 223.

[16]   BVerfGE 65, 1 (42).

[17]   S. dazu bereits Kap. 5.2.2.

gekennzeichnet und von gleichartigen Checkboxen abgesetzt ist. Unzulässig wären bereits angehakte Checkboxen, da sie eine Zustimmung des Nutzers vorwegnehmen würden. In einem solchen Fall wäre der normale Handlungsfluss das Weiterklicken durch die Web-Seiten ohne Veränderung der angehakten Checkboxen. Hierdurch würde der Nutzer einwilligen, ohne sich im Regelfall der Einwilligung bewusst zu werden. Auch Mehrfach-Dialoge mit „OK"- und „Abbrechen"-Buttons („Prompt-Kaskade") scheinen keine geeignete Lösung für eine Einwilligungsfunktion darzustellen, da Nutzer durch viele Anwendungsbeispiele daran gewöhnt sind, stets mit „OK" zu bestätigen. Ein einfaches Betätigen des OK-Buttons ist daher nicht als bewusste Handlung anzusehen.

Integrität und Urheberschaft. Um den Inhalt der Einwilligung im Nachhinein beweisen und die Einwilligung eindeutig einem Aussteller zurechnen zu können, bedarf es besonderer technischer Sicherungen zum Nachweis ihrer Integrität und Authentizität. Andernfalls könnten der Erklärende und der Empfänger weder sicher sein, ob die elektronische Einwilligung unverfälscht ist, noch könnte der Empfänger ausschließen, dass die Einwilligung nicht von einem Dritten unter fremdem Namen abgeben wurde. Die geeignete Technik zur Realisierung elektronischer Einwilligungsverfahren bietet die digitale Signatur.[18]

Ein Problem ist jedoch, dass die Unterstützung von digitalen Signaturen bezogen auf Internetdienste wie das WWW nicht einheitlich ist. Einige Web-Browser-Hersteller bieten von Haus aus Signaturfunktionalitäten für den Nutzer an (Netscape Navigator), andere nicht (Opera, Microsoft Internet Explorer). Dies erschwert es dem Anbieter, allen seinen Kunden die Möglichkeit zur elektronischen Einwilligung anzubieten.

Eine Lösungsmöglichkeit wäre, eine Zusatzsoftware zu installieren, die die nötige Signaturfunktionalität zur Verfügung stellt. Aus Nutzersicht sprechen mindestens zwei Gründe gegen diese Variante. Erstens sind Nutzer nur schwer zu motivieren, zunächst Software aus dem Internet herunterzuladen und diese anschließend zu installieren. Zweitens wird sich ein Nutzer diese Mühe kaum machen, wenn nicht genügend Online-Shops vorhanden sind, die genau diese Software unterstützen.

---

[18] Zu den rechtlichen Anforderungen Kap. 5.2.2.

Es gibt aber auch einen Mittelweg zwischen der Bereitstellung der Signaturfunktionalität durch den Browser und der Bereitstellung durch zusätzlich zu installierende Software. Dies sind die so genannten Java-Applets. Applets sind Programme, die vom Web-Server des Anbieters zusammen mit einer Web-Seite heruntergeladen und vom Browser des Nutzers ausgeführt werden. Dies garantiert, dass der Nutzer weitgehend unabhängig von der von seinem Browser zur Verfügung gestellten Basisfunktionalität ist. Alle gängigen Web-Browser sind in der Lage, Java-Applets auszuführen. Dadurch bleibt dem Nutzer der Installationsaufwand erspart. Applets können zudem durch eine digitale Signatur geschützt werden, die verhindert, dass der Programmcode des Applets unerkannt durch Dritte verändert werden kann. Im Allgemeinen garantiert eine Signatur über dem Applet jedoch nicht die korrekte Ausführung einer bestimmten Funktionalität, sondern erlaubt vielmehr die Zurechenbarkeit des Applets zu einem bestimmten Anbieter oder Urheber. Eine Garantie bezüglich der korrekten Ausführung des Applets kann dessen Unterzeichner nur durch eine Erklärung außerhalb des Applet-Prüfvorgangs geben, etwa durch einen Hinweis auf der Web-Seite, von der aus das Applet geladen wird.

Widerruf. Für den Widerruf einer Einwilligung gilt im Prinzip das Gleiche wie für die Einwilligung selbst; auch sie muss durch eine eindeutige und bewusste Handlung erfolgen, unabstreitbar und authentisch sein. Insofern kann für die Erteilung und für den Widerruf der Einwilligung auf dieselben technischen Funktionen zurückgegriffen werden.

6.3.2   Abbruchmöglichkeit

Neben dem Mechanismus der Einwilligung, als vor der Datenerhebung liegende Ausprägung der Entscheidungsfreiheit, müssen dem Betroffenen auch während des technisch vermittelten Kommunikationsprozesses Einfluss- oder zumindest Abbruchmöglichkeiten gewährt werden. In diesem Sinn verpflichtet § 4 Abs. 4 Nr. 1 TDDSG die Anbieter von Telediensten, die technischen und organisatorischen Vorkehrungen zu treffen, damit der Nutzer jederzeit seine Verbindung mit dem Diensteanbieter abbrechen kann. Diese Gestaltungsvorgabe soll sicherstellen, dass der Nutzer während des gesamten Datenverarbeitungsprozesses ein Höchstmaß an individuellen Selbstbestimmungsmöglichkeiten behält.[19]

Trivialerweise kann ein über das Internet angebotener Teledienst einfach durch das Schließen des Browsers abgebrochen werden. Für den Anbieter und den Nutzer kann diese Art des Abbruchs aber innerhalb einer Sitzung zu unerwünschten Nebeneffekten führen, wenn beispielsweise die Sitzungsdaten nach dem Browser-Schließen noch eine Weile (prinzipiell für jeden) zugänglich sind. Dieser Umstand wird auch als „hängende Sitzung" bezeichnet. Eine solche hängende Sitzung ist besonders dann kritisch, wenn die Sitzungsdaten personenbezogene oder andere sensitive Daten – wie etwa Finanzinformationen (Kreditkartennummer, Bankverbindung) – enthalten. Deshalb sollte der Nutzer auf jeden Fall über diese Gefahr informiert werden und ein Abbruch-Button auf den Web-Seiten zugänglich sein, der eine laufende Sitzung abbrechen kann, ohne dass eine hängende Sitzung entsteht.

Eine Abbruchmöglichkeit wird im Allgemeinen aber nur für gerade laufende Prozesse möglich sein. Prozesse, die der Nutzer lediglich anstößt und danach ohne weiteres Zutun des Nutzers ablaufen, können oft ab einem gewissen Zeitpunkt nicht mehr im Rahmen des Teledienstes gestoppt werden (*point of no return*). Ein Beispiel hierfür sind Geschäfts- oder Finanztransaktionen.

Die Gestaltungsvorgaben des TDDSG für eine technische und organisatorische Absicherung der Entscheidungsfreiheit fördern die Akzeptanz elektronischer Kommunikation und zielen auf einen wirksamen Selbstschutz des Betroffenen.

6.4   Datenvermeidung

Soweit überhaupt Daten verarbeitet werden müssen, wird das Optimum der Datenvermeidung durch die Beschränkung auf die Verarbeitung anonymer oder pseudonymer Datensätze erreicht.[20] Dabei ist vor allem zu beachten, dass kommerzielle Dienste nicht nur den Dienst als solchen, sondern auch dessen Abrechnung pseudonym oder anonym anbieten müssen. Hierzu existieren bereits eine Reihe von Zahlungssy-

---

[19]   Schaar/Schulz, in: Roßnagel 1999, § 4 TDDSG, Rn. 71.

[20]   S. Kap. 1.3. Zur Datenvermeidung durch Anonymität und Pseudonymität auch Roßnagel/Scholz, MMR 2000, 721.

stemen, die eine anonyme oder pseudonyme Bezahlung über das Internet ermöglichen. Die Voraussetzungen für die Anwendung eines dieser Systeme sind dabei genauso unterschiedlich wie die Verteilung des Wissens um die beim Bezahlvorgang anfallenden Daten zwischen Kunde (Nutzer) und Händler (Anbieter), Kunde und Zahlungssystemanbieter (i.d.R. eine Bank) und Händler und Zahlungssystemanbieter.[21]

Bei pseudonymen Zahlungssystemen wie Paybox und SET (*Secure Electronic Transaction*) bezieht sich die Pseudonymität auf das Verhältnis Kunde – Händler, nicht jedoch auf das Verhältnis Kunde –Zahlungssystemanbieter und Händler – Zahlungssystemanbieter. Das heißt, der Zahlungssystemanbieter weiß sehr wohl, welcher Kunde bei welchem Händler eingekauft hat, allerdings nicht notwendigerweise, was eingekauft wurde. Allein der Händler erfährt durch den Zahlungsprozess nichts über die wahre Identität des Kunden.

Ein Beispiel für ein anonymes Zahlungssystem gegenüber der Bank ist das eCash-Verfahren. Die Bank erfährt beim Kundenkontakt nichts über die Identität des Nutzers und auch nicht notwendigerweise, welcher Kunde bei welchem Händler eingekauft hat, es sei denn, der Händler würde dies der Bank mitteilen – dies ist jedoch bei eCash nicht vorgesehen. Natürlich ist Anonymität oder Pseudonymität ähnlich wie in SET auch für die Beziehung Kunde – Händler möglich, dies hängt aber nicht von eCash, sondern von der sonstigen Ausgestaltung des Teledienstes durch den Anbieter ab.

Im Fall von digitalen Gütern wie Software ist pseudonymes oder anonymes Einkaufen leicht vorstellbar, da für den Nutzer durch entsprechende Online-Zahlung und anschließendem Download zu keinem Zeitpunkt die Notwendigkeit besteht, den Namen, etwa zur Warenauslieferung, preiszugeben. Anders sieht es beim Kauf von körperlichen Waren aus, die physisch ausgeliefert werden müssen. Ein denkbarer Ansatz für den Nutzer wäre, die Waren statt an die Heimadresse an eine pseudonymisierte Adresse wie zum Beispiel ein Postfach liefern zu lassen, oder einen Vermittler (*Intermediary*[22]) einzuschalten, an den zunächst das Paket geliefert wird und der das Paket weiter an die nur ihm bekannte Kundenadresse schickt.

---

[21] S. einen Überblick über elektronische Zahlungsverfahren in Grimm 2001, 197.

[22] Hagel/Rayport, McKinsey Quarterly 1994 No.4.

Der Nutzer kann aber auch selbst Maßnahmen treffen, um die Aufdekkung seiner Identität, etwa an Hand der ihm zugewiesenen IP-Adresse zu verhindern. Eine Möglichkeit ist die Nutzung von Anonymisierungsverfahren wie *Onion Routing* oder *Crowds*-Netzwerke, die die Absenderadresse vor dem Empfänger verbergen.[23]

Kann der Personenbezug nicht durch Anonymität oder Pseudonymität vollständig vermieden werden, muss zumindest die Zahl der personenbezogenen Daten minimiert werden. Die technischen Systeme müssen so gestaltet sein, dass sie nur die für die Realisierung bestimmter Zwekke benötigten Daten erheben, verarbeiten oder nutzen. Ist es unvermeidlich, personenbezogene Daten zu erheben und zu speichern, müssen sie frühestmöglich wieder gelöscht oder anonymisiert werden. Im TDDSG wird dieser Gedanke durch die technische und organisatorische Gestaltungspflicht in § 4 Abs. 4 Nr. 2 präzisiert, wonach Nutzungsdaten unmittelbar nach Beendigung der Nutzung zu löschen sind.[24] Eine Löschung von nicht mehr benötigten Nutzungsdaten wie beispielsweise Cookies ist prinzipiell mit jedem Browser möglich. Jedoch ist dies in der Regel kein automatisierter Prozess, das heißt, der Nutzer muss seine Cookies explizit selbst löschen. Eine Ausnahme bildet der Opera-Browser, der eine Option anbietet, Cookies mit dem Beenden des Browsers zu löschen. Auch auf Anbieterseite lassen sich leicht Nutzungsdaten einsparen, zum Beispiel durch Veränderung des Standardformats von Server-Logs dahingehend, dass die IP-Adresse des Nutzers von der Speicherung ausgenommen wird.

Daten, die für Abrechnungszwecke gespeichert wurden, müssen nach erfolgter Abrechnung gelöscht werden. Im Fall von Einzelabrechnungen beträgt die Löschungsfrist sechs Monate, es sei denn, der Nutzer bestreitet die Abrechnung oder verweigert die Zahlung. Organisatorisch können somit mit der Bestätigung einer eingegangenen Zahlung oder nach dem Verstreichen von Einspruchsfristen diese Abrechnungsdaten automatisch durch das Abrechnungssystem des Anbieters gelöscht werden. Eine automatische Löschung erscheint zumutbar, da heutige Abrechnungssysteme weitgehend *skript-fähig* sind, es also erlauben, notwendige Arbeitsschritte durch ein kleines Programm (*Makro*) in der jeweiligen Skriptsprache des Abrechnungssystems zu automatisieren.

---

[23]   S. Kap. 12.3.2.; Federrath/Pfitzmann, DuD 1998, 628.

[24]   S. dazu Schaar/Schulz, in: Roßnagel 1999, § 4 TDDSG, Rn. 74 ff.

Datensparsamkeit kann schließlich partiell auch durch eine technisch oder vor allem organisatorisch abgesicherte Datentrennung erreicht werden. Darunter ist eine exakt auf die jeweilige Aufgabenerfüllung der an einem Datenverarbeitungsvorgang beteiligten Akteure zugeschnittene Verteilung personenbezogener Daten zu verstehen. Die technisch-organisatorische Abschottung der Datenverarbeitung gegenüber anderen Verwendungszwecken spielt gerade in Bereichen wie dem hier untersuchten Internet-Einkauf und den elektronischen Zahlungssystemen eine zentrale Rolle, da an ihnen grundsätzlich mehr als zwei Akteure beteiligt sind. Wo immer möglich, sollte dezentralen (verteilte) Datenverarbeitungssystemen der Vorzug vor zentralen Verarbeitungssystemen gegeben werden. Insofern sind auch Shopping-Mall-Systeme, die mit einer Kundendatenbank für sämtliche angeschlossenen Händler arbeiten, kritisch zu überprüfen. Eine besonders wirksame Form informationeller Gewaltenteilung auf technisch-organisatorischer Ebene ist eine verteilte Speicherung derart, dass mehrere verantwortlichen Stellen kooperieren müssen, damit die jeweils vorliegenden Teile der Daten genutzt werden können. So können beim Einkauf im Internet die Daten des Käufers beispielsweise in der Form aufgeteilt werden, dass der Händler nur die Kaufdaten und eine Transaktionsnummer erhält, während dem Transportunternehmen nur Name und Lieferanschrift sowie ebenfalls die Transaktionsnummer mitgeteilt werden. Mit deren Hilfe wird die Lieferung der Ware an den richtigen Empfänger gesteuert.[25]

Ein konkretes Beispiel für eine Datentrennung, die das TDDSG ausdrücklich normiert, ist die Pflicht der Diensteanbieter nach § 4 Abs. 4 Nr. 4, durch technische und organisatorische Vorkehrungen sicherzustellen, dass „die personenbezogenen Daten über die Inanspruchnahme verschiedener Teledienste durch einen Nutzer getrennt verarbeitet werden können". Das Trennungsgebot lässt sich insbesondere als Schutz vor besonders aussagekräftigen Nutzungsprofilen verstehen.[26]

6.5   Vertraulichkeit

Offene Netze wie das Internet stellen besondere Anforderungen an die Technik hinsichtlich der Integrität und der Vertraulichkeit von Nachrichten. Offene Netze sind, wie der Name schon andeutet, offen für je-

---

[25] S. zur Realisierung im Prototypen Kap. 8.4.4.
[26] S. dazu Schaar/Schulz, in: Roßnagel 1999, § 4 TDDSG, Rn. 98.

den, das heißt jeder, der die technischen Zugangsvoraussetzungen erfüllt, kann sich dieser Netze bedienen. Nachrichten, die über das Internet versandt werden, durchlaufen auf ihrem Weg eine Vielzahl von Stationen, die von den unterschiedlichsten Organisationen (Firmen, Universitäten, Regierungsstellen) betrieben werden. In jeder dieser durchlaufenen Stationen steckt potenziell die Gefahr, dass die gesendeten Informationen ausgespäht oder (unerkannt) verändert werden.

Das TDDSG greift in § 4 Abs. 4 Nr. 3 explizit das Schutzziel der Vertraulichkeit auf, indem es vorschreibt, dass „der Nutzer Teledienste gegen Kenntnisnahme Dritter geschützt in Anspruch nehmen kann". Der Schutz vor unberechtigter Kenntnisnahme muss während der gesamten Nutzungsdauer gewährleistet sein. Konkretere Vorgaben, welche Schutzmaßnahmen zu ergreifen sind, enthält die Vorschrift nicht, sondern überlässt die Initiative dem Anbieter. Je nach Sensibilität der übertragenen Daten kann der erforderliche Schutz nur durch ausreichend sichere kryptographische Verfahren gewährleistet werden.

Die Forderung des § 4 Abs. 4 Nr. 3 TDDSG bedingt jedoch nicht, dass die Kommunikation *unbeobachtbar* sein muss, das heißt durch Dritte nicht erkennbar sein darf, welche Parteien miteinander kommunizieren. Die Forderung bezieht sich vielmehr auf die Vertraulichkeit des *Inhalts* der Kommunikation zwischen Anbieter und Nutzer. Auch hierfür stellt die Kryptographie geeignete Verschlüsselungsmethoden bereit, die es erlauben, dass nur die beiden Kommunikationsendpartner in der Lage sind, den Inhalt der ausgetauschten Nachrichten zu lesen beziehungsweise zu entschlüsseln. Eine praktische Umsetzungsmöglichkeit bietet auch hier das SSL-Protokoll, das neben der Authentifizierung auch die Möglichkeit zur Verschlüsselung der Kommunikation anbietet.

6.6 Zusammenfassung

Wie gesehen legen die technischen Anforderungen des TDDSG eine Reihe von Funktionen nahe, die zur Verbesserung der Transparenz sowie zu mehr Kontrolle des Nutzers über seine persönlichen Daten beitragen können. Diese Funktionen werden in den folgenden Kapiteln als Nutzerkontrollfunktionen[27] bezeichnet und näher beschrieben.[28]

---

[27] Enzmann/Pagnia/Grimm, Wirtschaftsinformatik 2000, 402; Grimm 1999b.

[28] S. insb. Kap. 8.1 und 8.7.

7 Gestaltungsentscheidungen

Gerhard Spies, Fleur Weißgerber

7.1	Gestaltungsentscheidungen zu Bezahlverfahren	89
7.1.1	GeldKarte	90
7.1.2	SET	91
7.1.3	Cybercash und Ecash	92
7.1.4	DASIT-Bezahlvorgang	93
7.1.5	Die Wallet-Software	93
7.2	Gestaltungsentscheidungen zur Warenauslieferung	95
7.3	Suche nach einer geeigneten Shopping Mall	96
7.4	Visionen eines Bestellvorgangs (Otto und Liese)	96
7.5	Von der Vision zum Piloten	99
7.5.1	Datenschutz	100
7.5.2	Identitätsauswahl	100
7.5.3	Datenerhebung	102
7.5.4	Layout der DASIT-Seiten	103

Um zur in Kapitel 8 dargestellten DASIT-Lösung zu gelangen, mussten im Projektverlauf vielfältige Gestaltungsentscheidungen getroffen werden, die neben den in Kapitel 5 dargestellten rechtlichen Anforderungen und den in Kapitel 6 beschriebenen Gestaltungsmöglichkeiten weitere Kriterien wie Akzeptanz, Verfügbarkeit und Wirtschaftlichkeit beachten mussten. Die wichtigsten Gestaltungsalternativen und -entscheidungen werden im Folgenden beschrieben.

7.1 Gestaltungsentscheidungen zu Bezahlverfahren

Zunehmend interessant wird aus Kundensicht neben dem Vertraulichkeitsschutz die Frage, was mit den im Rahmen des Bezahlvorgangs übermittelten Daten geschieht und ob der Vertragspartner und die beteiligten Banken oder Kreditunternehmen alle Daten überhaupt benötigen. Auch für elektronische Zahlungssysteme muss nach Möglichkeiten zur Dateneinsparung gesucht werden. Hierfür sollten in DASIT anonyme oder zumindest pseudonyme Bezahlverfahren genutzt werden, wie § 4 Abs. 6 TDDSG sie verlangt. In Frage kamen folgende Verfahren:

7.1.1   GeldKarte

Eine GeldKarte enthält einen „elektronischen" Geldbetrag, mit dem beim Händler durch Übertragung eines bestimmten Werts bezahlt werden kann. Sie ist wie die Telefonkarte eine vorausbezahlte Wertkarte. Mit ihr bezahlt man wie mit Bargeld. Jeder, der die Karte besitzt, kann mit ihr bezahlen. Man unterscheidet die kontogebundene und die kontoungebundene GeldKarte.

Beim Zahlvorgang mit der *kontogebundenen GeldKarte* werden im Händlerterminal die aus der GeldKarte gelesenen Daten zusammen mit den Daten aus der Händlerkarte in einem Transaktionsdatensatz gespeichert. Dieser wird dann mit allen anderen Kauftransaktionen eines bestimmten Zeitraums in einer Einreichungsdatei erfasst. Die Einreichungsdatei wird an die zuständige Evidenzzentrale übermittelt, dort geprüft und bis zu sieben Jahre archiviert. Die Händler-Evidenzzentrale sortiert die einzelnen Transaktionen anhand der Bankleitzahl und gibt sie mit den Angaben über Kartennummer, Datum, Buchungszeit und Betrag an die zuständige Karten-Evidenzzentrale weiter. Dort wird der zur entsprechenden Kartennummer gespeicherte Schattensaldo reduziert. Jede Veränderung des Schattensaldos wird protokolliert und ebenfalls sieben Jahre gespeichert. Der aktuelle Schattensaldo wird mit der nachfolgenden Transaktion überschrieben.[1]

Wird die Geldkarte mit den Daten aus der Evidenzzentrale zusammengeführt, kann die hinter der Karte verborgene Person identifiziert werden. Es ist somit prinzipiell denkbar, durch automatisierte Datenabgleiche in den Evidenzzentralen nach den Kauftransaktionen einer bestimmten Kartennummer zu suchen – etwa welche Beträge wann geleistet worden sind oder welcher Händlerkartennummer (und somit welchem Händler) ein Einkauf zuzuordnen ist. Bei Evidenzzentralen entsteht somit eine kartenbezogene Abbildung aller Lade- und Kauftransaktionen der letzten Jahre.[2]

Will man den angesprochenen Datenschutzproblemen wirksam begegnen, bietet sich der Einsatz *kontoungebundener Geldkarten* an. Bei entsprechender Gestaltung des Organisationsablaufs kann sogar anonymes

---

1   S. Knorr/Schläger, DuD 1997, 401.
2   S. Landesbeauftragte für den Datenschutz Nordrhein-Westfalen, 14. Datenschutzbericht 1999, 146f.

Bezahlen ermöglicht werden. Kontoungebundene „White-Cards" machen allerdings nur geschätzte zwei Prozent aller GeldKarten aus.[3] Nachteilig wirkt sich beim Einsatz kontoungebundener Karten jedoch aus, dass

- der Kunde bei Beschädigung der Karte keine Erstattung des Restguthabens verlangen kann, wenn ein Schattenkonto nicht oder nicht personenbezogen geführt wird,

- die Anzahl der Bargeldladestationen relativ gering ist,

- die GeldKarte schriftlich beantragt wird und somit eine Verbindung zwischen Person und Kartennummer hergestellt werden kann.

7.1.2   SET

Der Bezahlstandard Secure Electronic Transaction (SET)[4] für das Internet wurde von VISA und Mastercard mit Unterstützung von IBM, Microsoft, Netscape und anderen namhaften Unternehmen entwickelt. Diese Unternehmen gründeten die Institution SetCo, deren Aufgabe es war, Anwendungssoftware als standardkonform zu zertifizieren und Interkompatibilität der unterschiedlichen Softwarepakete sicherzustellen.[5]

Beim Bezahlen mit SET sind alle drei beteiligten Parteien mit einem SET-Zertifikat ausgestattet. Der Karteninhaber (1) verfügt über ein Zertifikat, das seiner Kreditkarte eindeutig zugeordnet werden kann. Der Händler (2) ist über das SET Zertifikat seiner virtuellen Kasse eindeutig identifizierbar und das Payment Gateway (3), über das SET-Transaktionen in die Clearing- und Autorisierungssysteme der Banken geschleust werden, ist ebenfalls durch ein solches Zertifikat legitimiert.

---

[3]   S. Böhle/Riehm 1998, 46.

[4]   Im Zusammenhang mit DASIT wird ausschließlich die SET Version „3KP" behandelt. Dies bedeutet, dass alle drei Parteien zertifiziert sind und auf allen Übertragungswegen das SET-Protokoll zur Anwendung kommt. Dies ermöglicht auch das pseudonyme Bezahlen, d.h. der Karteninhaber muss dem Händler gegenüber seinen Namen nicht preisgeben. Die Autorisierung einer 3KP-SET-Transaktion kommt einem sicheren Zahlungseingang beim Händler gleich – auch ohne Kenntnis des Namens und/oder der Kreditkartennummer des Kunden.

[5]   Der Standard 1.0. sollte bald von SET 2.0 abgelöst werden, der die Auslagerung des Karteninhaberzertifikats auf eine Smartcard vorsah. Leider trat dieser Standard jedoch nie in Kraft.

Die Kassensoftware des Händlers startet die SET-Bezahlung indem sie per Wake-up Message die Wallet-Software des Karteninhabers aktiviert. Diese kann entweder auf dem PC des Karteninhabers oder auf einem Remote Server installiert sein. Das SET-Übertragungsprotokoll bedient sich der dualen Signatur, so dass der Karteninhaber die Bezahl- und Karteninformation dual signiert und unter Zusatz seines Zertifikats an den Händler übersendet. Dieser „ergänzt" das Datenpaket ungeöffnet um sein SET-Händlerzertifikat und dieses Informationsbündel wird zum Payment Gateway weitergeschickt. Dort wird das Datenpaket „entbündelt" und die Transaktion wird über die Autorisierungs- und Clearingsysteme der Kreditkartenprozessoren abgewickelt.

Bei diesem Bezahlverfahren erfährt der Händler nicht die Kreditkartennummer des Kunden, da diese verschlüsselt an das Payment Gateway weitergeleitet wird. Die involvierten Banken hingegen erfahren die Kreditkartennummer, die Namen der Involvierten und den zu verbuchenden Betrag, jedoch nicht, welche Ware gekauft wurde.

7.1.3   Cybercash und Ecash

Cybercash (cybercash.com) und Ecash (digicash.com) gelten als dem Händler gegenüber anonyme Zahlungsmittel.[6]

Cybercash ist ein Zahlungssystem, bei dem die Zahlungen über einen zentralen CyberCash-Server abgewickelt werden. Käufer und Händler müssen Kunden bei CyberCash sein, das alle Konten seiner Kunden kennt. Der Server übernimmt das Clearing zwischen den Parteien etwa durch Lastschrifteinzug oder Belastung eines Kreditkartenkontos. Während der Server alle Daten kennt (wer hat wann für welchen Betrag bei welchem Händler eingekauft), kennt weder der Händler den Kunden noch die Bank den Händler.

Beim Ecash-Verfahren lädt sich ein Kunde von seiner Bank elektronische Münzen in seine elektronische Börse auf seinem PC. Die Münzen sind von der ausgebenden Bank „blind" signiert worden. Durch die blinde Signatur kann die ausgebende Bank die Seriennummer einer zu signierenden Münze nicht erkennen. Daher kann die Bank später bei Vorlage der Münze sie zwar als authentisch erkennen, sie aber nicht einer Person zuordnen. Wenn auch der Einkaufsvorgang anonym er-

---

[6]   S. Grimm 2001.

folgt, kann auch der Händler durch Ecash nicht die Identität des Käufers erkennen.[7]

Im Jahr 2000 wurden beide Systeme von ihren Betreibern eingestellt.

7.1.4   DASIT-Bezahlvorgang

Nach eingehender Betrachtung der grundsätzlich verfügbaren Verfahren standen die kontoungebundene Geldkarte oder das SET-Verfahren für die Bezahlfunktion des DASIT-Prototypen zur Auswahl. Dabei wurde zugunsten des SET-Verfahrens entschieden, da zum Zeitpunkt der Entscheidung der ZKA noch keine verbindlichen Standards für den Einsatz der Geldkarte im Internet definiert hatte. Die Investition in die Entwicklung eines solchen Verfahrens hätte keinerlei Sicherheit geboten. Im Gegenteil, die Entwicklung einer Applikation vor Definition des Standards führt sicher zur Abschreibung der gesamten Investition. So wurde von der Einbindung der Geldkarte in die DASIT-Applikation abgesehen, auch wenn dieses Verfahren alle Anforderungen hinsichtlich Pseudonymität und Sicherheit erfüllt hätte.

Trotz geringer Präsenz von SET war dieses Verfahren am Markt eingeführt. Es gab eine etablierte und funktionierende Infrastruktur zur Abwicklung und Verbuchung von Transaktionen, über die bereits Zahlungen abgewickelt wurden. Es gab Standards für Software(weiter)-entwicklungen seitens der SetCo, was Investitionssicherheit bedeutete. Neben diesen praktischen Vorteilen erfüllte 3KP-SET alle Anforderungen an ein DASIT-Bezahlverfahren:

- Dem Händler ist der Zahlungseingang sicher, auch wenn er den Namen und die Kreditkartennummer des Kunden nicht kennt.

- Der Kunde kann dem Händler gegenüber pseudonym bleiben und trotzdem rechtsgültige Einkäufe tätigen.

- Theoretisch ist eine Rückverfolgung im Reklamationsfall auch ohne Offenlegung der Pseudonyme möglich.[8]

---

[7]   S. Kap. 13.4.2.

[8]   Diese theoretische Möglichkeit kann jedoch heute aufgrund des organisatorischen Aufbaus der Prozessingnetze praktisch noch nicht umgesetzt werden.

7.1.5   Die Wallet-Software

Das „Wallet" ist eine Software-Applikation zur Verwaltung von Kreditkartenzahlungen im Internet. Es handelt sich dabei um eine virtuelle Brieftasche, englisch Wallet. In dieser Software werden Kreditkartennummern und – falls vorhanden – deren SET-Zertifikate hinterlegt. Im Fall eines Einkaufs stößt die Händlersoftware per Wake-up Message das Wallet des Karteninhabers an. Das Wallet öffnet sich und bietet die Auswahl unter den vom Karteninhaber hinterlegten Kreditkartennummern an. Das Wallet dokumentiert in einem Log-File die getätigten Bezahlvorgänge. Darüber hinaus ist die Wallet durch Passwort geschützt, so dass die Daten vor fremden Zugriffen sicher hinterlegt sind.

Diese Software-Applikation kann auf unterschiedliche technisch-organisatorische Weise umgesetzt werden. Nachfolgend drei Möglichkeiten, die auch im Rahmen des Prototyp-Entscheidungsprozesses erörtert wurden:

Fat Wallet	Thin Wallet	Server Wallet
Die ganze Software-Applikation ist auf dem PC des Kunden installiert. Somit sind dort neben der Software auch alle persönlichen Daten und Zertifikate gespeichert.	Hier liegen die Funktionen der Applikation auf einem Server, während ein „Thin Wallet" auf dem PC des Kunden liegt. In diesem „Thin Wallet" oder „Thin Client" sind auch die persönlichen Daten und Zertifkate des Kunden hinterlegt.	Bei dieser Form der Wallet befinden sich die Funktionen und alle Daten inkl. der Zertifikate auf einem zentralen Server (z.B. beim Prozessor oder bei einer Bank). Auf dem PC des Kunden liegt lediglich ein „Thin Client", der die Kommunikation mit dem Server Wallet ermöglicht.

Das Projektteam entschied schon sehr früh aus Datenschutzgründen[9] gegen das Bezahlen mit dem Server Wallet. Die Option des Thin Wallet

---

[9]   Ausschließlich der Karteninhaber kontrolliert den Zugriff auf persönliche Daten und Zertifikate.

wurde nur von einem Softwareanbieter bereitgestellt,[10] der jedoch nicht als Entwicklungspartner in Frage kam. So wurde das SET-Verfahren basierend auf dem Fat Wallet der Fa. IBM umgesetzt, die auch als Entwicklungspartner den DASIT-Prototypen aktiv gestaltete.

Aus Datenschutzgründen war dies die beste Lösung, da es auch die Zweifel des eventuellen Auslesens persönlicher Informationen aus dem Thin Wallet zerstreute. Der Markttrend ging und geht jedoch hin zur serverbasierten Lösung, so dass hier ganz klar Projektinteressen über die Realität des Markts gestellt wurden.

7.2   Gestaltungsentscheidungen zur Warenauslieferung

Wenn physische Güter ausgeliefert werden müssen, wird eine Lieferadresse benötigt. Im Allgemeinen ist diese Adresse identisch mit der des Bestellers, mit ihr kann aber auch eine andere Person adressiert werden (Geschenksendungen). Unabhängig davon werden im Regelfall existierende Personen identifiziert, so dass in jedem Fall personenbezogene Daten anfallen.

Einkäufe, die anonym oder pseudonym erfolgen, sind dann einer Person zuzuordnen, wenn die Adressdaten beim Händler anfallen. Zwar muss nicht unbedingt der Einkäufer der Empfänger sein, aber zumindest gibt es in irgendeiner Form eine Beziehung zwischen beiden.

Um die Bedürfnisse eines pseudonymen Einkaufs abzudecken, musste über eine entsprechende Auslieferungsmöglichkeit nachgedacht werden. In diesem Zusammenhang wurden folgende Alternativen verfolgt:

- Auslieferung durch den Mall-Betreiber,

- Auslieferung durch speziellen Auslieferservice (Logistikpartner),

- Verfahren per Postlagerung,

Als datenschutzgerechteste und praktikabelste Lösung erwies sich die Auslieferung über einen Logistikpartner.[11]

---

[10] Aufgrund der Anforderungen von SetCo musste ein SET-zertifiziertes Wallet eingesetzt werden.

[11] S. hierzu näher Kap. 6.4.

7.3   Suche nach einer geeigneten Shopping Mall

Der Prototyp DASIT wurde nicht als eigenständiges System geplant, sondern als Anwendung, die in eine Shopping Mall integriert werden kann. Mit dem Rechenzentrum Bayerischer Genossenschaften (RBG) konnte das Projekt einen Mallbetreiber gewinnen, der mit seiner virtuellen Shopping Mall „My Shop" über eine der bundesweit größten Malls (angeschlossen sind ca. 110 Händler) für den Mittelstand verfügt. Die Banken fungieren dabei als Vertriebskanal. Zu den wichtigsten Funktionalitäten von My Shop aus Sicht des Projekts gehören:

- Gemeinsamer Warenkorb für alle Shops,

- Einmalige Systemanmeldung nach Füllen des Warenkorbes,

- SET wird als Bezahlform unterstützt,

- Berücksichtigung von Verschlüsselungsverfahren,

- Trennung von Bestelldaten und Adressdaten innerhalb des Einkaufvorgangs und getrennte Übermittlung an den Händler.

Diese Eigenschaften von My Shop konnten für das pseudonyme Einkaufen und Zustellen hervorragend genutzt werden.[12]

7.4   Visionen eines Bestellvorgangs (Otto und Liese)

Zur Veranschaulichung der Zielsetzung des Projekts wurde ein Modell eines möglichen Bestellvorgangs definiert. Dieses Modell sollte als eine Art Basis fungieren, von der aus immer wieder die Abläufe eines datenschutzkonformen Bestellvorgangs, die Realisierbarkeit und die Benutzerfreundlichkeit hinterfragt wurden. Für dieses Modell wurden folgende Voraussetzungen angenommen:

- SET als Bezahlform.

- Warenlieferung unter Pseudonym über Transportunternehmen.

- Anmeldung an der Mall erst nach Auswahl der Waren.

---

[12] S. hierzu näher Kap. 8.8.

Schritt 1a

Otto möchte ein Geburtstagsgeschenk für Liese kaufen. Er schaltet den PC ein, startet seine SET *Privacy Software* und wählt sich über das Internet in die Mall *Geschenkidee* ein.

Am Mall Portal kann er sich entscheiden, ob er unter Bekanntgabe seines Namens oder lieber unter Pseudonym einkaufen möchte. Um sich genauer zu informieren, klickt er die „Datenschutz-Seite" der Mall an, auf der über die verschiedenen Verfahren in Hinblick auf Datenerhebung und Datenübermittlung unterrichtet wird.

Er sucht sich die „pseudonyme" Einkaufsvariante aus und besucht nach einem Bummel durch verschiedene Läden das Geschäft *Strickliese*. Dort blättert er durch das neue Anleitungsheft „Pullover für Herbst und Winter" und sucht fünf Modelle mit Bild und Strickanleitung aus. Der nachfolgende Bestell- und Bezahlvorgang wird weitestgehend zwischen der SET *Privacy Software* und der virtuellen Händlerkassensoftware abgewickelt. Die Bezahlung für den Download der fünf Anleitungen erfolgt per Kreditkarte mit SET-Verfahren. Somit muss Otto seine Identität nicht preisgeben, da keine physische Auslieferung stattfindet. Er lehnt auch die Aufforderung zur Teilnahme an einem Preisausschreiben gegen Preisgabe personenbezogener Daten ab.

Unbekannt verlässt er die *Strickliese*, schlendert noch ein bisschen durch die Mall und verlässt schließlich *Geschenkidee*.

Bei einem weiteren Besuch der Mall *Geschenkidee* möchte Otto wissen, welche Daten zu seinem Pseudonym gespeichert sind. Er nutzt dazu die von der Mall angebotene elektronische Auskunftsfunktion.

Schritt 1b

Erweiterung von Schritt 1: Otto kauft zehn Knäuel Wolle. Die Wolle muss ausgeliefert werden. Damit er sein Pseudonym nicht aufdecken muss, bietet die Mall ihm an, die Auslieferung über ein Transportunternehmen, welches allein die Lieferadresse kennt, durchführen zu lassen.

Schritt 1c

Erweiterung von Schritt 1: Otto nimmt am Preisausschreiben teil. Dafür muss er sein Pseudonym aufdecken. Die Mall bietet ihm an, seinen Namen nicht in Verbindung mit den zum Pseudonym gespeicherten Einkaufsdaten zu bringen. Diesen Schutz der Privatsphäre nimmt Otto gern in Anspruch.

Schritt 2a

Im Anschluss daran geht er auf die Website von Kaufhaus *WasDuWillst* und sucht dort unter den verschiedensten Modellen eine Strickmaschine aus. Auf der „Datenschutz-Seite" erfährt er, dass ein Einkauf unter Pseudonym hier nicht möglich ist. Zur Lieferung der Ware muss er nämlich Name, Adresse und Telefonnummer angeben. Er gibt die Daten in ein elektronisches Formular ein. Diese Eingabe beruht idealerweise auf einem teilautomatisierten Kommunikationsablauf zwischen kundenseitiger Software und virtueller Händlerkasse. Dem Hinweis auf die Unterrichtung geht er nicht nach, sonder klickt den Knopf „Verzicht auf Unterrichtung" an. Idealerweise wird auf der Händlerseite dieser Verzicht protokolliert. Nachdem Otto den Kaufvorgang abgeschlossen hat, möchte er aber nun doch wissen, was mit seinen Angaben geschieht. Er bedient sich des permanent vorhandenen Links zur „Unterrichtungsseite" des Kaufhauses und bekommt dort mitgeteilt, dass die Informationen nur für die Dauer der Vertragsabwicklung gespeichert und nicht an Dritte weitergereicht werden.

Nachdem er die Strickmaschine erhalten hat, geht er (zwei Wochen später) nochmals auf die Webseite des Kaufhauses *WasDuWillst*, um zu prüfen, ob noch Daten über ihn gespeichert sind. Der Händler bietet ihm eine Auskunftsfunktion an. Online wird ihm erklärt, dass seine Lieferadresse noch gespeichert ist. Daraufhin verlangt Otto online die Löschung der Adresse.

Schritt 2b

Erweiterung von Schritt 2: Das Kaufhaus bietet aber auch den Service „automatische Wartung" an. In regelmäßigen Abständen wird der Kunde zum Ölen und Überholen der Maschine per E-Mail aufgefordert. Er braucht sich also nicht um den zeitlichen Ablauf der Wartung zu kümmern. Außerdem werden ihm relevante Ersatzteilangebote auf diesem Weg zugesandt. Daran hat Otto Interesse. Er wird aufgefordert, die erforderlichen Daten anzugeben und elektronisch seine Einwilligung zu erklären. Vorher wird er noch darüber aufgeklärt, was mit seinen Daten im Einzelnen geschieht, dass die Preisgabe der Daten freiwillig erfolgt und dass er die Einwilligung jederzeit widerrufen kann. Otto trägt die Daten in die vorgesehenen Felder ein, betätigt den Knopf „digital signierte Einwilligung" und folgt den weiteren Anweisungen auf seinem Bildschirm. Nach drei Monaten bekommt er per E-Mail die Nachricht, dass seine Strickmaschine mal wieder etwas Öl vertragen könnte.

7.5   Von der Vision zum Piloten

Zur Konkretisierung des „Otto und Liese"-Modells wurden in Zusammenarbeit mit der Fa. Brokat Umsetzungsoptionen für die Entwicklung des Prototypen DASIT analysiert und anhand einer Machbarkeitsanalyse bewertet. Das empfohlene Umsetzungsszenario wurde im Pflichtenheft beschreiben.

In Zusammenarbeit der Projektpartner mit der Firma IBM Deutschland GmbH erfolgte sodann eine konkrete Umsetzung der Vision „Otto und Liese" in eine Anwendung. In dieser Phase wurde das Modell immer wieder hinterfragt, Varianten wurden erstellt, verworfen oder verfeinert.

Eine Maßgabe für die Pilotierung der Anwendung wurde darin gesehen, dem Anwender ein System zu bieten, das einfach, verständlich und übersichtlich gestaltet ist, aber auch die Informationen zur Verfügung stellt, die den Datenschutz, also das eigentliche Anliegen des Projekts, nicht aus den Augen verliert.

Von den Projektpartnern wurde deshalb ein Katalog erstellt, an der die Benutzerfreundlichkeit des Systems gemessen werden sollte:

- Möglichst wenig Bildschirmmasken, um die Bearbeitungszeit so gering wie möglich zu halten.

- Alle Eingaben auf einer Bildschirmseite integrieren, um das Blättern von einer zur nächsten Bildschirmseite zu verhindern.

- Umfassende Information für den Anwender (warum ist die Dateneingabe erforderlich, wer erhält die Informationen, zu welchem Zweck werden die Daten erhoben, wie lange werden die Daten gespeichert, welche datenschutzrechtlichen Anforderungen sind mit diesen Daten verbunden).

- Übersichtlichkeit der Bildschirmmasken (alle Felder sind auf der Bildschirmseite angezeigt, um ein Scrollen zu vermeiden).

- Eindeutige Differenzierung zwischen Feldern, die zur Bearbeitung der Bestellung notwendig sind (Pflichtdaten), und solchen, die zu Marketingzwecken vom Händler abgefragt werden (optionale Daten).

- Bedienerfreundlichkeit (dem Anwender muss jederzeit bewusst sein, unter welcher Identität er gerade bestellt und welche Funktionen ihm zur Verfügung stehen).

7.5.1   Datenschutz

In DASIT wurde die Anforderung auf folgende Weise berücksichtigt:[13]

- Die Datenschutzerklärung wird auf den Startseiten der DASIT-Shops und im DASIT-Applet vorgehalten.

- Im DASIT-Applet ist die Datenschutzerklärung per Mausklick zu erreichen. Ein gut sichtbarer Hinweis befindet sich auf der Identitätsauswahl-Seite.

- Von den einzelnen Datenerhebungsseiten gelangt man ebenso direkt zur Datenschutzerklärung, wobei der Benutzer per Link genau an den relevanten Abschnitt des entsprechenden Datenschutztextes gelangt (werden zum Beispiel die Lieferdaten beim pseudonymen Einkauf abgefragt, gelangt der Kunde an die entsprechende Beschreibung/Zwischenüberschrift).

7.5.2   Identitätsauswahl

Ist der Anwender zu einer Einkauftour im Internet unterwegs, sollte er nach der Auswahl der Waren und vor dem Bezahlvorgang die Möglichkeit erhalten, datenschutzgerechte Datenerhebung mit dem DASIT-Applet durchzuführen. In der pilothaften Anwendung DASIT wurde folgende Vorgehensweise angedacht:

Der Benutzer sollte wählen können, ob er dem Händler und der Mall gegenüber mit seiner wahren Identität = vollidentifiziert oder mit einer anonymisierten Identität = Pseudonym auftritt. In der Shopping Mall My Shop erfolgt die Anmeldung im System erst nach Auswahl der Artikel mit Füllen des Warenkorbs. Somit konnte der Anwender nach der Auswahl des Shops und der Artikel entscheiden, unter welcher Identität der Bestellvorgang vorgenommen werden sollte. Innerhalb des Bestellvorgangs war der Wechsel der Identität nicht vorgesehen.

---

[13] Auf die datenschutzrechtliche Sicht wird im Kap. 6 näher eingegangen.

Für die Integration von Pseudonymen in die Anwendung DASIT wurden verschiedene Lösungswege diskutiert:

- Einfache Lösung:
  Erweiterung des DASIT-Zertifikats um Extentions für pseudonyme Identitäten: Der Anwender beantragt bei der Zertifizierungsinstanz Pseudonyme, die in Form einer Droplist bei der Identifikatsauswahl angezeigt werden. Der Vorteil dieser Lösung ist, dass sie einfach umsetzbar ist. Ihr Nachteil besteht darin, dass der Nutzer sich merken muss, welches Pseudonym er für welche Site benutzt hat.

- Erweiterung dieser Lösung:
  Die Droplist wird durch ein zweispaltiges Tabellenfenster ersetzt. Eine Zelle der zweiten Spalte stellt die Droplist dar, während sich in der ersten Spalte ein editierbares Feld befindet, in das der Nutzer eine Notiz eintragen kann (z.B. die URL, für die er das Pseudonym aus Spalte 2 benutzt hat). Der Vorteil dieser Lösung ist, dass der Nutzer seine Pseudonyme gezielt verteilen kann. Ihm steht der Nachteil gegenüber, dass für den Nutzer damit ein manueller Aufwand für die Pflege der Felder verbunden ist; die Feldgrößen müssen variabel gestaltet werden; die Suche nach dem gewünschten Zertifikat für einen bestimmten Einkauf wird aufgrund längerer Listen erschwert.

- Intelligente Lösung:
  Das Applet erkennt selbständig die URL von der es geladen wurde und schlägt dem Anwender das zuletzt für diese Site genutzte Pseudonym vor. Dies ist für den Anwender vorteilhaft, weil er durch die automatisierte Ausführung keinen Aufwand hat. Ein Nachteil besteht darin, dass ein gewisser Programmieraufwand entsteht, da das Applet sich die URL merken muss, abfragen muss, ob bereits eine Anmeldung unter Pseudonym erfolgt ist, und eine Historienliste führen muss, bei welcher URL welches Pseudonym bekannt ist.

Auf Grund des pilothaften Charakters der Anwendung wurde auf eine aufwändige Lösung verzichtet und die einfache Lösung priorisiert.[14]

Innerhalb des Projektteams wurde eingehend diskutiert, ob und wie der Benutzer über die von ihm ausgewählten Identitäten innerhalb des Bestellvorgangs informiert werden sollte. Zur Auswahl standen schließlich zwei Alternativen:

---

[14] Diese ist in Kap. 8.5.2 mit Abbildungen beschrieben.

- Textliche Darstellung (Anzeige, ob der Anwender voll identifiziert oder unter Pseudonym angemeldet ist).

- Bildliche Darstellung (entweder Bild, das voll identifizierte oder Bild, das pseudonyme Identität charakterisiert).

Auf Grund des höheren Anreizes entschied man sich für die bildliche Unterscheidung. Für den Einkauf unter voller Identität wurde ein Bild einer Projektmitarbeiterin und für die Darstellung der pseudonymen Identität eine venezianische Maske ausgewählt.[15]

7.5.3   Datenerhebung

Für die Integration der Pilotinstallation in My Shop wurde ein fester Satz an zu erhebenden Daten bestimmt, der für die Mall und alle teilnehmenden Händler nicht veränderbar war. Bei der Datenerhebung musste berücksichtigt werden, welche Art von Daten erhoben werden sollten und unter welcher Identität sich der Benutzer in DASIT legitimiert hatte.

Erhebung von Vertragsdaten
Die für Vertragszwecke zu erhebenden Daten sollten entsprechend ihrem Zweck (z.B. Identifizierung, Bestellbestätigung oder Auslieferung) an die Mall (My Shop), den Händler und/oder das Transportunternehmen weitergeleitet werden.

Für den Abschluss und die Abwicklung eines Kaufvertrags *unter voller Identität* wurden folgende Informationen als notwendig erachtet: Vorname, Nachname, Straße, Hausnummer, Postleitzahl, Ort, E-Mail-Adresse und Telefonnummer, wobei die beiden zuletzt genannten Informationen nicht unbedingt für den Kaufvertrag, sondern für Rückfragen des Händlers oder im Fall von Auslieferungsstörungen als wichtig angesehen wurden. Wenn die bestellte Ware direkt an eine andere Person als den Besteller geschickt werden sollte, sollte zusätzlich optional eine vom Kunden abweichende Lieferanschrift angeben werden können. Dafür wurden folgende Informationen benötigt: Vorname, Nachname, Straße, Hausnummer, Postzeitzahl, Ort. Die Daten sollten über einen Zeitraum von maximal sieben Monaten ab Lieferung der Ware bei den Vertragspartnern vorgehalten werden, um eventuelle

---

[15] Bildliche Darstellungen befinden sich in Kap. 8.5.3 (vollidentifiziert) und 8.6 (pseudonymer Einkauf).

Reklamationen oder Fehlbuchungen zügig bearbeiten zu können. Sollte in diesem Zeitraum nicht erneut Waren bei My Shop bestellt werden, waren die Daten zu löschen.

Für den Abschluss und die Abwicklung eines Kaufvertrags unter *Pseudonym* wurden folgende Daten benötigt: Vorname, Nachname, Straße, Hausnummer, Postleitzahl, Ort. Name und Lieferanschrift wurden ausschließlich an das Transportunternehmen weitergeben, der Mall und dem Shop wurde kein Zugriff auf die Daten gewährt. Die Identität sollte diesen Partnern gegenüber pseudonym bleiben. Die Vorhaltedauer der Vertragsdaten entsprach denen des Einkaufs unter voller Identität.

Erhebung von Marketinginformationen
Neben der Erhebung der Vertragsdaten sollte noch eine weitere Datenerhebung erfolgen Zu diesen „Marketinginformationen" sollten Informationen gehören wie: Interessenschwerpunkte, Altersgruppe und die E-Mail-Adresse für Werbeangebote oder Newsletter.

Da diese Daten vom Händler nur mit Einwilligung des Nutzers erhoben, verarbeitet und genutzt werden dürfen, sollte im DASIT-Applet eine entsprechende Funktionalität für die elektronische Einwilligung vorgesehen werden. Da für den Händler bei einem pseudonymen Einkauf keine personenbezogene Daten entstanden, konnte in diesem Fall auf ein Einwilligungsverfahren verzichtet werden.

Benutzerkontrollfunktionen
Die von den Nutzern in den DASIT-Seiten angegebenen Daten wurden auf der Shopping Mall unter „Benutzerdaten" gespeichert. Auf diese Daten sollte der Nutzer jederzeit während des Bestellvorgangs zugreifen können und die dort vorgehaltenen Daten ansehen, korrigieren oder löschen sowie seine Einwilligung widerrufen können.

7.5.4   Layout der DASIT-Seiten

Nachdem die Projektpartner sich auf die inhaltliche Struktur des DASIT-Applets geeinigt hatten, musste eine Möglichkeit gefunden werden, diese Daten in ein entsprechendes Layout zu bringen. Hierfür war vor allem die Benutzerfreundlichkeit der Anwendung zu beachten:

- Möglichst wenige Seiten, um mehrmaliges Blättern zu verhindern.

- Möglichst übersichtliche Gestaltung der Seiten.

- Möglichst eindeutige Kennzeichnung der verschiedenen Datenerhebungen.

Den Projektpartnern wurde bald klar, dass eine Seite für die Datenerhebungen nicht ausreichend sein konnte, wenn eine Überschaubarkeit für den Benutzer gewährleistet werden sollte. Da es sich bei den zu erhebenden Daten um einerseits einwilligungspflichtige und andererseits einwilligungsfreie Daten handelte, einigte man sich darauf, diese auch auf unterschiedlichen Datenerhebungsseiten darzustellen:

Seite 1:   Erhebung der Vertragsdaten,[16]

Seite 2:   Erhebung der Marketinginformationen.[17]

Die Reihenfolge der Datenerhebungsseiten ist durch den Anbieter frei konfigurierbar.

Bei der Gestaltung der Datenerhebung sollten folgende Aspekte berücksichtigt werden:

- Transparenz der Datenverarbeitung für den Anwender durch umfassende Unterrichtung vor der eigentlichen Datenerhebung über Art, Umfang, Ort und Zweck der Verarbeitung,

- Felder für die Datenerhebung,

- Integration der Datenschutzerklärung in die Datenerhebungsseite.

Um eine eindeutige und übersichtliche Trennung zwischen Informations- und Datenerhebungsteil herzustellen, entschied sich das Projektteam dazu, die Bildschirmseite in eine Art Kopfzeile und den Datenerhebungsteil zu teilen:

- Kopfzeile mit den Informationsfeldern (Grund für die Datenerhebung, Empfänger der Daten, Vorhaltedauer der Daten und Link auf die Datenschutzerklärung),

- Eingabefelder für die Datenerhebung (mit bildlicher Darstellung der Identität),

Die Idee des DASIT-Applets sah vor, dass diese Anwendung möglichst in jede beliebige Mall integrierbar ist. Die Felder, die der Anwender im Rahmen der Datenerhebung ausfüllen muss, sollten identisch sein. Aus

---

[16] Zur Gestaltung der Seite Vertragsdaten s. Kap. 7.5.3.

[17] Zur Gestaltung Seite Marketingdaten s. Kap. 7.5.4.

diesem Grund sollte im DASIT-Applet ein Wallet integriert sein, in dem die persönlichen Daten des Anwenders auf der lokalen Festplatte vorgehalten werden. Diese Daten sollten beim ersten Einkauf pro Identität des Nutzers ausgefüllt werden, dann aber bei jedem weiteren Einkauf von dort abrufbar und aus dem Wallet in die entsprechenden Eingabefelder kopierbar sein. Dies sollte die Benutzerfreundlichkeit erhöhen, da alle persönlichen Daten nur einmal hinterlegt, Änderungen der persönlichen Daten einmalig erfolgen muss und alle Hinterlegungen beliebig oft benutzt werden können.

Die Unterrichtung durch die Datenschutzerklärung über die Datenerhebung musste auf jeder Datenerhebungsseite gewährleistet sein. Aus Gründen der Übersichtlichkeit und um unnötiges Scrollen innerhalb der Bildschirmseite zu vermeiden, sollte auf eine textliche Abbildung der Datenschutzerklärung verzichtet werden. Deshalb wurde die Datenschutzerklärung als Informationsbutton dargestellt. Somit kann der Anwender selbst entscheiden, wie umfangreich er über die Datenerhebung unterrichtet werden möchte:

- Komplette Datenschutzerklärung auf Händlerseite und auf der Identitätsauswahlmaske,

- Links zu den entsprechenden Texten innerhalb der Datenschutzerklärung von den Datenerhebungsseiten aus.

8 Die DASIT-Lösung

Matthias Enzmann, Günter Schulze

8.1	Identitäten	108
8.1.1	Zertifikatstypen	109
8.1.2	Smartcard	110
8.1.3	Zertifizierungsstelle	111
8.1.4	E-Mail-Adressen	112
8.1.5	Zahlungssystem	112
8.2	Architektur	113
8.2.1	DASIT-Servlet	114
8.2.2	DASIT-Applet	115
8.2.3	Nutzerkontrollfunktionen	116
8.3	Einkaufsvorgang	118
8.3.1	Orientierungsphase	118
8.3.2	Bestellphase	119
8.3.3	Bezahlphase	121
8.3.4	Auslieferungsphase	121
8.4	Ablauf eines DASIT Einkaufsvorgangs	122
8.4.1	Der erste Einkauf	122
8.4.2	Vertragsdaten	124
8.4.3	Marketingdaten	128
8.5	Pseudonymer Einkauf	129
8.6	Dateneinsicht	131
8.7	Wechsel der Identität	134
8.8	Ausblick	135

Die im Rahmen des Forschungsprojekts DASIT erarbeitete Lösung stellt eine umfassende Umsetzung aller Anforderungen des TDDSG hinsichtlich der Anforderungen für den elektronischen Einkauf im Internet dar. Bei der Konzeption des DASIT-Systems (kurz DASIT) wurde im Besonderen darauf Wert gelegt, soweit möglich existierende und weitverbreitete Standards einzusetzen, um zum einen die Isolierung von DASIT von realen Systemen zu vermeiden und zum anderen eine möglichst breite Basis an Software nutzen zu können. Dieser Ansatz ermöglicht ein hohes Maß an Flexibilität, da DASIT hierdurch weitgehend unabhängig von der konkreten Software eines bestimmten Herstellers ist. Flexibilität war eines der Designziele, um die Integration von DASIT mit vertretbarem Aufwand in existierende Systeme von Anbietern vornehmen zu können. Der Nachweis hierfür wurde im Rahmen eines Feldversuchs erbracht, in dem DASIT an das System der Internet-Mall My Shop der RBG „angeschlossen" wurde.

Im folgenden Abschnitt werden zunächst die in DASIT gewählten technischen Umsetzungen der Anforderungen des TDDSG im Detail beschrieben. Dann wird die Architektur des Systems mit allen seinen Komponenten dargestellt. Abschließend wird die Nutzungsschnittstelle von DASIT an Hand von zwei ausführlichen Einkaufsbeispielen vorgestellt.

8.1   Identitäten

Das TDDSG unterscheidet in seinen Bestimmungen zwischen namentlich bekannten (vollidentifizierten) und unter Pseudonym auftretenden Nutzern. Ein Teledienst, der beide Identitätstypen unterstützt, muss deshalb in der Lage sein, Nutzer unterschiedlich zu repräsentieren, da sich aus dem gewählten Identitätstyp weitreichende Konsequenzen hinsichtlich der Form der Datenverarbeitung ergeben.

Zur Repräsentation der Nutzeridentität wurden in DASIT Zertifikate vom Typ X.509 Version 3[1] verwendet. Die Verwendung von Zertifikaten hat eine Reihe von Vorteilen gegenüber anderen Repräsentationsformen wie beispielsweise Login/Passwort-Verfahren.[2]

1. Ein Zertifikat ist nahezu unmöglich zu fälschen, was es einem Angreifer sehr schwer macht, die Identität des Nutzers nachzuahmen. Bei Login/Passwort-Verfahren hingegen kann bereits blindes Raten zum Erfolg führen. Zudem müssen bei Login/Passwort-Verfahren immer sowohl der Login-Name als auch das Passwort übertragen werden. Der Empfänger dieses Datenpaares ist somit prinzipiell in der Lage, Login und Passwort des Nutzers an anderer Stelle auszuprobieren, um so eventuell weitere Informationen über den Nutzer in Erfahrung zu bringen. Bei einer Repräsentation durch Zertifikate

---

[1]   ITU Recommendation X.509; The Information Technology – Open Systems Interconnection: The Directory Authentication Framework.

[2]   S. hierzu auch Kap. 6.2.2.

übermittelt der Nutzer zwar auch sein Zertifikat, die Authentifizierung findet jedoch nicht über den reinen Besitz des Zertifikats statt, sondern über ein *Challenge-Response*-Protokoll, in dem das Zertifikat zur Prüfung der behaupteten Nutzeridentität eingesetzt wird.

2. Zertifikate können praktisch gefahrlos bei mehr als einem Anbieter eingesetzt werden, da das Wissen um den Zertifikatseigentümer bzw. der Besitz des Zertifikats nicht ausreicht, um die Identität eines Nutzers nachzuahmen. Es ist somit hinsichtlich des Sicherheitsniveaus nicht nötig, verschiedene Zertifikate für verschiedene Anbieter zu besitzen – im Gegensatz zu Login/Passwort-Lösungen.

3. Zertifikaten, wie sie in DASIT verwendet werden, ist gemein, dass alle gängigen Browser-Modelle hierfür bereits eine integrierte Zertifikatsverwaltung besitzen, so dass der Nutzer keine zusätzliche Software installieren muss. Die Verwaltung umfasst Nutzer- und Anbieterzertifikate, genauer gesagt die Zertifikate des Web-Servers des Anbieters, wodurch eine Unterstützung für beidseitige Authentifizierung gegeben ist.

4. In ein Zertifikat können neben der reinen Namensinformation des Eigentümers noch weitere Informationen integriert werden, wie beispielsweise der Identitätstyp. Denn Pseudonyme können auch Namen von existierenden Personen sein, wie etwa „Werner Müller", und müssen deshalb von „echten" Namen unterscheidbar sein.

8.1.1   Zertifikatstypen

In DASIT werden Zertifikate für zwei Zwecke eingesetzt:

1. zur Authentifizierung der Nutzer und

2. zur Nicht-Abstreitbarkeit von elektronischen Einwilligungen.

Die erste Klasse von Zertifikaten stellt gewissermaßen die Zugangsberechtigung für die unter dem Zertifikatseigentümernamen gespeicherten Daten dar, während die zweite Klasse zum Nachweis der Urheberschaft und auch zum Integritätsschutz einer elektronischen Einwilligung dient. Beide Eigenschaften werden durch eine digitale Signatur über dem Text einer Einwilligung sowie der erhobenen Daten sichergestellt. Die Verwendung von digitalen Signaturen hat den Vorteil, dass eine Veränderung eines zuvor signierten Textes, wie einer Einwilligung, unmittelbar erkannt wird, da durch eine Veränderung des Textes die Signatur

„bricht", das heißt, die eindeutige Zuordnung eines Textes zu seiner Signatur wird zerstört.

In DASIT werden Schlüssel zur Authentifizierung und Schlüssel zur Einwilligung deutlich unterschieden, obwohl sie technisch gesehen in gleicher Weise verwendet werden – beide Schlüssel werden eingesetzt, um Daten zu signieren. Im ersten Fall werden die zuvor angesprochenen *Challenges* zur Authentifizierung signiert, jedoch ohne dass der Nutzer aktiv diesen Prozess (der Signierung) steuert, während im zweiten Fall der Gesetzgeber explizit davon ausgeht, dass der Akt der Einwilligung eine „eindeutige und bewusste Handlung des Nutzers" darstellt (§ 3 Abs. 7 Nr. 1 TDDSG). Da sich beide Verwendungen von Signaturen massiv in der dem Nutzer möglichen Kontrolle, in ihrer Bedeutung und damit auch in ihrer Gewichtung unterscheiden, ist eine Trennung der beiden Funktionalitäten durch Verwendung separater Schlüssel notwendig.

Jedoch bieten nicht alle Browser Signaturfunktionalität für Dokumente an.[3] Um eine einheitliche Funktionalität bezüglich des Erteilens einer Einwilligung über alle Browsergrenzen hinweg zu ermöglichen, wurde in DASIT die Signaturfunktionalität in ein Java-Applet integriert. Die Authentifizierungsfunktionalität wurde hingegen dem Browser überlassen, da diese von allen Browsern in gleicher Weise implementiert wird.

Nutzer müssen nach dem TDDSG die Möglichkeit haben, den angebotenen Teledienst auch unter Pseudonym wahrzunehmen. Aus diesem Grund können die Authentifizierungszertifikate statt des Nutzernamens auch ein Pseudonym beinhalten. Hingegen sind Signaturzertifikate für Pseudonyme bezogen auf das TDDSG nicht erforderlich, da Einwilligungen nur für personenbezogene Daten erteilt werden müssen und unter Pseudonym erhobene Daten nicht als personenbezogen anzusehen sind.

8.1.2 Smartcard

Die Zertifikate des Nutzers wurden auf einer Chipkarte, einer so genannten *Smartcard*, abgespeichert. Der Zugriff auf eine Smartcard erfordert die Eingabe eines Passworts durch den Nutzer. Nach mehrmaliger Falscheingabe des Passworts sperrt sich die Smartcard dauerhaft,

---

[3] S. Kap. 6.3.1.

das heißt, sie verweigert jeglichen Zugriff auf ihre Daten. Die Anzahl der Fehlversuche ist dabei normalerweise auf der Smartcard voreingestellt. Eine wichtige Eigenschaft der Smartcard ist, dass sie niemals den privaten Schlüssel des Nutzers herausgibt, sondern stattdessen alle Operationen mit diesem Schlüssel, wie beispielsweise Signieren oder Entschlüsseln, auf ihrem Chip durchführt.

Sensitive Daten, wie die privaten Schlüssel zur Authentifizierung und Einwilligung, auf einer Smartcard zu speichern, ist wesentlich sicherer als die Speicherung in einer passwortverschlüsselten Datei auf der lokalen Festplatte des Nutzers. Denn Daten, die auf der lokalen Festplatte gespeichert sind, können unter Umständen ohne Kenntnis des Nutzers kopiert werden. Hinzu kommt, dass ein Angreifer bei einer Datei für das Ausprobieren verschiedener Verschlüsselungspasswörter beliebig viele Versuche hat, da es im Gegensatz zur Smartcard keinen wirksamen Fehlbedienungszähler für Software gibt.

Ein weiterer Unterschied zu den auf Festplatten gespeicherten Zertifikaten ist, dass der Nutzer durch den Einsatz von Smartcards mobiler ist, da er seine Zertifikate bzw. Identitäten einfach mit sich führen kann und so prinzipiell von einem konkreten Rechner unabhängig ist. Dies erforderte im Besonderen auch die Installation von Smartcard-Software, das heißt den vom Betriebssystem benötigten Treiber zum Ansteuern der Smartcard-Lesegeräte.

Die Mobilität des Nutzers ist hauptsächlich vor einer mittelfristigen Perspektive zu sehen, da Rechner heute noch relativ selten mit Smartcard-Lesegeräten ausgestattet sind. Aus diesem Grund war es für den DASIT-Feldversuch nötig, die Nutzer nicht nur mit Smartcards, sondern auch mit Smartcard-Lesern auszustatten.

8.1.3   Zertifizierungsstelle

Zertifikate werden im Allgemeinen von einer so genannten Zertifizierungsstelle (*Certification Authority*, CA) ausgestellt. Die CA stellt unter anderem die Richtigkeit der Zertifikatseinträge sicher, insbesondere die Korrektheit des Namens des Zertifikatseigentümers. Für pseudonyme Zertifikate verwaltet die CA außerdem die Zuordnung der Pseudonyme zu den wahren Namen der Nutzer. Die Zertifizierungsstelle ist somit in der Lage, ein Nutzerpseudonym im Bedarfsfall aufzudecken, beispielsweise bei missbräuchlicher Nutzung des Pseudonyms. Dies dient vor allem der Sicherheit des Anbieters, der im Streitfall eines pseudonymen Einkaufs eine ladungsfähige Anschrift des Nutzers benötigt.

8.1.4   E-Mail-Adressen

In DASIT wurde für jede pseudonyme Identität zusätzlich eine E-Mail-Adresse vergeben. Der Grund hierfür ist, dass Nutzer, auch wenn sie pseudonym agieren, im Allgemeinen das Internet zur Kommunikation nutzen bzw. darüber erreichbar sein wollen. Beispielsweise ist es beim Online-Einkauf gefordert, dass Händler ihren Kunden eine Bestellbestätigung zusenden, um Nutzern eine Korrektur ihrer Bestellung zu ermöglichen und gleichzeitig den Eingang der Bestellung zu bestätigen. In einem solchen Fall wäre die Anwendung von pseudonymen Zertifikaten, wie auch ein pseudonymes Dienstangebot völlig umsonst, wenn sich der Nutzer für einen Service wie den oben genannten durch die Angabe seiner E-Mail-Adresse namentlich zu erkennen geben würde, wie in „max.mustermann@dasit.de". Da ein solcher Service von Nutzern normalerweise erwünscht ist, erscheint der Verzicht der Eingabe einer E-Mail-Adresse als keine geeignete Lösung. Da dieses Problem in der Regel nicht vom Anbieter gelöst werden kann, liegt es nahe, dass die CA das Problem löst, da sie ohnehin die Identität des Nutzers kennt und somit selbst durch die Kenntnis einer „identifizierenden E-Mail-Adresse", wie im obigen Beispiel, kein neues Wissen erlangen würde. In DASIT stellte die CA deshalb für jedes Pseudonym ein gleichlautendes E-Mail-Konto zur Verfügung, das lediglich zur Weiterleitung an das „normale" E-Mail-Konto des Nutzers diente. Dadurch wurde zusätzlich erreicht, dass die Nutzer nicht mehrere Mail-Server-Konten einrichten mussten, sondern ihr vorhandenes Konto ohne Veränderungen weiternutzen konnten.

8.1.5   Zahlungssystem

Das DASIT-System ist prinzipiell unabhängig von einem konkreten Zahlungssystem. Jedoch muss das vom Anbieter eingesetzte Zahlungssystem als Mindestanforderung die Anonymität oder Pseudonymität des Nutzers gegenüber dem Händler wahren. Denkbar wäre auch, dass der Anbieter im Fall eines vollidentifizierten Einkaufs zusätzliche Zahlungsarten anbietet, welche die Identität des Nutzers nicht verbergen wie bei üblichen Kreditkartenzahlungen. Der Anbieter muss aber zumindest für den pseudonymen Einkauf ein Zahlungsverfahren anbieten, das die Identität des Nutzers geheim hält.

Im Rahmen des DASIT-Feldtests[4] wurde als konkretes Zahlungssystem das SET-Verfahren[5] eingesetzt. Zur Vereinfachung wurde SET sowohl für den pseudonymen als auch für den vollidentifizierten Einkauf genutzt.

Die für SET benötigten Nutzerzertifikate wurden von einer bankeigenen CA ausgegeben. Der Verteilungsprozess dieser Zertifikate ließ es leider nicht zu, die SET-Zertifikate zusammen mit den Identitätszertifikaten auf der Smartcard zu speichern. Die SET-Zertifikate müssen nämlich zwingend über das Internet direkt von einer eigens dafür ausgelegten SET-Software verschlüsselt heruntergeladen und in Dateiform abgelegt werden. Dieser *Download* wird über ein von SET vorgeschriebenes Protokoll abgewickelt, dessen Einhaltung eine der Voraussetzungen für die Zertifizierung, das heißt Anerkennung der Software durch die SETCo[6] ist. Diese Anerkennung ist insofern wichtig, da die Betreiber von SET, Mastercard und VISA, im Schadensfall nur dann haften, wenn der Zertifikats-Download und die späteren Zahlungen mittels einer zertifizierten Software erfolgten.

8.2   Architektur

Das DASIT-System beruht auf einer *Client-Server*-Architektur. Auf Seiten der Client-Seite wird ein Java-Applet eingesetzt, um mit dem DASIT-Server auf Anbieterseite zu kommunizieren, genauer gesagt mit einem dort beheimateten Servlet. Zur Vereinfachung werden in Abbildung 1: Architektur die Begriffe „DASIT-Servlet" und „DASIT-Server" synonym verwendet. Neben dem DASIT-Applet und dem DASIT-Server kommen wie üblich ein Browser und ein Web-Server zum Einsatz. Zusätzlich wird auf der Client-Seite ein Smartcard-Leser benötigt, um auf die auf der Smartcard gespeicherten Identitäten zugreifen zu können, sowie die SET-Software (SET-Wallet) zum Online-Bezahlen. Das Applet legt schließlich noch eine verschlüsselte Datenbank auf der lokalen Festplatte des Nutzers an, um dem Nutzer die Eingabe seiner persönlichen

---

[4]   S. auch Kap. 9.

[5]   S. Abschnitt 7.1.2; Secure Electronic Transaction (SET) Specification, Book 1-3, Version 1.0; s. auch Kap. 6.4.

[6]   S. http://www.setco.org.

Daten zu erleichtern. Diese Datenbank, auch mit DASIT-Wallet bezeichnet, dient dazu, oft benutzte Daten wie Name, Adresse oder E-
Mail-Adresse zu speichern, so dass der Nutzer bei nachfolgenden Abfragen, diese aus der Datenbank direkt in die Eingabefelder importieren
kann.[7] In Abbildung 1 ist diese Architektur noch einmal schematisch
dargestellt.

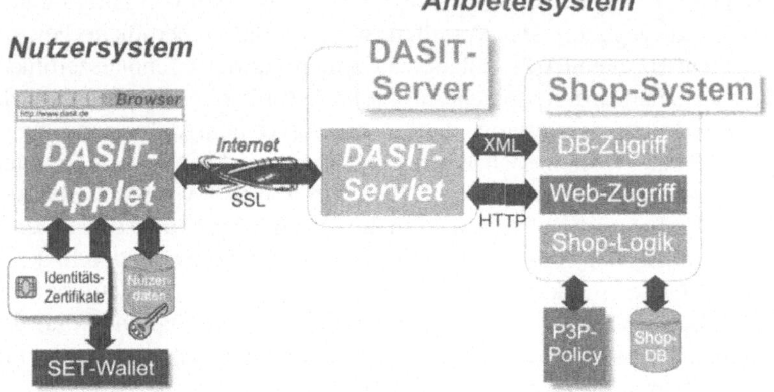

Abbildung 1: Architektur

8.2.1   DASIT-Servlet

Das DASIT-Servlet stellt auf Anbieterseite gewissermaßen das Gegen-
stück zum Applet dar. Seine primäre Funktion ist die Anbindung von
DASIT an die vorhandenen Systeme des Anbieters. Der Server ist für
die sichere Authentifizierung anfragender Nutzer verantwortlich und
stellt damit sicher, dass jeder Nutzer bzw. jede Identität nur ihre eigenen Daten einsehen, ändern und löschen kann. Weiterhin stellt der
DASIT-Server das Applet für den „automatischen" Download durch den
Browser des Nutzers bereit. Mittels eines SSL-verschlüsselten Kanals
übermittelt das Servlet die Datenschutzrichtlinien des Anbieters sowie
evtl. bereits gespeicherte Daten des Nutzers an das Applet. Hierzu muss
das Servlet zunächst auf die Datenbank des Anbieters zugreifen, um
eventuell bereits gespeicherte Daten der anfragenden Nutzeridentität
abzufragen. Um eine möglichst generische und einfach erweiterbare

---

[7]   S. zur Wallet-Entscheidung auch Kap. 7.1.5.

Schnittstelle zwischen der Datenbank des Shops und dem DASIT-System zu erhalten, wurde als Datenaustauschformat XML[8] gewählt.

Grundlage für die Datenbankabfrage des Servlets ist die vom Anbieter zuvor definierte Datenschutzpolitik, genauer gesagt die darin aufgeführten Daten, die im Rahmen der Datenerhebung beim Nutzer abgefragt wurden. DASIT nutzt zur Formulierung einer solchen Datenschutzpolitik den Standard P3P.[9] Zur Abfrage der P3P-*Policy* wiederum nutzt das DASIT-Servlet den von P3P vorgesehenen Weg über das HTTP-Protokoll.[10] Eine P3P-Policy enthält bereits zentrale Angaben zu den Datenschutzrichtlinien des Anbieters und eignet sich deshalb zur Verankerung von erweiterten Informationen zur Steuerung der Funktionalität des DASIT-Applets.

Der Anbieter ist hinsichtlich der Formulierung seiner Datenschutzpolitik bzw. der Gestaltung seiner Erhebungsseiten in gewissen Grenzen völlig frei. Das heißt, er muss bestimmte Erklärungen wie die zu erhebenden Daten, deren Verwendungszweck, mögliche Empfänger und die Vorhaltedauer der Daten zwingend angeben, jedoch bleibt die Formulierung dieser Erklärungen dem Anbieter überlassen. Dies wiederum bedeutet, dass der Anbieter prinzipiell auch eine „datenschutzfeindliche" Erhebungsseite definieren kann, jedoch wird diese auch „ungeschönt" durch das DASIT-Applet dargestellt.

8.2.2 DASIT-Applet

Das DASIT-Applet ist ein von einem vertrauenswürdigen Dritten signiertes Java-Applet.[11] Im DASIT-Feldversuch nahm die Rolle des vertrauenswürdigen Dritten das Projektteam ein. Dieser dritten Partei müssen sowohl der Nutzer als auch der Anbieter vertrauen, da beide Parteien davon ausgehen müssen, dass das Applet die ihm zugewiesenen Aufgaben so erfüllt, wie es nach Außen hin angibt und dabei keine Aktion hinzufügt oder weglässt, wie beispielsweise eine verdeckte Weitergabe von Daten oder ein Verzicht auf Verschlüsselung der Verbindung.

---

8   World Wide Web Consortium, Recommendation; T. Bray et al.: Extensible Markup Language (XML) 1.0 (Second Edition), 6.10.2000.

9   World Wide Web Consortium, Candidate Recommendation; L. Cranor et al.: Platform for Privacy Preferences 1.0 (P3P1.0) Specification, 15.12.2000.

10   RFC 2068; R. Fielding et al.: Hypertext Transfer Protocol – HTTP/1.1, 1999.

11   S. dazu auch Enzmann/Roßnagel, CR 2002, i.E.

Wird das Applet von einer neutralen Instanz signiert, das heißt von einer Partei, die nicht unmittelbar am Einkaufsvorgang beteiligt ist, so muss der Nutzer hinsichtlich der korrekten Ausführung der Datenschutzfunktionalität nicht jedem neuen Anbieter, der das Java-Applet nutzt, aufs Neue vertrauen. Vielmehr vertraut er einmalig dem vertrauenswürdigen Dritten, der das Java-Applet und damit die Datenschutzfunktionalität bereitstellt.

Das DASIT-Applet dient vor allem dazu, dem Nutzer die Datenschutzpolitik des Anbieters anzuzeigen und entsprechend umzusetzen, sowie zur Einsicht, Eingabe, Korrektur und Löschung seiner persönlichen Daten. Ziel dieser Anzeigekomponente ist es, eine möglichst klare Darstellung der Datenschutzrichtlinien des Anbieters zu erreichen, so dass der Nutzer selbst in der Lage ist, diese zu bewerten. Die Anzeigekomponente ist in dieser Hinsicht als sicher zu bezeichnen, da eine Manipulation der Darstellung durch den Anbieter nicht unentdeckbar möglich ist. Der hinter der sicheren Anzeigekomponente stehende Gedanke ist, dass der Nutzer als letzte Kontrollinstanz selbst entscheiden muss, ob die Datenschutzpraxis des Anbieters für ihn akzeptabel ist oder nicht. Ein automatisiertes Entscheidungsverfahren bezüglich der Annahme oder Ablehnung einer Datenschutzpolitik wird unter Beachtung strenger Datenschutzauflagen ohnehin nicht uneingeschränkt möglich sein, da die konkreten Datenschutzziele des Nutzers in der Regel sehr stark vom gegebenen Kontext abhängen. Aus diesen Gründen kann das Ziel der Anzeigekomponente nur eine möglichst klare Darstellung der Datenschutzpraxis sein, um den Nutzer bei seiner Entscheidungsfindung zu unterstützen.

8.2.3   Nutzerkontrollfunktionen

Die zweite wichtige Teilkomponente des Applets ist die Bereitstellung der Nutzerkontrollfunktionalität, insbesondere der elektronischen Einwilligung.[12]

Einsicht. Der Zugriff und damit auch die Einsicht eines Nutzers in seine persönlichen Daten wird über die vom Nutzer gewählte Identität gesteuert. Hierzu ist beidseitige SSL-Authentifizierung zwischen Browser und Server nötig. Die Auslagerung der Authentifizierung aus dem

---

[12] S. hierzu auch Kap. 6.

Applet erlaubt es zum einen, auf vorhandenen Programmcode zurückzugreifen, wodurch eine unnötige Duplizierung von Code vermieden wird. Zum anderen kann dadurch die zuvor beschriebene Verwaltung von Identitäten bzw. Zertifikaten dem Browser überlassen werden.

Korrektur/Löschung. Die Korrektur und Löschung von Daten ist der Einfachheit wegen als Option in der Dateneinsichtsfunktion enthalten. Das heißt, während der Dateneinsicht kann der Nutzer seine Daten an Ort und Stelle korrigieren oder löschen. Sollte der Nutzer seine Daten oder Teile davon verändern oder löschen, wird der geänderte Datensatz an den DASIT-Server zur Weiterverarbeitung übermittelt. Im Allgemeinen kann nicht davon ausgegangen werden, dass der Anbieter geänderte Daten oder Löschungen sofort in seine Datenbank übernimmt, da solche Veränderungen des Datenbestands unter Umständen laufende Prozesse wie beispielsweise Abrechnungen beeinflussen oder gar verhindern könnten. Aus diesem Grund ist die Korrektur oder Löschung von Daten in DASIT als eine Weisung zu sehen, der sobald wie möglich nachgekommen wird. Nach der Übermittlung durch den DASIT-Server obliegt es jedoch der Datenbank, ob Daten unmittelbar geändert oder zunächst in eine „Schattendatenbank" mit vorläufig geänderten Daten kopiert werden, die nach Abschluss eventuell laufender Prozesse in die produktive Datenbank übernommen werden.

Einwilligung. Wie in Abschnitt 6.3.1 bereits ausgeführt, gibt es keine Browser-übergreifende Unterstützung digitaler Signaturen. Aus diesem Grund wurde für die Vereinheitlichung der Darstellung einer Einwilligungserklärung bzw. deren Signatur das Applet als Träger der Signaturfunktionalität gewählt. Die Signaturfunktionalität kommt dabei nur zum Tragen, wenn der Nutzer vollidentifiziert gegenüber dem Anbieter auftritt und der Anbieter optionale Daten erheben möchte, das heißt solche Daten, die zur Erbringung des Teledienstes nicht notwendig sind. Der Ablauf einer elektronischen Einwilligung stellt sich wie folgt dar: Zunächst werden dem Nutzer durch das Applet die zu signierenden Daten angezeigt, das heißt, welche Textbestandteile die Einwilligungserklärung bilden, und anschließend werden diese Daten durch die Smartcard des Nutzers signiert. Eine Einwilligungserklärung enthält die vom Nutzer eingegebenen Daten sowie die vom Anbieter angegebenen Informationen über den Verwendungszweck, die Empfänger und die Speicherdauer der Daten. Erst nachdem eine signierte Einwilligung vorliegt, erlaubt das Applet das Versenden der optionalen Daten zusammen mit der Einwilligungserklärung an den Anbieter. Dieser speichert die Einwilligungserklärung inklusive deren Signatur, um sie später zur Hand zu haben, sollten Zweifel an der zweckkonformen Nutzung der Daten entstehen.

Widerruf. Ein Widerruf, Teilwiderruf oder die Korrektur einer Einwilligung wurde technisch durch die Löschung / Korrektur aller oder eines Teils der Daten der Einwilligungserklärung und anschließender neuer Signatur und Versendung der Daten an den Anbieter realisiert. Ein Widerruf oder ein Korrekturantrag kann wie bei der Erteilung der Einwilligung nur signiert abgeschickt werden.

Wichtig ist hierbei zu bemerken, dass die Einsicht, die Erteilung von Korrektur- und Löschungsanträgen und der Widerruf von Einwilligungen jederzeit möglich sind, auch außerhalb eines Einkaufsvorgangs.

8.3   Einkaufsvorgang

Im Folgenden sollen die durch DASIT eingeführten Veränderungen des „normalen" Einkaufsvorgangs kurz dargestellt werden. Hierzu wird der Einkaufsvorgang in vier Phasen unterteilt:

1. Orientierungsphase,

2. Bestellphase,

3. Bezahlphase und

4. Auslieferungsphase.

Der Beginn einer Phase setzt dabei immer den Abschluss der vorhergehenden Phase voraus. Das heißt, keine Phase kann ausgelassen oder abgebrochen werden, ohne dass der gesamte Einkaufsvorgang abgebrochen wird.

8.3.1   Orientierungsphase

Die Orientierungsphase stellt den Beginn eines Einkaufsvorgangs dar. In dieser Phase durchsucht der Nutzer das Warenangebot des Anbieters. Entschließt sich der Nutzer zum Kauf, füllt er einen elektronischen Warenkorb und begibt sich zur virtuellen Kasse des Anbieters. Diese Aktion bildet den Abschluss der Orientierungsphase und leitet die Bestellphase ein.

8.3.2 Bestellphase

Spätestens in der Bestellphase ist es notwendig, dass sich der Nutzer gegenüber dem Anbieter authentifiziert. Dies ist seitens des DASIT-Servers notwendig, um eventuell bereits gespeicherte Daten zur Identität des Nutzers in der Datenbank des Shop-Systems abzurufen und auch um zu erkennen, ob der Nutzer vollidentifiziert oder unter Pseudonym einkaufen will. Abhängig von der gewählten Identitätsart, müssen die Erhebungsseiten notwendigerweise verschieden gestaltet sein. Beispielsweise müssen bei vollidentifizierten Nutzern die Erhebungsseiten für optionale Daten eine Möglichkeit zur Erteilung einer Einwilligung enthalten. Umgekehrt darf es bei einem pseudonymen Einkauf hier keine Abfrage des Namens und der Adresse des Nutzers geben.

Vollidentifiziert. Im Fall eines vollidentifizierten Einkaufs ändert sich hinsichtlich des Datenflusses nichts gegenüber herkömmlichen Online-Shops: Der Nutzer schickt seine persönlichen Daten, eventuell zusammen mit Einwilligungserklärungen, weiterhin an den Anbieter, der die Daten zur Bearbeitung der Bestellung verarbeitet.

Pseudonym. Für den Fall, dass der Nutzer unter Pseudonym einkauft, darf der Anbieter den wahren Namen des Nutzers oder dessen Heimadresse nicht erfahren. Die Möglichkeit, ein Postfach oder einen Vermittler als Lieferadresse anzugeben, wurde aus folgenden Gründen nicht verfolgt: Im Falle eines Vermittlers entstehen mindestens doppelte Portokosten, für den Versand zum Vermittler und von dort zum Nutzer. Zudem verzögert sich auch die Lieferung, da der Postweg doppelt zurückgelegt werden muss. Postfächer eignen sich nur für Lieferungen bestimmter Größe, verursachen ebenfalls weitere Kosten und erfordern zusätzlich, dass der Nutzer sein Paket dort selbst abholt.

Das in DASIT erdachte Verfahren verbirgt ebenfalls die wahre Identität des Nutzers vor dem Anbieter, hat jedoch keinen der zuvor genannten Nachteile. Das DASIT-System verteilt hierzu die beim Einkauf anfallenden Daten nach dem „*Need-to-Know*"-Prinzip. Jede der beteiligten Parteien erhält soviel Information wie nötig, um die ihr zugewiesene Aufgabe erfüllen zu können.[13] Der Anbieter erhält die Bestellinformationen (Warenart und Stückzahl) aus der Orientierungsphase sowie aus der nachfolgenden Bezahlphase eine Zahlungsgarantie durch das SET-

---

[13] S. hierzu auch Kap. 7.2.

Verfahren. Dem Transporteur wird durch das DASIT-Applet die Lieferadresse des Nutzers mitgeteilt, er erfährt aber nicht den Inhalt der Lieferung. Da es sich bei diesen Informationen um personenbezogene Daten handelt, erfolgt die Übermittlung durch eine verschlüsselte und authentifizierte SSL-Verbindung. Transporteure haben in der Regel bereits eine Internet-Präsenz, sodass auf dieser Seite die Anbindung an DASIT durch ein einfaches CGI-Skript erfolgen kann, das die Lieferadresse in das Logistik-System des Transporteurs einspeist. Die Web-Adresse des Transporteurs zu der die Lieferadresse geschickt wird, wird vom Anbieter festgelegt. Dies ermöglicht dem Anbieter prinzipiell auch seine eigene Web-Adresse an dieser Stelle anzugeben. Jedoch wird die Adresse dem Nutzer durch das DASIT-Applet stets angezeigt, was durch den Anbieter weder verhindert noch anderweitig getarnt werden kann, ohne die Anzeige-Komponente des Applets zu verändern. Letzteres würde jedoch die digitale Signatur über dem Applet zerbrechen lassen und somit auf Nutzerseite bemerkt. Der Anbieter hätte natürlich auch die Möglichkeit, eine von ihm kontrollierte vermeintliche Web-Adresse eines Transporteurs anzugeben. Die in DASIT getroffene Annahme geht jedoch davon aus, dass Web-Adressen von Transporteuren dem Nutzer bekannt sind wie beispielsweise `www. fedex.com`, `www.ups.com` oder `www.post.de`.

Ein Vorteil dieses Verfahrens ist, dass es sich bereits vorhandene Infrastrukturen zu Nutze macht, das heißt, keine neuen Parteien einführt, die nicht ohnehin am Einkaufsvorgang beteiligt sind, im Gegensatz zu dem Modell mit einem Vermittler.

Der Datenfluss der einzelnen Informationen bei pseudonymer Bestellung ist in Abbildung 2 noch einmal skizziert. Darin ist die Übertragung eines bisher nicht angesprochenen Datums, der Warenkorb-ID, an das Applet bzw. den Transporteur zu sehen. Über eine ID verwaltet ein Anbieter typischerweise den vom Nutzer gefüllten elektronischen Warenkorb. Im einfachsten Fall ist diese ID eine eindeutige Nummer zur Identifizierung der Bestellung. Diese Warenkorb-ID wird nach einer Bestätigung durch den Nutzer zusammen mit der Lieferadresse an den Transporteur übertragen, um diesem in der Auslieferungsphase die Zuordnung eines Warenkorbs bzw. eines Pakets zu einer Empfängeradresse zu ermöglichen.

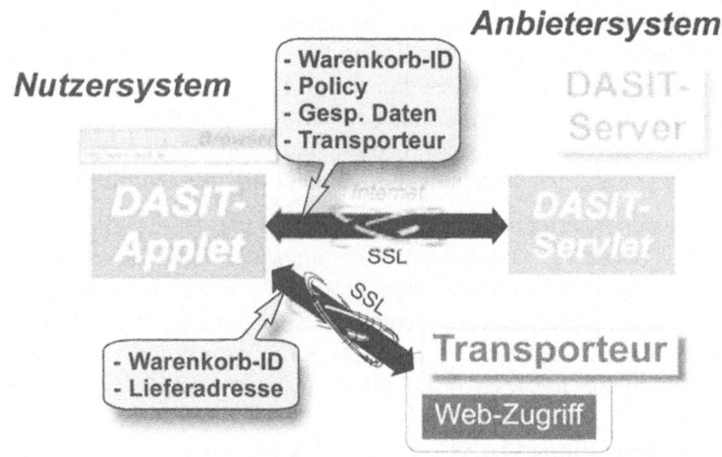

Abbildung2: Datenfluss

8.3.3   Bezahlphase

Mit der Verteilung der Informationen aus der Bestellphase an die jeweiligen Empfänger ist DASIT technisch gesehen beendet. Das Applet stößt lediglich noch das vom Anbieter eingestellte Zahlungssystem an, bevor es beendet wird.

8.3.4   Auslieferungsphase

Vollidentifiziert.   Führt ein Nutzer eine Bestellung unter seinem richtigen Namen aus, ändert sich in der Auslieferungsphase weder für den Händler noch für den Transportunternehmer an den sonst üblichen Abläufen etwas.

Pseudonym.   Hingegen muss bei einer pseudonymen Bestellung der „normale" Ablauf wie folgt ergänzt oder abgeändert werden: Der Anbieter verpackt die bestellte Ware wie gewohnt in ein Paket. Dieses kann er jedoch nicht mit einer Lieferanschrift versehen, da diese ihm nicht bekannt ist. Stattdessen beschriftet er das Paket mit der in der Orientierungsphase generierten Warenkorb-ID der Bestellung.[14]

---

[14]   S. hierzu auch Kap. 7.2.

Der Transporteur wiederum nimmt das Paket wie gewohnt beim Händler in Empfang. Auf Grund des ihm in der Bestellphase übermittelten Datenpaares, bestehend aus Warenkorb-ID und Lieferadresse, ist er nun in der Lage, das mit der Warenkorb-ID beschriftete Paket einer Lieferadresse zuzuordnen, diese auf dem Paket anzubringen und anschließend wie gewohnt die Auslieferung durchzuführen.

In den vorangegangenen Abschnitten wurde die Technik von DASIT, die damit verbundenen Anwendungsmöglichkeiten sowie die auf Nutzer- und Anbieterseite ablaufenden Prozesse dargestellt. Die nachfolgenden Abschnitte konzentrieren sich auf die Darstellung von DASIT gegenüber dem Nutzer mit dem Schwerpunkt auf der Bestellphase, da der Nutzer in dieser Phase direkt mit dem DASIT-System interagiert.

8.4   Ablauf eines DASIT Einkaufsvorgangs

Im Folgenden werden die im vorhergehenden Abschnitt beschriebenen Abläufe aus Sicht des Nutzers im Detail vorgestellt.

8.4.1   Der erste Einkauf

In gewohnter Weise kann der Nutzer My Shop anwählen, schaut sich darin um, wählt Artikel aus und füllt damit seinen Warenkorb. Sobald der Warenkorb gefüllt ist und der Nutzer sich entschlossen hat zu zahlen, klickt er auf der Warenkorb-Seite auf den Button „Bezahlen". Daraufhin öffnet sich ein Browser-Dialogfenster (Abbildung 3) und der Nutzer wird aufgefordert, eine

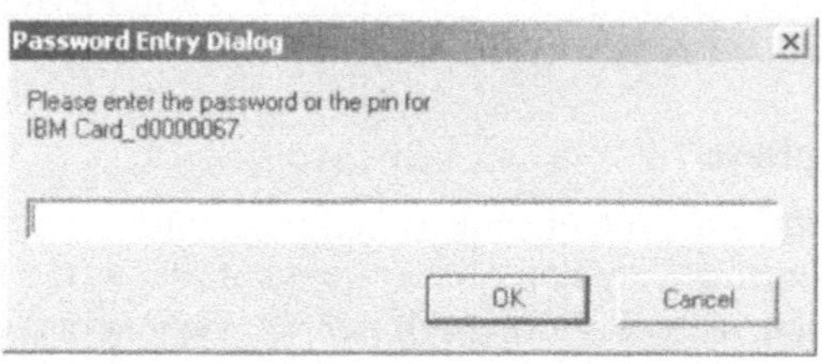

Abbildung 3: Passworteingabe für Smartcard

PIN einzugeben, um dem Browser den Zugriff auf die DASIT-Smartcard zu gewähren. Die Nummer, die im Dialog-Fenster angezeigt wird, ist die Kartennummer der sich im Leser befindlichen Smartcard.

Wurde die korrekte PIN mit „OK" bestätigt, liest der Browser die Identitäten von der Smartcard und bietet einen Auswahldialog (Abbildung 4) mit den auf der Smartcard gespeicherten Identitäten an.

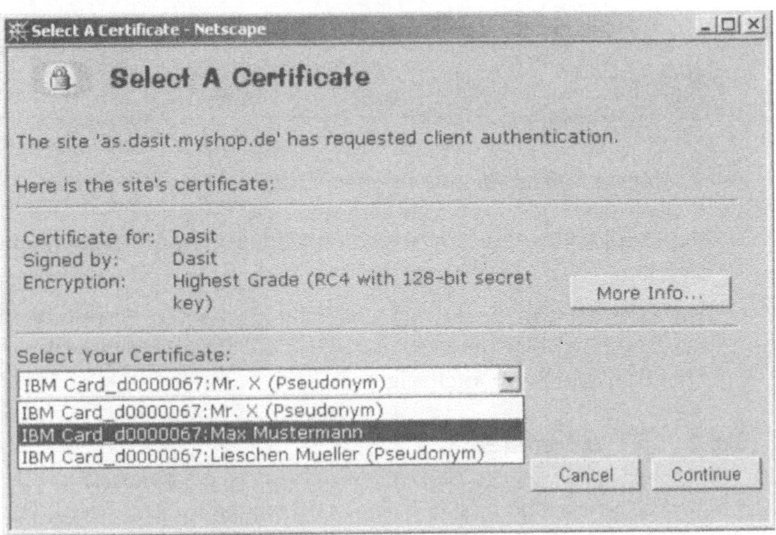

Abbildung 4: Auswahl der Identität in Netscape.

Für den ersten Einkauf wird eine vollidentifizierte Anmeldung bei My Shop gewählt, das heißt im Beispiel die Identität „Max Mustermann". Daraufhin wird als erstes das DASIT-Applet von My Shop heruntergeladen.

Als nächstes erscheint ein Browserdialog wie in Abbildung 5 dargestellt. Dieser Dialog gibt an, dass die DG BANK garantiert, dass das heruntergeladene Applet auch tatsächlich das DASIT-Applet ist. Weitere Informationen zur Herkunft des Applets erhält man, wenn der Button „Weitere Informationen" (4) gedrückt wird. Abhängig davon, ob bei zukünftigen Einkäufen erneut gewarnt werden soll, sobald ein Applet der DG BANK vom Browser heruntergeladen wird, kann entweder der Button „Für diese Sitzung gewähren" (1) oder der Button „Immer gewähren" (3) gedrückt werden. Falls der Button (1) gedrückt wurde, erscheint die Warnung bei nachfolgenden Einkäufen erneut, falls die Warnung später nicht mehr erscheinen soll, muss der Button (3) gewählt werden. Wenn der Button „Verweigern" (2) betätigt wird, kann

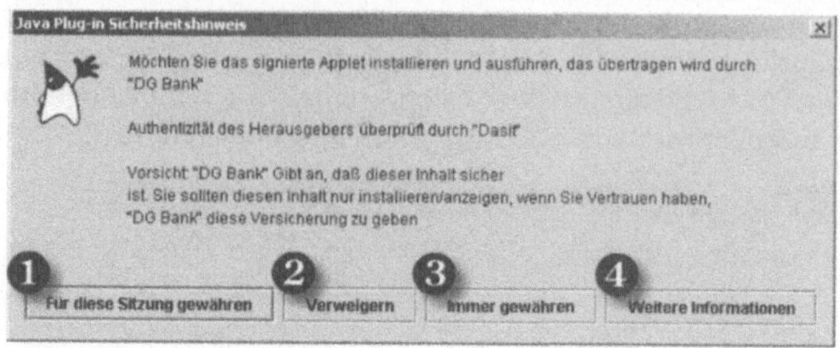

Abbildung 5: Warnhinweis zur Authentizität des DASIT Applets

das Applet nicht gestartet werden und der DASIT-Einkauf wird abgebrochen.

Hat sich der Nutzer für die Möglichkeit „1" oder „3" entschieden, wird das DASIT-Applet geladen und die erste Datenerhebungsseite entsprechend Abbildung 6 angezeigt.

8.4.2 Vertragsdaten

Eine Datenerhebungsseite des DASIT-Applets ist immer in zwei Hälften aufgeteilt. Die obere Hälfte enthält Informationen zum Datenschutz, die untere Hälfte die Datenerhebungsfelder.[15]

Informationshälfte. In der Informationshälfte erscheint in der ersten Zeile [Abbildung 6, (1)] die Überschrift, die angibt, dass es sich bei dieser Seite um die Erhebung von Vertragsdaten handelt. Die darauf folgende Zeile („Identität") zeigt noch einmal die Identität an, unter der sich der Nutzer (Max Mustermann) bei My Shop angemeldet hat. Die Identität „Max Mustermann" ist der „echte" Name des Nutzers, was durch die unmaskierte Identitätsgrafik [(A) in Abbildung 6] noch einmal verdeutlicht wird – die Grafik ist gewissermaßen eine Anzeige für den Identitätsmodus „vollidentifiziert" Die Alternative zum Identitätsmodus „vollidentifiziert" ist „pseudonym".

---

[15] S. hierzu auch Kap. 7.5.4.

Die auf die Identität folgende „Seite"-Zeile zeigt an, dass es sich um die erste von zwei Seiten (1/2) handelt. Das „Informationsfeld" enthält Kurzinformationen über den Verwendungszweck der nachstehend er-

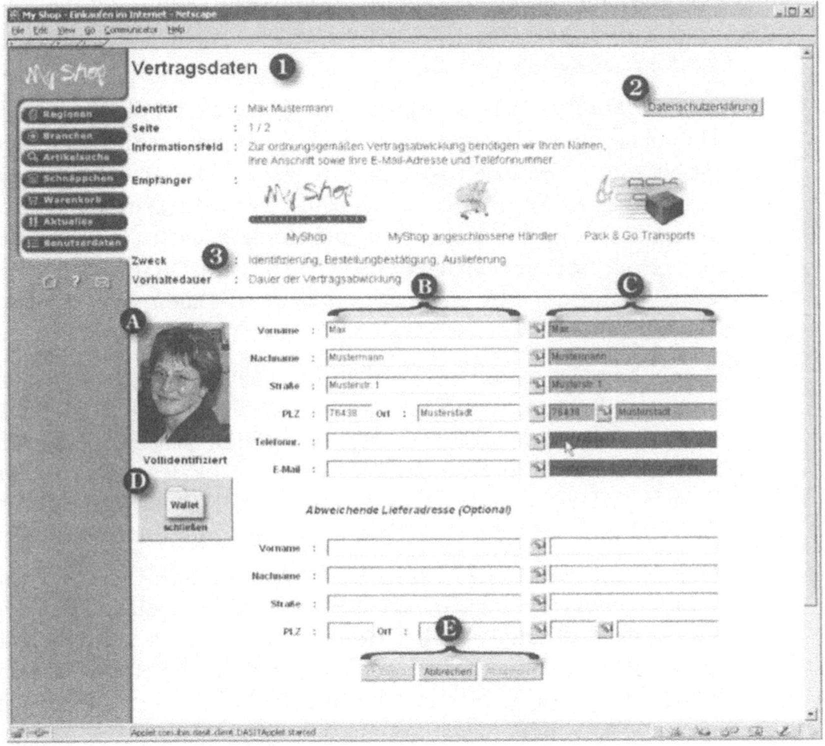

Abbildung 6: Erhebung der Vertragsdaten (notwendige Daten)

hobenen Daten. Die nächste Zeile („Empfänger") ist aus datenschutzrechtlicher Sicht besonders wichtig, da sie Auskunft darüber gibt, wer die auf dieser Seite erhobenen Daten erhalten wird. Zur Verdeutlichung der Anzahl, als auch der Identitäten der Empfänger, wurden diese zusätzlich durch eine entsprechende Grafik, beispielsweise ein Firmenlogo, hervorgehoben. Das Feld für den Zweck der Datenerfassung [(3) in Abbildung 6] gibt in kurzen Stichworten die Verwendungszwecke an. Unter dem letzten Punkt „Vorhaltdauer" gibt er Anbieter an, wie lange die erhobenen Daten vorgehalten, das heißt, gespeichert und verarbeitet werden.

Alle diese Informationen sind bewusst kurz gehalten. Detailliertere Informationen zu einer Datenerhebungsseite kann der Nutzer immer durch Anklicken des „Datenschutzerklärungs"-Button (2) in der rechten oberen Fensterecke erhalten.

Erhebungshälfte. Im Erhebungsteil der Seite sind die Eingabefelder auf den ersten Blick „doppelt" vorhanden. Die linken Eingabefelder [(B) in Abbildung 6] enthalten die Daten, welche die Mall bereits über den Nutzer gespeichert hat (Folgeeinkauf), bzw. die Daten, die an die Mall übermittelt werden. Bei den Eingabefeldern rechts (C) handelt es sich um ein persönliches Wallet des Nutzers, dem DASIT-Wallet. In diesem Wallet kann der Nutzer seine persönlichen Daten auf dem lokalen PC abspeichern.

Somit handelt es sich in Wirklichkeit nicht um „gespiegelte" Felder, sondern um Eingabefelder für das persönliche DASIT-Wallet. Damit niemand außer dem Nutzer selbst die Daten des DASIT-Wallets einsehen kann, sind diese auf der Festplatte des lokalen PC verschlüsselt gespeichert. Einträge in den Feldern des DASIT-Wallets werden nicht an den Anbieter versendet, sondern sind immer nur lokal vorhanden.

Der Zweck des DASIT-Wallets besteht darin, Daten, die oft von Anbietern abgefragt werden, vorzuhalten, sodass der Nutzer seine Daten nur einmal in sein DASIT-Wallet eingeben muss. Durch Drücken der „⬦"-Buttons werden die Daten aus dem DASIT-Wallet in die Datenerhebungsfelder des Anbieters, also die linken Felder, einfach übernommen. Diese Funktionalität kommt dann zum Tragen, wenn bei weiteren Händlern eingekauft werden soll. Die Nutzer können natürlich auch Ihre Angaben direkt in die linken Felder eintragen, dann werden diese Eingaben zwar später an die Mall versendet, jedoch nicht im DASIT-Wallet gespeichert. Wenn die Angaben für den Anbieter mit den Angaben im DASIT-Wallet übereinstimmen, werden die Wallet-Felder grün hinterlegt, sind die Felder unterschiedlich erscheinen die Wallet-Felder rot. Welche Daten der Nutzer dem Anbieter zur Verfügung stellt, bleibt ihm überlassen.

Nach dem ersten Datenfelder-Abschnitt folgt noch ein zweiter, optionaler Datenteil, den der Nutzer ausfüllen kann, wenn die Lieferadresse von der Vertragsadresse abweicht (Auslieferung an die Dienst- oder eine andere beliebige Adresse). Diese Daten sind für die Mall nur „Einmaldaten", das heißt, nachdem die Mall die Waren versandt hat, wird die Lieferadresse wieder gelöscht. Wenn erneut Waren an eine andere Adresse geliefert werden sollen, müssen die entsprechenden Angaben erneut eingegeben werden. Sollte häufiger an dieselbe abweichende Lieferadresse geliefert werden, ist es sinnvoll, die Daten zunächst in das DASIT-Wallet einzutragen und diese dann durch den „↩"-Button in die entsprechenden Felder für die Mall zu übernehmen.

Direkt unter der Modusanzeige (hier „Vollidentifiziert") ist noch der DASIT-Wallet-Button [(**D**) in Abbildung 6] zum Öffnen und Schließen des DASIT-Wallets zu sehen. Bei geöffnetem Wallet schließt ein Klick auf den Button das Wallet, bei geschlossenem Wallet wird es durch einen Klick geöffnet. Das Wallet ist beim Start normalerweise geschlossen, es sei denn, alle Datenfelder sind leer, wie beispielsweise beim ersten Einkauf.

Aktions-Buttons. Ganz unten auf der Seite (**E**) sind die Aktions-Buttons „Zurück", „Abbrechen" und „Abschicken" zu finden. Der „Zurück"-Button ist auf dieser Seite deaktiviert, da es sich bei der angezeigten Seite um die erste Seite handelt. Auf späteren Seiten führt der Button zurück zur vorhergehenden Seite. „Abbrechen" beendet die Datenerhebung und den Bestellvorgang sofort, ohne dass Daten gesendet werden. Der „Abschikken"-Button bleibt so lange deaktiviert bis alle notwendigen Daten, das heißt alle nicht-optionalen Daten, eingegeben wurden, denn ohne diese Daten könnte der Anbieter seine Dienstleistung nicht erbringen. Ein Klicken des „Abschicken"-Buttons sendet die Daten der linken Spalte an den Anbieter und zeigt eine Status-Seite an, die angibt, ob das Senden der Daten erfolgreich war oder nicht (Abbildung 7). Durch Klicken des „Weiter"-Buttons gelangt man auf die nächste Seite mit den so genannten „Marketingdaten" („Seite 2/2").

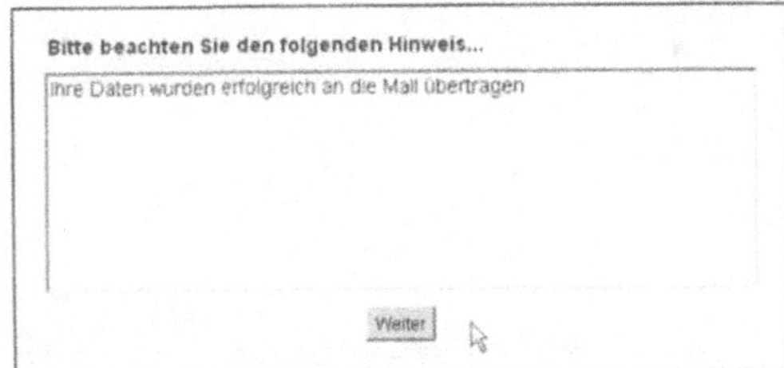

Abbildung 7: Statusmeldung nach „Abschicken"

8.4.3   Marketingdaten

Auf der Seite 2/2 (Abbildung 8) möchte die Mall Daten erfassen, die zwar nicht für die Vertragsabwicklung notwendig sind, aber dennoch von der Mall gewünscht werden. Im vorliegenden Fall sind das Daten, die die Mall für Marketingzwecke wünscht. Diese sind auf der Seite als „optional" gekennzeichnet, um darauf aufmerksam zu machen, dass sie nicht unbedingt notwendig sind.

Für die Erfassung der „optionalen" Daten ist eine signierte Einwilligung

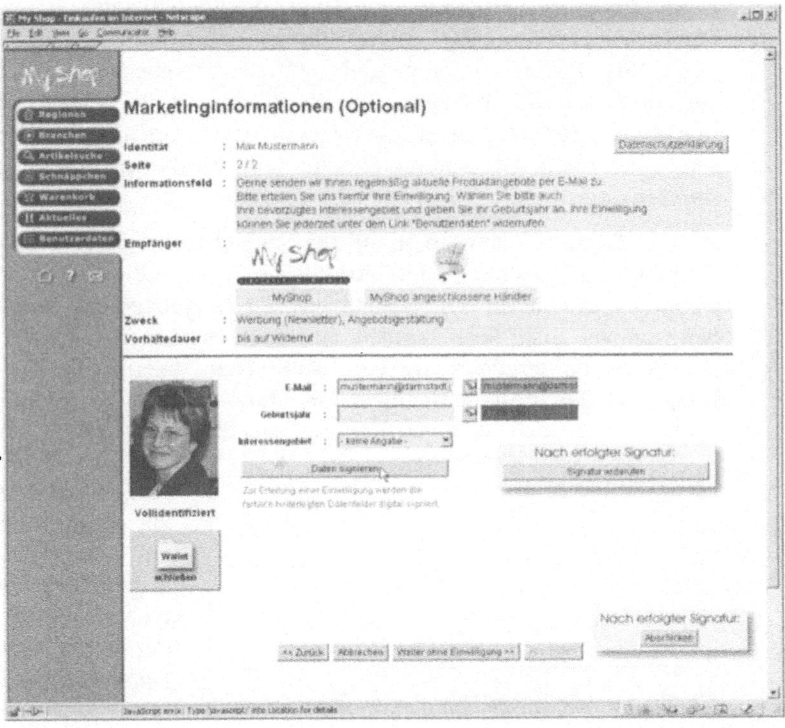

Abbildung 8: Erhebungsseite für einwilligungspflichtige Daten („optionale" Daten)

des Nutzers erforderlich. Sobald der Cursor auf den Button „Daten signieren" bewegt wird, werden die Datenfelder farblich hinterlegt, die digital signiert werden sollen. Da für die digitale Signatur das Signierzertifikat benötigt wird, das sich auf der Smartcard befindet, muss sich zu diesem Zeitpunkt die Smartcard betriebsbereit im Leser befinden.

Nach Drücken des Signatur-Buttons werden die gekennzeichneten Daten digital signiert. Es erscheint kurz ein Status-Bildschirm, der dem Nutzer das Ergebnis seiner Signatur mitteilt. Erst nach erfolgter Signatur können die „optionalen" Daten mittels des entsprechenden Aktions-Buttons „Abschicken" zur Mall geschickt werden. Nach erfolgter Signatur ändert sich die Beschriftung des Buttons in „Signatur widerrufen" und der „Abschicken"-Button wird aktiviert wie in Abbildung 8 angedeutet ist. Wenn der Nutzer den „Signatur widerrufen"-Button betätigt, wird dessen Signatur (und damit seine Einwilligung) wieder gelöscht und der „Abschicken"-Button wieder deaktiviert.

Falls die „optionalen" Daten nicht an die Mall weitergegeben werden sollen, kann der Bestellvorgang durch Drücken des „Weiter ohne Einwilligung"-Buttons und somit ohne Angabe und Übermittlung der optionalen Daten fortgesetzt werden. Falls die Einwilligung bereits signiert sein sollte, aber dennoch die Daten nicht weitergegeben werden sollen, kann ebenfalls „Weiter ohne Einwilligung" gedrückt werden, um die Datenübermittlung zu verhindern.

Der Bestellvorgang wird unabhängig von einer erfolgten oder nicht erfolgten Einwilligung normal fortgesetzt, da die Angabe dieser Daten völlig freiwillig erfolgt.

8.5   Pseudonymer Einkauf

Beim pseudonymen Einkauf braucht der Nutzer der Mall gegenüber seine wahre Identität nicht aufzudecken. Im Beispiel (s. Abbildung 4) kann er nun entweder als „Mr. X" oder „Lieschen Müller" auftreten.

In der Abbildung 9 ist die Erhebungsseite (Seite 1/2) für den pseudonymen Einkauf gezeigt. Ähnlich wie beim vollidentifizierten Einkauf wird der Nutzer auf der ersten Hälfte der Seite über den Zweck, sowie über die Empfänger und Vorhaltedauer der Daten informiert. Ebenso wie beim vollidentifizierten Einkauf findet man hier auch wieder den Button zur Einsicht der Datenschutzerklärung.

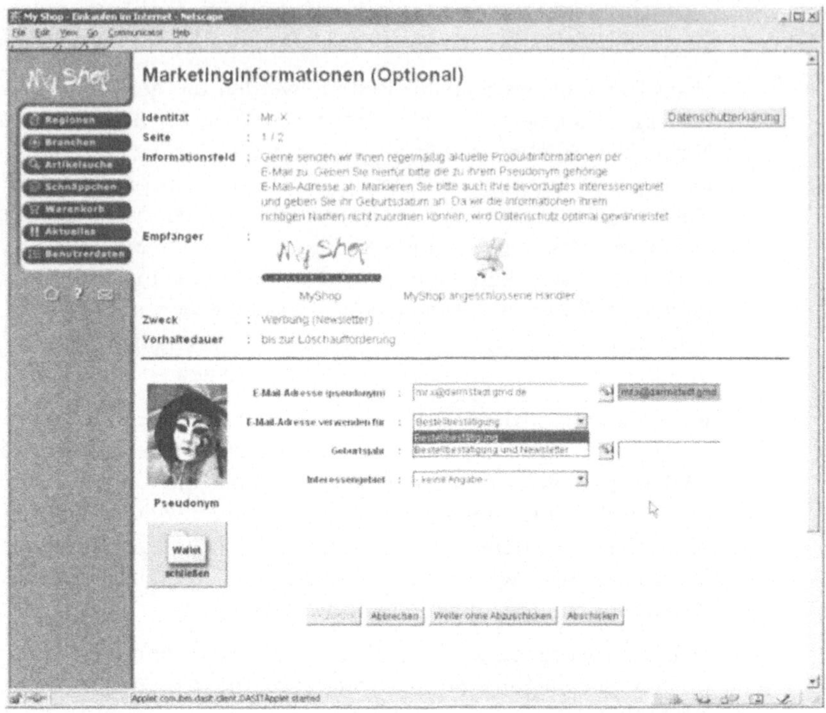

Abbildung 9: Erhebungsseite optionaler Marketingdaten für pseudonymen Einkauf

Zusammen mit dem Zertifikat für sein Pseudonym hat der Nutzer auch eine pseudonyme E-Mail-Adresse vom DASIT Trust Center erhalten. Von dieser Adresse werden an das Pseudonym gerichtete E-Mails automatisch an die wahre E-Mail-Adresse weitergeleitet.[16]

In das Feld für die E-Mail-Adresse soll die Adresse eingegeben werden, die zur gewählten pseudonymen Identität gehört. Dabei kann der Nutzer auswählen, ob die E-Mail-Adresse nur für die Bestellbestätigung oder auch für Werbungszwecke (Marketinginformationen) verwendet werden darf.

---

[16] S. Absatz 8.1.4.

Auf der Erhebungsseite 2/2, Abbildung 10, findet man auf der ersten Hälfte wieder die gewohnten Hinweisfelder. Zu betonen ist hier aber, dass die Daten, die auf dieser Seite erfasst werden, ausschließlich an das Transportunternehmen nicht aber an die Mall oder den Händler weitergeleitet werden. Für die Auslieferung der Ware ist es notwendig, dass die Felder ausgefüllt werden bevor der „Abschicken"-Button akti-

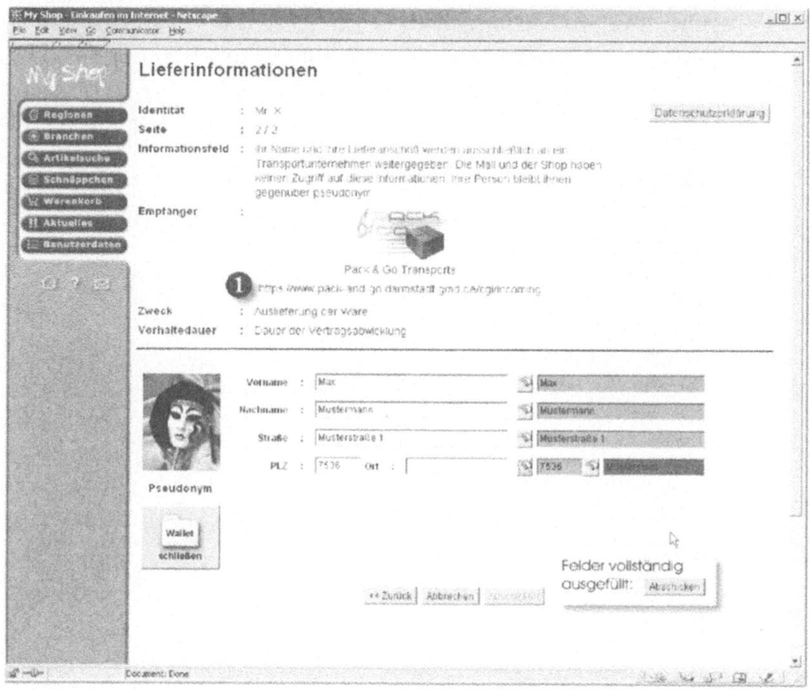

Abbildung 10: Lieferinformation für pseudonyme Auslieferung

viert wird. Die URL, des Transportunternehmers, also die Web-Adresse an die die Lieferadresse übermittelt wird, ist in Abbildung 10 Punkt 1 zu sehen.

8.6   Dateneinsicht

Zur Dateneinsicht gelangt man, wenn der Button „Benutzerdaten" auf der Navigationsleiste von My Shop gedrückt wird, die sich auf der linken Seite des My Shop-Fensters befindet.

Danach erscheint eine Informationsseite, die den Nutzer über die Möglichkeiten informiert, zwischen denen er im Folgenden auswählen kann, Abbildung 11.

Auf den folgenden Einsichtsseiten gibt es die Möglichkeit, die Daten, die My Shop über den Nutzer (entsprechend der Identität, unter der er aktuell im System angemeldet ist) gespeichert hat, einzusehen, Änderungen oder Löschungen zu beantragen, oder bereits gegebene Einwilligungen zu ändern oder zu widerrufen. Außerdem findet man auf die-

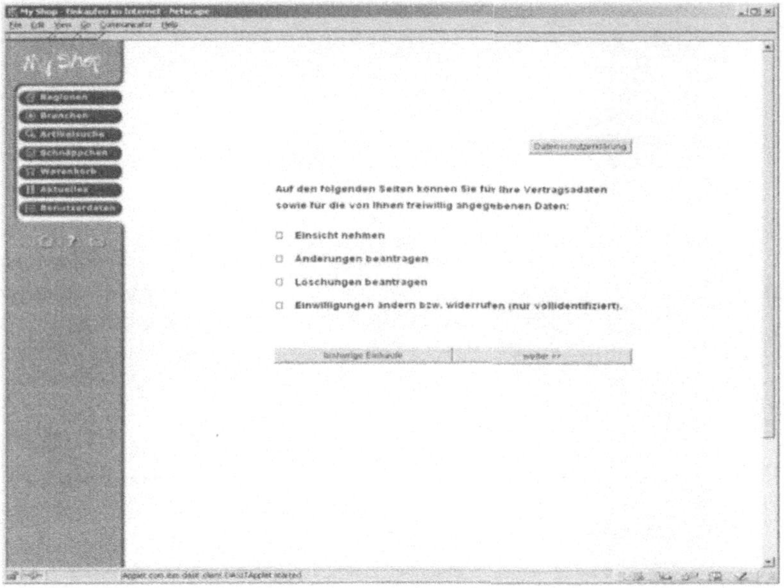

Abbildung 11: Informationsseite zur Dateneinsicht

ser Seite auch den Button „Datenschutzerklärung" wieder, mit dem die Seite mit den ausführlichen Erklärungen zum Datenschutz von My Shop aufgerufen werden kann.

Auf der Informationsseite gibt es unten die Aktions-Buttons „bisherige Einkäufe" und „weiter". Mit „bisherige Einkäufe" kann man in die Liste der bisher getätigten Einkäufe Einsicht nehmen. Mit dem Button „weiter" gelangt der Nutzer auf die Seiten, die ihm die über seine Identität gespeicherten Informationen zeigen. In Abbildung 12 ist die Einsichtsseite der vollidentifizierten Identität von Max Mustermann dargestellt.

Gegenüber den Erhebungsseiten ist nun ein „X"-Button hinzugekommen, der zur Löschung eines Datenfeldes dient. Man hat auf dieser Seite die Möglichkeit, durch einfaches Ändern der Feldinhalte Daten zu korrigieren oder auch ganz zu löschen. Wenn die in der Mall gespeicherten Daten geändert oder gelöscht werden sollen, braucht man nur nach den Änderungen den „Abschicken"-Button zu drücken. Damit wird die Mall angewiesen, die gespeicherten Daten entsprechend zu ändern bzw. zu löschen. Die Mall wird dieser Aufforderung umgehend nachkommen, sofern keine zwingenden Gründe vorliegen, dies nicht

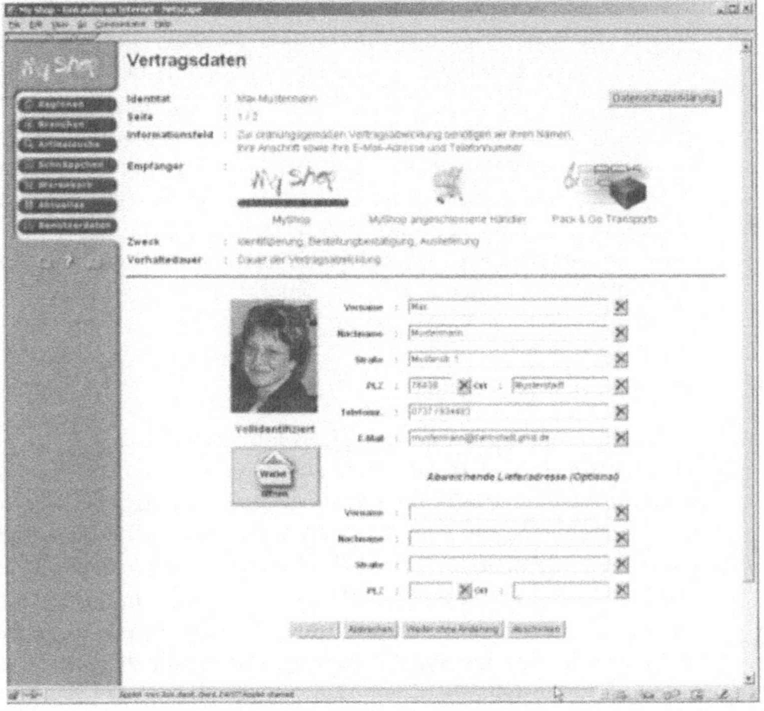

Abbildung 12. Einsichtnahme in persönliche Daten

zu tun, wie beispielsweise für noch nicht abgeschlossene Zahlungs- oder Auslieferungsvorgänge.

Auf den Einsichtsseiten der freiwillig preisgegeben Daten hat man ebenfalls die Möglichkeit, die Daten zu ändern oder zu löschen, das heißt, die Einwilligung zu modifizieren oder zu widerrufen. In beiden Fällen ist es notwendig, dass die Änderungen durch Drücken des „Änderungen signieren"-Buttons bestätigt werden, andernfalls besteht keine Möglichkeit, die Änderungen oder den Widerruf abzuschicken (s. Abbildung 8). Ein vollständiger Widerruf der Einwilligung entspricht dabei dem Löschen aller Datenfelder und anschließender Signatur der leeren Felder.

Wenn ein Nutzer seine unter Pseudonym erhobenen Daten einsehen will, wird er feststellen, dass er nur eine Einsichtsseite angezeigt bekommt, gegenüber zwei Erhebungsseiten während des Einkaufs. Dies erklärt sich aber einfach dadurch, dass die Mall tatsächlich nur die Daten der ersten Erhebungsseite (Marketingdaten) besitzt. Die Daten der Lieferanschrift sind der Mall nicht bekannt. Um in die über einen Nutzer gespeicherte Lieferanschrift Einsicht zu nehmen, müsste er sich bei dem Transportunternehmen einwählen, dem er diese Information gegeben hat. Die Internet-Adresse konnte er den Seiten entnehmen, auf denen er die entsprechenden Angaben gemacht hat, Abbildung 10, Punkt 1. Innerhalb des DASIT-Feldversuchs ist diese Abfrage jedoch nicht möglich gewesen, da die Einsichtnahme der Daten aus praktischen Gründen auf My Shop beschränkt wurde.

8.7   Wechsel der Identität

Sobald sich ein Nutzer bei My Shop mit einer Identität angemeldet hat, erkennt My Shop ihn für die „nächste Zeit" immer an der zuvor gewählten Identität. Nach einer von der Mall festgelegten Zeitspanne geht dieses „Identitätsgedächtnis" jedoch verloren, so dass er danach wieder nach einer Identität gefragt wird. Um eine Identität „schnell" zu wechseln, muss der Nutzer die aktuelle Session beenden, indem der Browser vollständig mit allen Browserfenstern geschlossen wird. Danach wird der Browser, wie gewohnt, wieder gestartet und eine Verbindung mit My Shop hergestellt. Da durch den Neustart des Browsers bezüglich My Shop eine neue Session eröffnet wurde, wird der Nutzer nun wieder nach seiner Identität gefragt, sobald er in seinen Warenkorb wechselt und den Bezahlvorgang anstößt. Im Normalfall dürfte es allerdings kaum vorkommen, dass ein Nutzer mehrere Einkäufe nacheinander bei ein und derselben Shopping Mall vornimmt, es sei denn, er bemerkt sofort nach der erfolgten Bestellung, dass er einen Artikel vergessen hat einzukaufen. Ansonsten dürfte der Wechsel der Identität unproblematisch sein.

8.8   Ausblick

DASIT hat gezeigt, dass auch ein pseudonymer Einkauf unter realistischen Bedingungen durchführbar ist. Allerdings waren einige Randbedingungen für den Prototypen einzuhalten, die zu einigen Kompromissen geführt haben. In der Auswertung[17] wird darauf noch näher eingegangen.

Außerdem hat sich gezeigt, dass eine CA im Fall von Pseudonymen nicht nur Zertifikate vergeben sollte, sondern auch E-Mail-Adressen für die Pseudonyme. In diesem Zusammenhang sollte sie gleichzeitig einen Mailserver für diese Adressen betreiben, der die E-Mails an die tatsächliche Adresse weiterleitet.

---

[17] S. Kap. 10.

9 Erprobung durch Feldtest und Simulationsstudie

Alexander Roßnagel, Gerhard Spies, Fleur Weißgerber

9.1	Zielsetzung und Konzeption	137
9.1.1	Konzeption des Feldtests	139
9.1.2	Konzeption der Simulationsstudie	139
9.2	Vorbereitung	141
9.2.1	Technische Voraussetzungen	142
9.2.2	Zertifizierungsinstanzen	142
9.2.3	Online-Shops	143
9.2.4	Logistikunternehmen	144
9.2.5	Unterstützung der Teilnehmer	144
9.3	Feldtest	144
9.3.1	Feste Testteilnehmer	145
9.3.2	FreiwilligeTestteilnehmer	145
9.3.3	Start mit Hindernissen	145
9.3.4	Testphase	146
9.4	Simulationsstudie	147
9.4.1	Teilnehmer	147
9.4.2	Testphase	148
9.5	Resümee aus organisatorischer Sicht	148
9.5.1	Anforderungen an den Mall-Betreiber	148
9.5.2	Anforderungen an Händler	149
9.5.3	Anforderungen an Logistikunternehmen	150
9.5.4	Anforderungen an die Benutzer	150
9.5.5	Anforderung an die Zertifizierungsinstanz	150

9.1 Zielsetzung und Konzeption

Die Erprobung von DASIT sollte nachweisen, dass die Anforderungen des TDDSG in der Praxis erfüllt werden, und dokumentieren, inwieweit die umgesetzte Lösung von den Beteiligten bezüglich der Technik, des Aufwands (Installation, Handhabung, Bearbeitungszeit) und der Kosten (Anschaffungskosten für Händler, Anbieter und Kunden) akzeptiert werden kann. Aus der Erprobung sollten vor allem konstruktive Hinweise gewonnen werden, die DASIT-Lösung auf dem Weg zu einem Produkt weiter zu verbessern.

In der Projektantragsphase war geplant gewesen, DASIT in das Produktionssystem einer Shopping Mall zu integrieren und drei Monate im Echtbetrieb mit etwa 300 beliebigen Nutzern zu testen. Bei der Vorbereitung des Feldtests zusammen mit der Mall My Shop zeigten sich jedoch einige Schwierigkeiten in der Umsetzung und Auswertung:

Zum einen war unsicher, ob ausreichend viele Händler und Kunden gewonnen werden könnten. Hinsichtlich der Kunden bestand keine Gewähr dafür, dass sie ausreichend viele Transaktionen durchführten, um sich an die Handhabung von DASIT zu gewöhnen. So hätte es gut sein können, dass einzelne Nutzer in dem Testzeitraum vielleicht nur einen oder zwei reale Einkäufe durchgeführt hätten. Auch war ungewiss, wie viele Testteilnehmer sich an der Auswertung durch Fragebogen und Gespräche beteiligten. Es musste damit gerechnet werden, dass nur ein Bruchteil der Teilnehmer für die Auswertung zur Verfügung standen. Zudem war zu erwarten, dass sich am Test eher „avantgardistische" Nutzer beteiligten und von diesen nur engagierte Teilnehmer die Auswertung unterstützten. Somit war unklar, ob die für die Auswertung zur Verfügung stehenden Teilnehmer für den durchschnittlichen Internetnutzer repräsentativ gewesen wären und sich innerhalb der Testphase ausreichend an DASIT gewöhnt hätten.

Zum anderen muss sich DASIT auch in rechtlichen Sondersituationen bewähren. Es genügt nicht, wenn DASIT nur für den problemlosen Einkauf geeignet ist. Vielmehr muss die Lösung auch in der Lage sein, fehlgeschlagene Einkaufs- und Bezahlprozesse rückabwickeln und Leistungsstörungen behandeln zu können, ohne dabei den Datenschutz zu vernachlässigen. In einem unkoordinierten und ungeleiteten Feldtest hätte es aber sein können, dass in der Testzeit keine einzige dieser Situationen auftrat. Der Feldtest hätte keine Aussagen für die Bewährung von DASIT in „Extremsituationen" erlaubt.

Außerdem zeigte sich, dass ein solch umfangreicher Feldtest und seine Auswertung hohe finanzielle und personelle Ressourcen beansprucht hätte, die im Rahmen des Projekts nur schwer aufzubringen gewesen wären. Daher sollte die Erprobung in einem Feldtest, der eine intensive Nutzung von DASIT sicherstellte, und in einer davon unabhängigen

Simulationsstudie stattfinden, in der die Erprobung im Rahmen von Extremsituationen gewährleistet war.

9.1.1   Konzeption des Feldtests

Der Feldtest sollte als Intensivtest mit 50 festen Teilnehmern aus dem weiteren Kreis der Projektpartner durchgeführt werden. Aufgrund der Beziehung zu den Projektpartnern sollten sie verpflichtet werden, jeden Tag mindestens zwei Einkäufe durchzuführen und an der Auswertung teilzunehmen. Dadurch konnte sichergestellt werden, dass bei den Teilnehmern eine gewisse Gewöhnung an DASIT eintritt und insgesamt eine hohe Anzahl von Transaktionen erreicht wird. Auch in diesem Konzept kann zwar nicht gewährleistet werden, dass die Teilnehmer repräsentativ für Besteller im Internet sind. Da jedoch nicht nur avant-gardistische Internetnutzer zur Teilnahme bewogen werden konnten und (nahezu) alle an der Auswertung teilnahmen, war trotz der kleine-ren Zahl die Repräsentativität höher als bei einer Suche nach beliebi-gen freiwilligen Teilnehmern.

Der Teilnehmerkreis sollte weiterhin durch etwa 30 Interessierte aus den Bereichen der Bundesministerien, des Bundestags, der Datenschüt-zer, der Führungskräfte der DZ BANK, Software-Anbieter, Mallbetreiber, anderer Banken und Wissenschaftler erweitert werden.

DASIT sollte nicht im Echtbetrieb von My Shop, sondern in der identi-schen Testumgebung der Mall realisiert werden. Durch diese Lösung konnte das Risiko eines eventuellen Versagens von DASIT verringert werden, ohne dass die Erprobung in einer realen Testumgebung dar-unter leiden musste. Damit war der Feldtest auch davon unabhängig, ob es gelang, echte Händler dazu zu bewegen, DASIT in ihr echtes Angebot zu integrieren. Soweit sich keine echten Händler an der Test-phase beteiligen wollten, sollten diese vom Projekt gestellt werden. Auf diese Weise konnte das Projekt die Voraussetzungen für die Teilnahme von Kunden und Händlern selbst übernehmen und Waren zu geringen Preisen anbieten und so zugleich die Bereitschaft zu vielen Kaufaktio-nen erhöhen. Außerdem konnte dadurch ein Transportunternehmen einbezogen werden, das ausschließlich die in DASIT erzeugten Bestel-lungen zentral abholt und ausliefert.

9.1.2   Konzeption der Simulationsstudie

Eine Simulationsstudie versucht zwei paradoxe Situationen aufzulösen: Einmal müssen für die Gestaltung einer anwendungsnahen Technik Erfahrungen gewonnen werden, obwohl diese Technik erst noch zu gestalten ist. Zum Anderen soll diese Erfahrung auch in Extremsituationen gewonnen werden, die im normalen Leben nur selten vorkommen und deren Schadenspotenzial eigentlich reale Erfahrungen verbietet.[1]

Simulationsstudien versuchen die beiden paradoxen Anforderungen durch das Prinzip „höchstmögliche Realitätsnähe unter Vermeidung von Schäden" zu lösen. In ihnen werden „sachverständige Testpersonen" beobachtet, wie sie während eines beschränkten Zeitraums selbständig mit prototypischer Technik unter möglichst realitätsnahen Bedingungen intensiv umgehen. Durch die Beeinflussung der Randbedingungen und der Arbeitsaufgaben können Erkenntnisse zu besonderen Fragestellungen gewonnen werden.[2]

Dementsprechend sollte für die Erprobung von DASIT in Extremfällen das für den Feldversuch auf dem Testserver der Mall My Shop installierte System verwendet werden. In der Simulationsstudie sollten „sachverständige Testpersonen" in echten Anwendungssituationen speziell konstruierte Arbeitsaufgaben erfüllen, die eigens für diesen Zweck zu konzipieren waren, um die für die Erprobung gewünschten Extremsituationen zu provozieren.

Die Bearbeitung dieser vorbereiteten Aufgaben erfolgte durch die sachverständigen Testpersonen selbstbestimmt, so dass ein vorher nicht bestimmtes Geflecht von Kommunikationen entstand, dessen Auswertung auch Rückschlüsse auf die Eignung der Technik für die kooperative Zusammenarbeit und die Entwicklung von Kommunikations- und

---

[1]   S. allgemein zur Methode des Simulationsstudie Roßnagel 1993, 185, sowie 1998a und 1998b; Hammer 1994.

[2]   Simulationsstudien in diesem Sinn wurden von der Projektgruppe verfassungsverträgliche Technikgestaltung (provet) entwickelt und inzwischen auf die Erprobung von digitalen Signaturverfahren in der Rechtspflege (provet/GMD 1994, Pordesch/Roßnagel/Schneider, DuD 1993, 491; Roßnagel, CR 1994, 498; Roßnagel/Sarbinowski, GMD-Spiegel 2/1993, 30) und in der Vorgangsbearbeitung (provet/GMD 1995) sowie von mobiler Kommunikationstechnik im Gesundheitswesen (Roßnagel/Haux/ Herzog 1998; Bludau u.a. 1998, 349) angewendet.

Arbeitskulturen erlaubte.[3] Auf die Entwicklung der Simulationsstudie hatte die Simulationsleitung nur Einfluss über die Vorbereitung der Arbeitsaufgaben und die Übernahme bestimmter Rollen in der Simulation.

Für DASIT sollte durch die Simulationsstudie – in Ergänzung zum Feldtest – erprobt werden, ob das Techniksystem geeignet ist, rechtliche Sonderfälle zu bewältigen, ohne an dem durch DASIT angestrebten Datenschutz Abstriche vornehmen zu müssen. Als solche Sondersituationen sollten Probleme des Vertragsabschlusses wie Anfechtung oder Abstreiten des Vertragsschlusses, Störungen des Leistungsaustauschs wie Wandlung, Minderung, Schadenersatz, Wahrnehmung von Verbraucherschutzrechten wie Widerruf und Rücktritt, offene und verdeckte Stellvertretung sowie das Geltendmachen von Datenschutzrechten wie Einsicht, elektronische Einwilligung und deren Widerruf, Berichtung oder Löschung der Daten erprobt werden. Alle diese Sonderfälle sollten bei vollidentifiziertem und bei pseudonymem Einkauf durchgespielt werden. Dabei sollten die bereits eingegangenen Verpflichtungen aufgelöst und ausgetauschte Leistungen wieder rückabgewickelt werden. Zu prüfen war auch, ob DASIT ausreichende Grundlagen und Beweismittel für das Geltendmachen von Ansprüchen und die Abwehr ungerechtfertigter Ansprüche bietet. Auch sollten mögliche Komplikationen in der Zusammenarbeit zwischen Teilnehmer und Zertifizierungsinstanz wie Ablauf der Gültigkeit eines Zertifikats, Sperrung oder Erteilung eines neuen Zertifikats Gegenstand der Studie sein. Kurzum: Es sollte geprüft werden, ob DASIT nur eine „Schönwetterlösung" ist oder auch in „schwerem Gewitter" bestehen kann.

Für die Bearbeitung dieser Aufgaben im Rahmen der Simulation erschienen bei etwa 15 Teilnehmern zwei Arbeitstage als ausreichend. Die Teilnehmer sollten überwiegend kaufmännisch oder juristisch ausgebildet sein, um die Komplikationen der einzelnen Fälle in der jeweiligen Handlungssituation ausreichend beurteilen zu können.

9.2 Vorbereitung

Für beide Studien musste die erforderliche Hard- und Software besorgt, verteilt und installiert werden, die notwendigen Zertifikate ausgestellt,

---

[3] S. hierzu näher Kumbruck 1999.

Online-Shops mit ihren Angeboten eingerichtet und ein Logistikunternehmen gefunden werden. Außerdem war es notwendig, die Teilnehmer vorab angemessen zu informieren sowie mit einem Handbuch und einer Hotline zu unterstützen.

9.2.1   Technische Voraussetzungen

Für die Teilnahme an den Tests mussten folgende technischen Voraussetzungen erfüllt sein:

Hinsichtlich der *Hardware* musste der PC über ca. 20 MB freie Kapazität verfügen, um die geforderten Browserversionen sowie die DASIT-Applikation laden und starten zu können. Der PC musste über einen Internetzugang verfügen. Außerdem musste ein Chipkartenleser (Klasse 1) installiert sein. Als *Software* musste eine gängige neuere Browserversion genutzt werden, die um ein JAVA Runtime Environment, einen DSI-Client[4] und ein SET-Wallet zu ergänzen war. Die erforderliche Software wurde den Teilnehmern auf einer CD zur Verfügung gestellt. Die Installations-CD, die DASIT-Chipkarte, ein Kartenlesegerät und ein Nutzerhandbuch wurde den Testteilnehmern auf einer Informationsveranstaltung vor der Testphase ausgehändigt oder per Post zugestellt.

Die Teilnehmer mussten für das Bezahlen über eine *VISA-Card* einer Genossenschaftsbank (Volks- und Raiffeisenbank) verfügen, die ihnen auf Antrag für den Test zur Verfügung gestellt wurde. Weiterhin benötigten sie zu ihrer VISA-Card ein *SET-Zertifikat,* das ebenfalls auf Antrag zugeteilt und über das Internet abgerufen werden konnte.

Schließlich benötigten die Teilnehmer mehrere DASIT-Zertifikate zur Authentifizierung und zum Signieren sowie zwei mit Pseudonymen, die im Vorfeld des Tests beantragt werden mussten. Die Zertifikate wurden auf einer Smartcard gespeichert und den Nutzern ausgehändigt.

9.2.2   Zertifizierungsinstanzen

Der DG Verlag als zugelassene Zertifizierungsstelle des Genossenschaftsverbunds stattete die Testteilnehmer mit SET-Zertifikaten aus.

Für die DASIT-Zertifikate übernahm für die Pilotphase das Fraunhofer Institut für sichere Telekooperation die Rolle der Zertifizierungsinstanz.

---

[4]   Treiber zur Ansteuerung der Smartcard.

Die Zertifikate wurden nach X-509v3 erstellt. Aufgrund der beschränkten Mittel und der fehlenden Zeit konnten die formellen Anforderungen an qualifizierte Zertifikate nach § 4 ff. SigG nicht in jeder Hinsicht erfüllt werden. Dies betraf weniger die technisch-kryptographische Sicherheit des Verfahrens[5] als vielmehr die organisatorisch-formellen Anforderungen.[6] Dies war für die Anforderungen des TDDSG ausreichend.[7] Bei Bedarf können in DASIT jedoch auch qualifizierte elektronische Signaturen nach dem Signaturgesetz einfach integriert werden.

9.2.3   Online-Shops

Auf Anraten der RBG, die innerhalb des Projekts auch die Interessen der aktiven My Shop-Händler vertrat, wurde davon abgesehen, reale Händler für die Pilotierung von DASIT aus dem Kreis der My Shop-Händler zu akquirieren. Dennoch gelang es mit dem Online-Shop der BEMA-Handelsgesellschaft, der Original Holzkunstwerk aus dem Erzgebirge anbot, einen realen Händler zur Beteiligung an dem Pilottest zu gewinnen.

Drei weitere Shops für das Testsystem der My Shop Mall wurden von der DZ BANK erstellt. Zwei Shops boten eine Fülle von Datenschutzinformationen und -dokumentationen an, die von verschiedenen Datenschutzbeauftragten zur Verfügung gestellt worden waren. Der dritte Shop, der die meiste Nachfrage erfuhr, enthielt Waren für Haus und Hof, Büro und Kinder. Die Artikel dieser drei Shops wurden von der DZ BANK zur Verfügung gestellt und jeweils zu einem eher symbolischen Preis von 0,05 DM angeboten.

Alle Eingänge auf dem DASIT-Konto für die von der DZ BANK und den Datenschutzbeauftragten zur Verfügung gestellten Waren wurden dem DG Mikrofinanzfonds sollten zur Verfügung gestellt. Dieser unterstützt FIDES Mali, einen gemeinnützigen Verein, der in Mali aus-

---

[5]   Hier betraf die einzige Abweichung die Verwendung des billigeren Klasse 1-Chipkartenlesers statt eines Lesers der Klasse 3 mit eigener Tastatur und Display.

[6]   Für die Testzwecke wurde beispielsweise auf eine Identifizierung gemäß § 3 SigV und auf eine dokumentierte persönliche Übergabe gemäß § 5 Abs. 2 SigV verzichtet. Auch wurden die Anforderungen an die bauliche Sicherheit und den Zutrittsschutz für die Zertifizierungsstelle nicht erfüllt und kein Sicherheitskonzept erstellt, das die Anforderungen des § 4 Abs. 3 SigG, § 2 SigV erfüllt.

[7]   S. hierzu näher Kap. 5.2.2.

schließlich an Frauen Kleinkredite (durchschnittlich DM 80,00 pro Kredit) zur Finanzierung des Kleinhandels und der Fischverarbeitung vergibt. Insgesamt konnte ein Betrag von 150,00 DM an den Verein überwiesen werden.

9.2.4   Logistikunternehmen

Bezüglich der Auslieferung der Waren trat das Projekt an die Firma ECS (eCommerce Service) einem Tochterunternehmen der Deutschen Post AG heran. Obwohl hier großes Interesse an einer Beteiligung bestand, konnte vor allem aus Zeitgründen eine Beteiligung nicht realisiert werden. Dies war bedauerlich, beeinträchtigte die Tests jedoch nicht. Vielmehr wurde folgende Ersatzlösung realisiert:

Die unter Vollidentität bestellten Waren wurden von den Händlern selbst zur Auslieferung gebracht. Die unter Pseudonym vorgenommenen Bestellungen wurden komplett vom Transporteur, dessen Rolle ein Projektmitarbeiter übernahm, bearbeitet, wobei die Waren von den Händlern verpackt, dem Transporteur übergeben und von ihm mit der Versandanschrift versehen zum Versand übergeben wurden.

9.2.5   Unterstützung der Teilnehmer

Vor der Testphase wurden die Teilnehmer der beiden Tests auf einer Veranstaltung in den Räumen der DZ BANK über das Projekt, die Ziele der Tests, ihre Aufgaben und die Auswertung informiert sowie mit der Installation und der Handhabung von DASIT vertraut gemacht. Außerdem wurde ihnen ein Handbuch ausgehändigt, in dem alle wichtigen Informationen festgehalten waren. Schließlich wurde für die Testdauer beim FhI-SIT eine Hotline-Telefonnummer eingerichtet, an die sich die Testteilnehmer bei Problemen mit der Installation oder Fragen, die die Anwendung betrafen, wenden konnten. Das Telefon war arbeitstäglich zwischen 10:00 Uhr und 12:00 Uhr besetzt und wurde im täglichen Wechsel von Mitarbeitern des festen Projektteams übernommen.

9.3   Feldtest

Der Feldtest fand vom 17.5. bis zum 15.6.2001 statt. An ihm beteiligten sich 48 feste und 17 freiwillige Teilnehmer. Sie führten ca. 2.000 Kauftransaktionen mit DASIT durch, so dass durch den Feldtest eine ausreichend große Erfahrung und Gewöhnung erzielt werden konnte, um das DASIT-Konzept und seine Realisierung bewerten und Hinweise zu seiner Verbesserung geben zu können.

9.3.1   Feste Testteilnehmer

Aus dem Umkreis der Projektpartner waren mehr Personen an einer Teilnahme interessiert, als auf Grund der begrenzten Hard- und Software-Ausstattung berücksichtigt werden konnten. Daher bestand kein Problem, die vorgesehenen festen Teilnehmer[8] zu gewinnen.

Jeder feste Teilnehmer am DASIT-Pilot-Test verpflichtete sich, DASIT in der Form zu testen, dass im Durchschnitt pro Arbeitstag mindestens zwei Einkäufe in der Shopping-Mall My Shop durchgeführt wurden, sowie an der anschließenden Auswertung teilzunehmen. Durch den alltäglichen Einkauf konnte eine hohe Auslastung des gesamten Systems sichergestellt werden sowie eine Routine im Umgang mit DASIT erzeugt werden.

9.3.2   FreiwilligeTestteilnehmer

Zusätzlich wurden 30 Personen, von denen ein Interesse an DASIT angenommen wurde, eingeladen, das System gelegentlich zu testen.[9] Allerdings sollte auch hier die Bereitschaft bestehen, sich zumindest an der Fragebogenaktion zu beteiligen. Auf Grund der Voraussetzungen, die für die Testteilnahme bestanden,[10] war die Resonanz dieser vielbeschäftigten Personen nicht so groß wie erwartet. Auch erwies sich die unterschiedliche Ausstattung und Konfiguration der einzelnen PCs dieses Kreises als ein großes Hindernis.

9.3.3   Start mit Hindernissen

Während der ersten Testtage ergaben sich Probleme bezüglich der Installation, die folgenden Themenkreisen zugeordnet werden konnten:

SET-Wallet: In einigen Fällen konnte das Zertifikat erst nach mehrmaligen Versuchen geladen werden, ohne dass Veränderungen vorgenommen wurden. Manche freiwilligen Testteilnehmer verfügten zwar über eine VISA-Karte, die allerdings nicht in allen Fällen von einer Volks-

---

[8] S. Kap. 9.1.1.

[9] S. zu diesen freiwilligen Teilnehmern Kap. 9.1.1.

[10] S. Kap. 9.1.1 und 9.2.1.

bank oder Raiffeisenbank ausgestellt war. Obwohl in den Unterlagen darauf aufmerksam gemacht worden war, hatten manche die Beantragung einer entsprechenden Karte bei den Projektpartnern versäumt.

Internet Explorer. Testteilnehmer, bei denen nur der Internet Explorer installiert war, konnten nicht an den Tests teilnehmen, obwohl dies in der Vortestphase gelungen war. Der Zugriff auf „www.dasit.myshop.de" konnte hergestellt und der Einkauf bis zum Füllen des Warenkorbs durchgeführt werden. Allerdings konnte das DASIT-Applet für den Bestellvorgang (Auswahl der Identität) nicht geladen werden.

Smartcard-Lesegeräte. Bei einigen Testteilnehmern konnte das Lesegerät nicht ordnungsgemäß aktiviert werden. Vermutlich lag es daran, dass das Lesegerät über den Stromanschluss nicht mit genügend Strom versorgt wurde. Auch mit Ersatzgeräten konnte hier keine Lösung herbeigeführt werden.

9.3.4   Testphase

Die Aufgaben für die an dem Test beteiligten Rollen wurde folgendermaßen definiert:

Die *Nutzer* sollten DASIT im Hinblick auf seine Installation, seine Gestaltung und seine Funktionen (Bestellvorgang, Datenschutzkonzept mit pseudonymem Einkauf, Benutzerkontrollfunktionen) testen.

Die *Händler* sollten das System im Hinblick auf seine Installation, das Handling der Benutzerdaten (insbesondere Einwilligung in die Verarbeitung von optionalen Daten) und das Handling des Versands unter Pseudonym bestellter Waren testen.

Der *Transporteur* sollte testen, wie die Entgegennahme unter Pseudonym bestellter Ware und deren Auslieferung funktionierte.

Aufgrund der geschilderten Schwierigkeiten konnten letztlich nur 65 statt der angestrebten 80 Teilnehmer an den Tests teilnehmen. Insgesamt wurden von diesen ca. 2000 Transaktionen durchgeführt.

Aufgrund der Anrufe, die die Projektpartner über die Hotline erreichten, und der nach und nach vermehrt einsetzenden Bestellungen, konnte davon ausgegangen werden, dass fast ausschließlich technische Probleme der Grund waren, wenn einige Teilnehmer nicht oder erst verspätet an dem Feldtest teilnehmen konnten. Fragen zur Benutzung der Anwendung kamen so gut wie überhaupt nicht vor.

9.4   Simulationsstudie

Zusätzlich zur Erprobung im Feldtest wurde am 18. und 19.6.2001 eine zweitägige Intensivphase in Form einer Simulationsstudie im Telekooperationslabor des FhI-SIT in Darmstadt durchgeführt.[11]

Ziel der Simulationsstudie war die Erprobung der Datenschutztechnik aus dem Blickwinkel der Nutzer unter besonderen Randbedingungen. Es sollten besonders gelagerte Fallkonstellationen untersucht werden, die im Feldtest (möglicherweise) nicht aufgetreten waren und so weitere Erfahrungen im Umgang mit DASIT und Hinweise für die Produktentwicklung gewonnen werden.

9.5.1   Teilnehmer

An der Simulationsstudie nahmen insgesamt 14 Personen teil, die folgende Rollen abbildeten:

- Händler (2 Personen) (Kauffrau, Jurist),

- Mall (2 Personen) (Kauffrau, Jurist),

- Käufer (7 Personen) (Juristen und Juristinnen),

- Transporteur (1 Person) (Kaufmann),

- Dritte Instanz (2 Personen mit der Rolle von Payment Server und Zertifizierungsstelle) (Informatiker).

Die Teilnehmer der Simulationsstudie setzen sich in erster Linie zusammen aus Mitarbeitern der Projektpartner, ergänzt durch Mitarbeiter des Lehrstuhls *Roßnagel*. Die Käuferrolle wurde von Personen eingenommen, die auch am Feldtest als Käufer teilgenommen hatten, insofern also die Sicht und die Interessen von Kunden einnehmen konnten. Durch ihre juristische Ausbildung waren sie außerdem in der Lage, ihre Interessen sachverständig wahrzunehmen. Für die Rolle von Händler, Mall und Transporteur wären echte Händler, Mall-Vertreter und Transportunternehmer wünschenswert gewesen. Doch war es nicht möglich, den in diesen Unternehmen nur arbeitsteilig verfügbaren Sachverstand

---

[11]   S. zur Konzeption Kap. 9.1.2.

(Sachbearbeiter, Rechtsabteilung, Revision, Management) für die Simulationsstudie zu gewinnen. Daher wurden diese Kompetenzen für Händler und Mall durch jeweils eine Kauffrau und einen Juristen simuliert. Die beiden Kauffrauen hatten die drei DASIT-Shops für den Feldtest aufgebaut und verkauften nun auch in der Simulationsstudie die Produkte „ihres" Shops. Die Zertifizierungsinstanz wurde von den beiden Informatikern vertreten, die sie für DASIT aufgebaut und betrieben haben. Diese Kompetenzen waren für das Gewinnen von Gestaltungsvorschlägen vor allem für die Datenschutztechnik ausreichend.

9.4.2   Testphase

In der Simulationsstudie wurden etwa 90 Aufgaben bearbeitet. Diese deckten systematisch die vorgesehenen Sonderfälle ab, so dass für jede vorab als möglich erkannte Komplikation des Online-Einkaufs zumindest eine Erfahrung im Umgang mit DASIT vorlag.

Jeder Teilnehmer bearbeitete seine Aufgaben selbständig und in einer dem echten Online-Einkauf vergleichbaren Situation. Die Waren wurden tatsächlich bestellt und über Kreditkarte und SET auch bezahlt. Die sich daran anschließenden speziellen Aufgaben wurden mit Hilfe der von DASIT bereitgestellten Kommunikationsmöglichkeiten oder durch E-Mail bearbeitet. Dies erforderte oft eine mehrfache Kommunikation zu den einzelnen Aufgaben, so dass insgesamt etwa 200 Kommunikationskontakte durchgeführt wurden. Die Auslieferung der Waren und die notwendige körperliche Rückabwicklung erfolgte über den Transportunternehmer, der allerdings für den Transport jeweils nur wenige Meter zu gehen hatte.

9.5   Resümee aus organisatorischer Sicht

Die wesentlichen Ergebnisse der beiden Tests hinsichtlich der Akzeptanz und der Nutzerfreundlichkeit von DASIT sowie in Bezug auf Verbesserungsvorschläge werden in Kapitel 10 dargestellt. Im Folgenden sollen jedoch vorab die Erfahrungen und Erkenntnisse der Projektpartner aus organisatorischer Sicht kurz dargestellt werden:

9.5.1   Anforderungen an den Mall-Betreiber

Mall-Betreiber sollten folgende Aspekte berücksichtigen:

Die Anmeldung an der Mall darf erst dann erfolgen, wenn der Benutzer seine Artikelauswahl beendet hat. Eine Entscheidung für die Identitätsauswahl ist in der Regel nämlich abhängig von den angebotenen Waren und der Auswahl des Shops.

Die Benuzterdaten müssen spätestens nach Ablauf des vereinbarten Zeitraums gelöscht werden.

Werden die Benutzerdaten von der Shopping Mall zentral für alle angeschlossenen Händler geführt, müssen die optionalen Daten pro Shop angezeigt werden, damit der Benutzer einen Überblick behalten kann, welchem Händler er welche Daten zur Verfügung gestellt hat. Den Händlern muss in diesem Fall der Zugriff auf die Daten der Benutzer geboten werden, die bei ihm eingekauft haben. Bei Veränderung der Benutzerdaten muss der Händler darüber informiert werden. Widerruft der Benutzer seine Einverständniserklärung, dürfen seine Daten nicht mehr verwendbar sein.

Werden die Benutzerdaten bei den Händlern dezentral geführt, sind die im Folgenden genannten Anforderungen an den Händler zu beachten.

Derzeit sollte DASIT dem Nutzer als eine von mehreren Auswahlmöglichkeit angeboten werden. Dem Nutzer sollte insbesondere die Möglichkeit erhalten bleiben, auf herkömmliche Art seine Bestellung vorzunehmen, da SET oder eine andere Bezahlform, die das pseudonyme Bezahlen unterstützen, wie etwa die Geldkarte, zur Zeit noch nicht sehr verbreitet sind.[12]

Den Händlern muss die Möglichkeit gegeben werden, auf freiwilliger Basis gewonnene Marketingdaten in ihre Benutzerdatenbank zu übernehmen.

9.5.2   Anforderungen an Händler

Händler, die nicht an einer Shopping Mall angeschlossen sind, können DASIT als alternative Bezahlform anbieten und in ihr System integrieren. Dazu müssen sie über ein Händler-SET-Zertifikat verfügen. Zusätzlich muss eine Schnittstelle zu den auf dem Händlersystem vorgehaltenen Benutzerdaten geschaffen werden, damit der Nutzer die über ihn

---

[12] S. Kapitel 7.1.

gespeicherten persönlichen Daten einsehen, ändern und gegebenenfalls löschen kann. Außerdem muss der Händler für pseudonym bestellte Waren ein unabhängiges Transportunternehmen anbieten.

9.5.3   Anforderungen an Logistikunternehmen

Logistikunternehmen müssen mehr Aufgaben als ausschließlich den Versand von Waren übernehmen, nämlich das Abholen von verpackter Ware beim Händler (wie gehabt, jedoch ohne Adressangabe), die Zuordnung der Adressaufkleber zur entsprechenden Ware anhand von Identifikationsnummern, den Aufbau einer auf das neue Verfahren eingestellten Logistik und die Auslieferung der Waren.

9.5.4   Anforderungen an die Benutzer

Um am DASIT-Verfahren teilnehmen zu können, muss der Kunde über eine von den Händlern und Mall-Betreibern unterstütze Bezahlform verfügen: entweder eine Geldkarte oder eine VISA-Karte. Die VISA-Karte muss mit einem SET-Zertifikat einer dem Geschäftsgebiet der DZ BANK zugeordneten Kreditgenossenschaft ausgestellt sein. Außerdem benötigt er ein Kartenlesegerät, das für die Anwendung freigegeben ist, eine Smartcard mit Zertifikaten einer anerkannten Zertifizierungsstelle und einen geeigneten PC (genügend Speicherplatz; Browser, Treiber).

9.5.5   Anforderung an die Zertifizierungsinstanz

Die Zertifizierungsinstanz für die Anwendung DASIT muss als Vertrauensinstanz gesehen werden, da hier eine Aufdeckung aller Identitäten der Nutzer möglich ist. In bestimmten Fällen wie in Rechtsstreitigkeiten muss es möglich sein, die Identität des Nutzers aufzudecken.[13] Andererseits muss die Zertifizierungsinstanz gegenüber den Nutzern die Gewähr bieten, dass ihre Daten vor unrechtmäßiger Einsicht geschützt sind. Aus diesem Grund muss die Zertifizierungsinstanz unabhängig sowohl von den Mall-Betreibern wie auch von den Händler-Shops sein. Außerdem muss sie eine ausreichende Sicherheit gegen Angriffe von Dritten bieten.

---

[13] Hierfür sollte eine eigene Rechtsgrundlage geschaffen werden – s. Roßnagel/Pfitzmann/Garstka 2001, 152f.

10 Ergebnisse der Erprobung

Christel Kumbruck

10.1	Alltagserfahrungen im Feldtest	151
10.1.1	Vorinformationen	152
10.1.2	Spontane Bewertung	153
10.1.3	Bewertung der Benutzerfreundlichkeit	153
10.1.4	Bewertung der Sicherheits- und Datenschutzfunktionen	165
10.1.5	Beurteilung des Internet-Einkaufens	170
10.1.6	Profil des elektronischen Einkaufens mit DASIT	171
10.1.7	Fazit	171
10.2	Käufererfahrungen in der Simulationsstudie	172
10.2.1	Transparenz in der Nutzung von Pseudonymen	172
10.2.2	Kaufbestätigung / Vorleistung beim Bezahlen:	174
10.2.3	Rückzahlungsanspruch unter Pseudonym	175
10.2.4	Problem der Transparenz für den Transporteur	177
10.2.5	Fazit	178

Um die für DASIT entwickelten Prototyptechnik in der alltäglichen Nutzung[1] zu erproben und zu evaluieren, wurden ein vierwöchiger Feldtest und eine Simulationsstudie durchgeführt.[2]

10.1 Alltagserfahrungen im Feldtest

Im vierwöchigen Feldtest kauften die 48 festen Teilnehmer von ihrem vernetzten und mit der Testsoft- und -hardware bestückten PC aus in der Shopping Mall My Shop so ein, wie es ihnen beliebte, beispielsweise mit ihrer echten Identität oder unter Pseudonym. Die Erfahrungen des Feldtests wurden mittels eines Fragebogens, den alle Teilnehmer zum Ende des Versuchs ausfüllen sollten, sowie mittels Telefoninterviews erhoben, die der gezielten Auflösung von offenen Fragen aus der Fragebogenauswertung dienten.

Der Fragebogen war aufgeteilt in 6 Fragepakete:

---

[1] S. zur Beschreibung des Umgangs mit DASIT Kap. 8.4 bis 8.8.

[2] S. Kap. 9.

1. Spontane Bewertung des Systems,

2. Vorinformationen zu E-Commerce und zum Konzept „Sicheres Einkaufen",

3. Einstellung zu und Umgang mit E-Commerce vor Beginn des Tests,

4. Bewertung der Benutzerfreundlichkeit des Systems,

5. Bewertung der Sicherheits- und Datenschutzfunktionen des Systems,

6. Beurteilung des Internet-Einkaufens.

Die Teilnehmer hatten in der Regel die Möglichkeit, den Grad ihrer Zustimmung zu Aussagen (Items) durch Ankreuzen auf einer 6-stufigen Skala ('stimmt voll und ganz', 'stimmt überwiegend', 'stimmt teilweise', 'stimmt eher nicht', 'stimmt gar nicht' oder der Position 'keine Angabe möglich') zu verdeutlichen. Die Auswertung nach Häufigkeiten und Prozenten erfolgte mit der in der Sozialforschung zur Auswertung von Fragebögen üblicherweise genutzten SPSS-Software.[3]

Am Ende jedes Fragepakets waren die Teilnehmer aufgefordert, einen Kommentar im Freitext anzufügen. Diese qualitativen Daten dienten dazu, die quantitativen Daten aus dem Fragebogen zu konkretisieren, zu relativieren und gegebenenfalls auch Widersprüche aufzulösen.

Schließlich wurde ein „Profil des elektronischen Einkaufens mit DASIT" erhoben, das das Erleben von DASIT im Test wiedergeben sollte.

39 Teilnehmer gaben den Fragebogen ausgefüllt zurück, davon 27 (= 69,2%) Männer und 11 (= 28,2%) Frauen, eine Person ohne Angabe des Geschlechts. Die Teilnehmer rekrutierten sich aus dem FHI-SIT (12), der DZ-Bank (16), der Universität Kassel (4) sowie der TU Ilmenau (1). 6 Personen machten keine Angabe dazu.

10.1.1   Vorinformationen

Die Teilnehmer schätzen ihren Informationsstand zu E-Commerce und zum Konzept „Sicheres Einkaufen" vor Beginn des Tests mehrheitlich als zufriedenstellend ein (23,1% sehr zufriedenstellend, 56,4% zufriedenstellend), wobei die wichtigsten Informationsquellen Zeitschriften und organisationsinterne (d.h. im Unternehmen angebotene) Veranstal-

---

[3]   Statistical Package of Social Science.

tungen waren. Viele sind aus beruflichen Gründen mit dieser Thematik befasst. Es handelt sich überwiegend um häufige Computer- und auch Internet-Nutzer, die mehrheitlich zwar auch schon bei elektronischen Produktanbietern recherchiert haben, jedoch nicht ganz so häufig e-lektronisch eingekauft haben. Allerdings fällt auf, dass über die Hälfte der Teilnehmer nicht bereit ist zu zahlen, falls sie ihre Kreditkartennummer per E-Mail oder Fax angeben muss. Diese Teilnehmer ziehen es vor, gegen Rechnung zu bezahlen. Schlechte Erfahrungen werden im Zusammenhang mit Umtauschaktionen genannt. Viele Nutzer haben Bedenken gegenüber E-Commerce wegen der Sicherheitsprobleme beim Bezahlen und wegen möglicher Datenspuren im Netz.

10.1.2   Spontane Bewertung

Eine knappe Mehrheit der Nutzer bewertet die Systeminstallation als schwierig (10,3% stimmt voll und ganz, 25,6% stimmt überwiegend), während es ihnen nach erfolgter Systeminstallation überwiegend leicht fiel, das System zu benutzen (23,1% stimmt voll und ganz, 41,0% stimmt überwiegend). Entsprechend haben die Nutzer das System mehrheitlich gern genutzt. Während die Mehrheit das System auch im Alltag benutzen würde, steht dieser Aussage gegenüber, dass die Mehrheit es für eher unwahrscheinlich hält, dass sich das Gesamtsystem im Markt erfolgreich durchsetzen kann. Eine hierfür typische Aussage lautet: *„An der Technik muss noch gefeilt werden, bevor es sich im Massenmarkt behaupten könnte."*

Was also ist es, was zur überwiegend positiven Gesamteinschätzung des Systems führt? Es ist, so legen die Daten nahe, das Datenschutz- und Sicherheitskonzept.[4]

10.1.3   Bewertung der Benutzerfreundlichkeit

Die Nutzung des Systems in der Einkaufssituation war offensichtlich problemlos, denn die Benutzerfreundlichkeit des Systems als Ganzem wurde eher positiv bewertet: (Diagramm: Alles in allem ist die Benutzerfreundlichkeit des Systems als Ganzem optimal.)

---

[4]   S. Kap. 10.1.4.

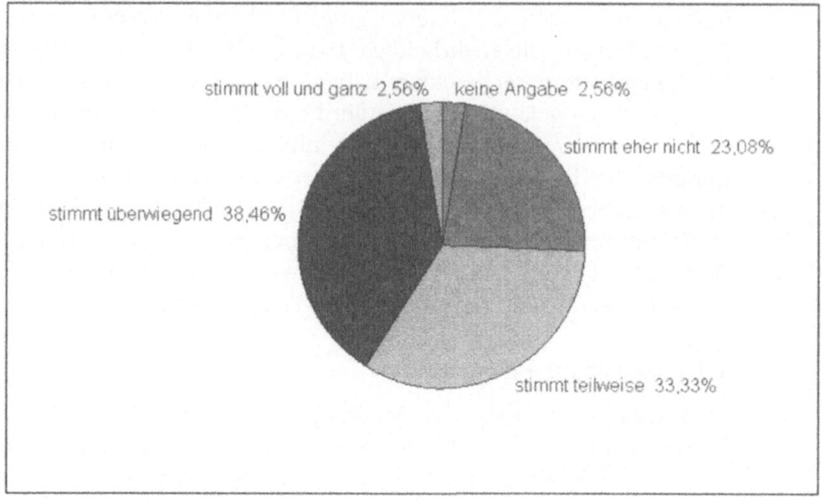

Diagramm: Alles in allem ist die Benutzerfreundlichkeit des Systems als Ganzem optimal.

Die Installation des Systems wurde hingegen als problematisch angesehen: (Diagramm: Die gesamte Systeminstallation erfolgte problemlos.)

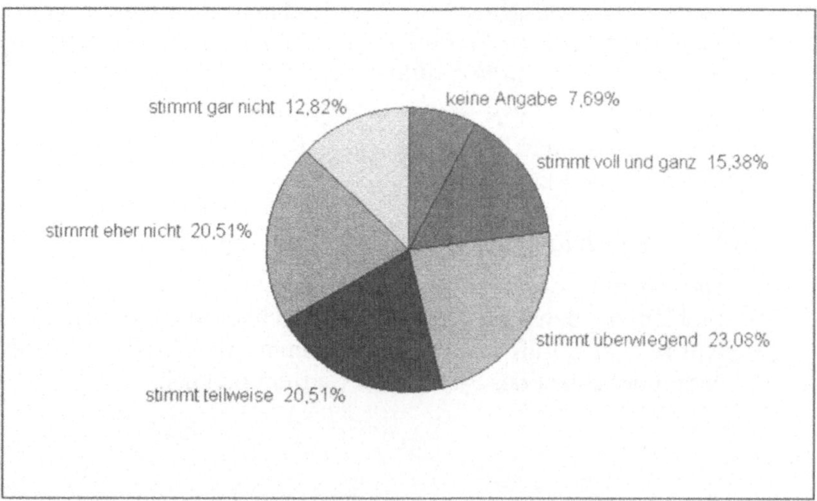

Diagramm: Die gesamte Systeminstallation erfolgte problemlos.

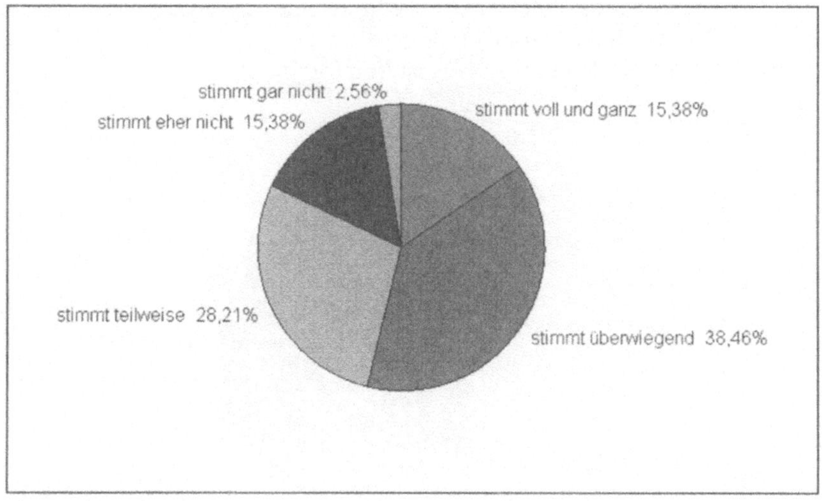

Diagramm: Die DASIT-Applikation ist einfach in der Bedienung.

Das DASIT-System wurde relativ weniger gut bewertet (Diagramm: Die DASIT-Applikation ist einfach in der Bedienung.) als das SET-Verfahren (Diagramm: Das SET-Verfahren ist einfach zu nutzen.).

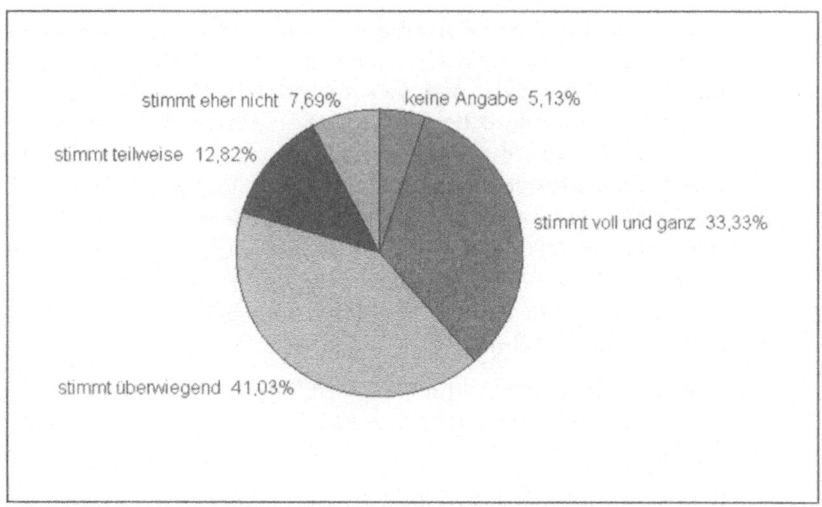

Diagramm: Das SET-Verfahren ist einfach zu nutzen.

Die Nutzung einer Smartcard und eines Lesegerätes wurde als besonders benutzerfreundlich angesehen (Diagramm: Die Nutzung der Chipkarte und des Lesegerätes ist komfortabel.).

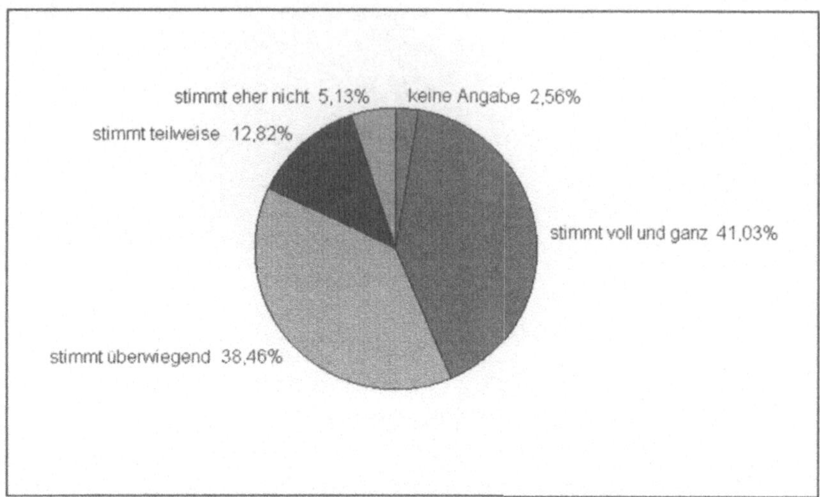

Diagramm: Die Nutzung der Chipkarte und des Lesegerätes ist komfortabel.

Bei Betrachtung der Einzelfragen zum allgemeinen DASIT-Verfahren fallen negative Werte (d.h. relativ mehr Kreuzchen bei 'Stimmt eher nicht' und 'Stimmt gar nicht' als zu 'Stimmt voll und ganz' und 'Stimmt überwiegend') auf zu Items wie: *„Die Fehleranfälligkeit beim Bestellen und Bezahlen war gering"* und *„Die Anzahl an Einzelaktionen, die benötigt wird für einen Bestell- und Bezahlvorgang, ist zu hoch."* Ebenfalls ins Negative ging die Bewertung bei dem Item: *„Bei Fehleingaben oder kurzfristigen Änderungswünschen war die Rückholbarkeit der erfolgten Aktionen leicht möglich."* Eine sehr positive Einschätzung kam dagegen bei dem Item *„Die Hilfestellung durch das DASIT-Team war optimal"* zum Ausdruck.

Von den Einzelfragen zum SET-Verfahren ergeben sich recht positive Werte bei dem Item: *„Das Bezahlen mit SET im Allgemeinen ist angenehm."*

Bei den Einzelfragen zu Chipkarte und Lesegerät sind besonders große Zustimmungen bei den Items *„Ich finde es praktisch und sicher, dass* *meine Zertifikate auf einer Chipkarte hinterlegt sind"* und *„Ich kann mir vorstellen, mich auch bei anderen Anwendungen mittels Zertifikate auf einer Chipkarte zu identifizieren"* erzielt worden.

Die insgesamt positive Bewertung der Benutzerfreundlichkeit des Systems bei den anzukreuzenden Fragen steht scheinbar in Widerspruch zu der gewaltigen Mängelliste, die sich in den Freitext-Kommentaren zu den Fragepaketen entfaltet. Gründe für diese scheinbar unterschiedliche Bewertung sind vor allem darin zu sehen, dass die Nutzer durchaus zu berücksichtigen wussten, dass es sich bei dem im Test genutzten System um einen Prototypen handelte und deshalb ihre Mängelkritik auch eher als Anregung zur Optimierung verstanden wissen wollten denn als Ablehnung des Systems. Diese Haltung unterstreichen Kommentare zur Benutzerfreundlichkeit des Systems wie *„Für einen Piloten erträglich"* und *„Verbesserung in der Benutzerführung und Angebotsübersicht sind sinnvoll. ... Die Benutzerfreundlichkeit sehe ich als wichtiges Merkmal für die Akzeptanz." „Da es sich um einen Prototypen handelte, war die Benutzerfreundlichkeit recht gut. Allerdings wäre diese Anwendung noch nicht für den breiten Einsatz geeignet."*

Die im Folgenden dargestellten Benutzerunfreundlichkeiten wurden häufiger benannt. Sie sind aus der Sicht der Teilnehmer als Gestaltungsanregungen und nicht als Abwertung des Systems zu verstehen. Diese Position ergab sich insbesondere in den Telefoninterviews, in denen speziell noch einmal zu dem vermeintlichen Widerspruch zwischen positiven Ankreuzwerten und vielen Kritikpunkten in den Kommentaren nachgefragt wurde. Die Nutzer fanden die Gestaltung der Mall angenehm und konnten sich eine Vision davon machen, wie dieses System irgendwann einmal auch auf der Oberfläche ausschauen wird, wenn es weiterentwickelt ist. In der Darstellung der Ergebnisse aus den Kommentaren wurden diese softwareergonomischen Gestaltungsgrundsätzen der Dialogschnittstelle, wie sie in der DIN-Norm 66 234 Teil 8[5] ausgeführt sind, zugeordnet.

Aufgabenangemessenheit
„Ein Dialog ist aufgabenangemessen, wenn er die Erledigung der Arbeitsaufgabe des Benutzers unterstützt, ohne ihn durch Eigenschaften

---

[5] S. Deutsches Institut für Normung e.V. 1988; s. Rödiger 1991.

des Dialogsystems unnötig zu belasten."[6] Den Nutzern in der Rolle als Käufer fehlten im Hinblick auf besseren Überblick an der gelben Post orientierte Adressierungs- und Zuordnungsvarianten. Ein Gestaltungs-„Wunschpaket" richtete sich deshalb auf solche Möglichkeiten.

- Bestellnummer zusammen mit der ausgelieferten Ware mitsenden zwecks Überprüfung, ob die bestellte Ware tatsächlich den gewünschten Empfänger erreicht hat.

- Bei vom Käufer abweichende Lieferadresse Möglichkeit zur Übermittlung einer Mitteilung an den Empfänger.

- Neben einer „Empfängeradresse" auch die Angabe einer „Absenderadresse" statt dem Absender DASIT-My Shop, wenn das Paket nicht an den Käufer selbst, sondern an eine zweite Person geht. Diese sollte wissen, wer sie bedachte.

- Bei der Angabe der Lieferadresse ein Feld zum Beispiel „zu Händen", damit man eine Firma und einen Namen angeben kann.

- Lieferadresse auf der Bestellbestätigung.

Auch die Rückverfolgung der den Einkauf betreffenden Daten sowie die Orientierung beim Einkaufsvorgang selbst wurden als unzureichend bemängelt,[7] nämlich:

- Fehlender Zugang zu bisherigen Verkaufsdaten in bezug auf die Pseudonyme.

- Schwierige Einsichtnahme in die Benutzerdaten (zudem nicht immer aktuell) und erschwerter Überblick über den Einwilligungsvorgang (z.B. wann man welche Einwilligung gegeben hat) und die Steuerung desselben (dies ist auch ein Aspekt der Steuerbarkeit). Es wird vorgeschlagen, dass die Einsichtseiten ein anderes Format als die Eingabeseiten bekommen sollten.

Weiterhin wird folgendes Maßnahmenpaket vorgeschlagen:

- Optische Unterstützung bei der Anzeige der ausgewählten Benutzer-ID.

---

[6]   DIN-Norm 66 234 Teil 8.

[7]   S. auch die Ergebnisse der Simulationsstudie in Kap. 10.2.

- Möglichkeit der Änderung von der Mall gespeicherten Benutzerdaten.

- Lokales Abspeichern der übermittelten Daten, insbesondere der „flüchtigen" Daten wie abweichende Lieferadresse.

- Optionale Einstellmöglichkeit zur Aufzeichnung der abgewickelten Vorgänge.

- Kontrolldatei zum Überblick über durchgeführte Bestellungen, Abbuchungen der Bank und Bestätigungen des Transporteurs.

- Button zur Einsichtnahme in die Benutzerdaten nicht in die Menüleiste, sondern gesondert und auffallend gestaltet.

- Eindeutiger Hinweis auf Kaufbestätigung.

- Installation des DASIT-Applet auch beim Transportunternehmen, so dass man auch dort die gespeicherten Daten einsehen kann.

Viele dieser Möglichkeiten wurden im ersten Anlauf deshalb nicht technisch realisiert, weil sie angesichts der organisatorisch-technischen Gestaltung des Pseudonym-Konzepts nur schwierig zu implementieren waren. Aber auch die Orientierung im System selbst wird vielfach bemängelt, wenngleich die Oberfläche der Mall nicht Bestandteil des DASIT-Konzepts und damit auch nicht von den Systementwicklern beeinflussbar war.

Diverse Eingabeanforderungen und Systemhinweise kamen den Nutzern redundant und dadurch ermüdend vor. Damit verbunden war dann eine reduzierte Aufmerksamkeit und folglich auch Fehleranfälligkeit. So wurde beklagt:

- Viermaliges Anklicken, bevor man zur Auswahl kommt, über die man bestellen kann. Als Gestaltungsvorschlag kam die Idee, die Funktionalitäten 'Branchen', 'Liste der Anbieter' und 'Angebot' auf einer Seite zusammenzufassen.[8]

- Zu viele Klicks bis zum Bezahlen (*„im Vergleich zu 1-Klick-Bestellungen (etwa Amazon)"*).[9]

---

[8]   Dies ist ein Problem der Mall-Gestaltung und nicht des DASIT-Projekts.

[9]   Da es sich hierbei um ein Zertifizierungsproblem handelt, liegt es nicht in der Verantwortung des DASIT-Projekts.

- Zuviel Text auf den Seiten (insbesondere Erklärungen zum Datenschutz). (*"Man kann das – und will das – alles gar nicht lesen und kommt sich etwas überinformiert vor."*) Es wurde vorgeschlagen, das Schriftbild der Bedeutung des Textes anzupassen.

- Insgesamt zu viele Bildschirmmasken (Vorschlag: Verkürzung der Prozedur durch Vorgabe von Alternativen zum Auswählen auf entsprechenden Buttons (z.B. weitere Einkäufe vs. keine weiteren Einkäufe), deren Anklicken zum Springen auf relevante Seite führt.[10]

- Zu viel Scrollen (*„Immer musste man scrollen, damit man irgendwie die Arbeit, Bestellung weiterführen konnte."*) Vorschlag: Größere Bildschirmfenster.

- Meldungen (z.B. von der Mall) erscheinen nicht direkt im sichtbaren Fenster – man muss erst scrollen, um die Antwort zu lesen. Dazu wird noch eine als nicht relevant angesehene Meldung „No Java2 SDK,..." ausgegeben, die zur Verwirrung führen kann!

Aufwendig und komplex erscheinende Vorgänge im Zusammenhang mit der Nutzung von unterschiedlichen Zertifikaten und der Möglichkeit, unter Pseudonym einkaufen zu können, sollten vereinfacht werden:

- Die fehlende Integration von DASIT-Wallet und SET-Wallet[11] wurde kritisiert.

- Wenn man die Identität wechseln wollte, musste jedes Mal der Browser geschlossen und neu gestartet werden. Als Lösung böte sich ein Knopf „Zertifikat wechseln" an.[12]

- Mangelnde Mobilität und zu viele Passwörter nötig: Vorgeschlagen wird, das SET-Wallet mit auf die Chipkarte zu nehmen.[13]

---

[10] Auch dies ist eine Vorgabe der Shopping Mall und war vom DASIT-Projekt nicht zu beeinflussen.

[11] S. hierzu Kap. 7.1.5 Die Wallet Software.

[12] Dies ist ein Problem der Mall und nicht des DASIT-Projekts.

[13] Dies war aus den in Kap. 8.1.5 genannten Gründen nicht möglich.

- Unmöglichkeit gegenüber dem System, die Serverzertifikate als vertrauenswürdige Zertifikate bekannt zu machen, so dass ständig überflüssige Warnungen angezeigt werden.[14]

- Wiederholte Frage zur Einwilligung der Speicherung von Daten für Marketingzwecke sowie damit verbunden die Notwendigkeit, sie erneut zu erteilen. Vorschlag: Ein eigener Button auf der Homepage und nicht bei jedem Bestellvorgang oder eine einmalige Bewilligung und eine Möglichkeit zum Widerrufen der Einwilligung.

- Fehlender Überblick, in welcher Identität gehandelt wird. (*„Problematisch, zwischen den verschiedenen Identitäten zu wechseln“.*) Als Gestaltungsvorschlag wurde ein Identitätsmanager eingefordert.

Typisch für diesen Problemkomplex und die Sicht der Teilnehmer darauf ist die folgende Anmerkung im Fragebogen:

"Es sollte leichter verfügbar werden:
Ohne Zertifikatsbeantragung
Ohne Download
Ohne Wallet
Ohne Passwörter
-> das wird zwar nicht gehen, aber irgendwie ist mir das alles zuviel!"

Ebenso typisch ist der Gestaltungsvorschlag: *„...vielleicht eine Lösung, bei der ich nur die Chipkarte einstecken muss und alles andere wird systematisch generiert."*

Selbstbeschreibungsfähigkeit
„Ein Dialog ist selbstbeschreibungsfähig, wenn dem Benutzer auf Verlangen Einsatzzweck sowie Leistungsumfang des Dialogsystems erläutert werden können und wenn jeder einzelne Dialogschritt unmittelbar verständlich ist oder der Benutzer auf Verlangen dem jeweiligen Dialogschritt entsprechende Erläuterungen erhalten kann."[15]

- Unter diesen Gestaltungsgrundsatz ist die Kritik an einigen englischsprachigen Teilen der Software zu subsumieren, die manchmal Verständnisschwierigkeiten für die Nutzer mit sich brachten.

---

[14] Dies war ein Problem der Mall und vom DASIT-Projekt nicht beeinflussbar.

[15] DIN-Norm 66 234 Teil 8.

Steuerbarkeit

„Ein Dialog ist steuerbar, wenn der Benutzer die Geschwindigkeit des Ablaufs sowie die Auswahl und Reihenfolge von Arbeitsmitteln oder Art und Umfang von Ein- und Ausgaben beeinflussen kann."[16] Im Einzelnen werden folgende Probleme benannt:

- Schwierigkeit der Unterscheidung von notwendigen und freiwilligen Daten.

- Kein Überblick über mögliche Schritte in der Menüführung.

- Keine Kontrolle und Transparenz über den Einwilligungsvorgang. Als Lösung wird angedacht, dass es Änderungsmöglichkeiten der auf der Mall vorhandenen Benutzerdaten gibt und jeder Benutzer selbst entscheiden kann, wem er welche Daten zu Verfügung stellt.[17]

- Schritte rückwärts (z.B. Widerruf der Signatur) funktionieren nicht immer; das „System" hängt sich auf und man muss wieder von vorne anfangen.[18]

Der Prozess des Signierens und der Widerruf der Signatur ist für den Nutzer nicht ausreichend transparent. In vieler Hinsicht entsprechen die Benutzeranforderungen nicht den Erwartungen der Teilnehmer, insbesondere werden zu viele Meldungen, auch Sicherheitshinweise, beklagt. Einkaufsspezifisch waren Anforderungen, die mit dem Wechsel der Identitäten zusammenhängen.

Erwartungskonformität

„Ein Dialog ist erwartungskonform, wenn er den Erwartungen der Benutzer entspricht, die sie aus Erfahrungen mit bisherigen Arbeitsabläufen oder aus der Benutzerschulung mitbringen sowie den Erfahrungen, die sich während der Benutzung des Dialogsystems und im Umgang

---

[16]   DIN-Norm 66 234 Teil 8.

[17]   Faktisch kann zwar jeder Nutzer seine Benutzerdaten auf der Mall ändern, aber es kann nicht erkannt werden, für welchen Händler die Daten zur Verfügung gestellt wurden.

[18]   Der Nutzer vermutet, dass es sich dabei um die Mall handelt, tatsächlich dürfte es das DASIT-Applet sein.

mit dem Benutzerhandbuch bilden."[19] Folgende negative Erfahrungen wurden thematisiert:

- Meldungen sind nicht im Sichtfenster ersichtlich und müssen durch Scrollen gesucht werden.

- Zu viele Meldungen und Sicherheitshinweise (manchmal drei um in die nächste Ebene zu kommen). Im Hinblick auf Gestaltung wurde darauf verwiesen, dass auch einmal die Aufforderung „Weiter" oder „OK" reichen würde.

- Einige Meldungen sind widersprüchlich. So muss „Abmelden" gedrückt werden, bevor man ein zweites Mal einkaufen kann. Man wird jedoch nicht gefragt, ob man seine Identität wechseln will. Wieso also soll sich der Nutzer „abmelden"?

Fehlerrobustheit
„Ein Dialog ist fehlerrobust, wenn trotz erkennbar fehlerhafter Eingaben das beabsichtigte Arbeitsergebnis mit minimalem oder ohne Korrekturaufwand erreicht wird. Dazu müssen dem Benutzer die Fehler zum Zwecke der Behebung verständlich gemacht werden."[20] Zur Verbesserung wurde auf folgende Schwächen aufmerksam gemacht:

- Abstürze nach Fehleingaben (*„Ein System sollte auf Fehleingaben des Benutzers insoweit tolerant reagieren, indem es zumindest keine Abstürze produziert."*) Als Lösung wird vorgeschlagen, dass alle an DASIT beteiligten Komponenten über spezielle Knöpfe verfügen sollten, wie „Einkauf abbrechen", damit ein Einkauf beendet werden kann und der Benutzer mit anderen Anwendungen weiterarbeiten kann.

- Keine Hilfetexte bei Fehlerangaben. Vorgeschlagen werden Online-Help-Funktionen und verständlich formulierte Fehlermeldungen.

- Gefordert wird ein Hinweis, wenn Fehler auftreten, etwa wenn das System stehen bleibt, wenn der Bestellvorgang vor dem Zahlungsvorgang abgebrochen wird.

- Wenn man vergessen hat, vor dem Einkaufen die Karte in den Chipkartenleser zu legen, konnte der Einkaufsvorgang nicht erfolgreich

---

[19]   DIN-Norm 66 234 Teil 8.
[20]   DIN-Norm 66 234 Teil 8.

durchgeführt werden, das System *„hängte sich auf"*. Wünschenswert wäre in einer solchen Situation eine Fehlermeldung, die den Fehler identifiziert und eine Korrektur möglich macht.

Wie bei einem Prototyp nicht anders zu erwarten, war er bezüglich der Fehlerrobustheit noch verbesserungsbedürftig. Bei seiner Fortentwicklung zu einem Produkt müssten aber auch Fehlermeldungen und Hilfetexte angepasst werden.

Angemessenheit für situierte Kooperation
Der Einsatz von Telekooperationstechnik wirkt auf die psychosozialen Anwendungsbereiche der Technik, nämlich Kooperation und Kommunikation. Dies führt zu Veränderungen der Alltagserfahrungen der Subjekte, die intersubjektiv neue Handlungsmuster und Vorstellungen von angemessenem Kooperieren erforderlich machen. Das Untersuchungsinteresse unter dem Blickwinkel der „Angemessenheit für situierte Kooperation" gilt deshalb den Veränderungen des Erlebens und Handelns der Individuen, der sozialen Beziehungen im Arbeits- und Privatleben sowie der kulturell geteilten Sichtweise auf die Welt durch die Nutzung von Telekooperationstechnik – bezogen auf Kooperation.[21]

Es zeigt sich, dass das Prototypsystem insbesondere im Bereich der Aufgabenangemessenheit noch seine Schwächen hat – hier müssen bisher fast automatisch erfolgende sozial eingespielte Vorgänge technisch nachgebildet werden, was oftmals nicht direkt möglich ist und deshalb zunächst vielfältige Stolpersteine mit sich bringt. Weiterhin machen viele Nutzer keine Unterschiede zwischen den verschiedenen Systemteilen, sondern agieren mit und reagieren auf ein „Gesamtsystem", das für sie datenschutzgerechtes sicheres Einkaufen repräsentiert. Somit wurden Kritikpunkte an Systemteilen, insbesondere der Mall und deren Interaktionen mit anderen Systemteilen, geäußert, die vom DA-SIT-Projekt nicht beeinflussbar waren. Es wird aber auch deutlich, dass vor allem Aspekte genannt werden, die weniger mit den Dialogeigenschaften des Systems, also der unmittelbaren Mensch-Maschine-Schnittstelle, zu tun haben, sondern mit der Einbettung eines solchen Vernetzungssystems in ein soziales Umfeld, nämlich das des Kaufens und Verkaufens. Eingespielte Austauschvorgänge verändern sich in prinzipieller Weise infolge des elektronischen Mediums und damit

---

[21] S. zu diesem Kriterium ausführlich Kumbruck 1999, 108.

werden auch grundlegende Aspekte dieses Vorgangs benutzungsrelevant. Insbesondere das Agieren unter Pseudonym ist ungewohnt und verlangt vom Nutzer neue Verhaltensweisen, die dieser als Benutzungskomplexität wahrnimmt.

10.1.4   Bewertung der Sicherheits- und Datenschutzfunktionen

Das Sicherheits- und Datenschutzkonzept wurde von den Teilnehmern des Tests ausgesprochen positiv beurteilt: (Diagramm: Alles in allem ist das Sicherheits- und Datenschutzkonzept sehr sinnvoll und praktisch.)

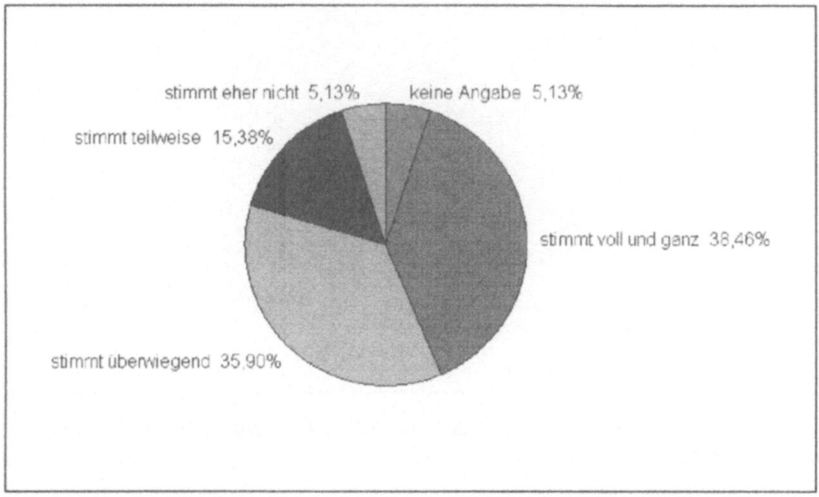

Diagramm: Alles in allem ist das Sicherheits- und Datenschutzkonzept sehr sinnvoll und praktisch.

Besonders positive Bewertungen sind in absteigender Reihenfolge der Bewertung zu den Items *„Ich finde das Konzept der Datensparsamkeit, das meine Daten nur an die Stellen weitergibt, wo sie benötigt werden, als sehr sinnvoll", „Ich habe es gegenüber herkömmlichem elektronischem Bezahlen sehr geschätzt, dass meine Visa-Daten nicht ungeschützt über die Leitung gingen"* sowie *„Ich finde es gut, dass man überprüfen kann, wo welche Daten von mir liegen und ggf. diese zurückfordern kann"* zu registrieren. Entsprechend negativ bewertet wurde das Item: *„Es ist mir egal, wer welche Daten von mir bekommt, Hauptsache, ich bekomme meine Ware".*

Wenn Datenschutz eine so große Rolle zu spielen scheint, stellt sich die Frage: Wie viel ist der Datenschutz den Nutzern wert? Eine große Mehrheit (61,6%) würde dafür etwas bezahlen, 10,3% sogar über 25 Euro, die meisten aber vorzugsweise einen niederen Betrag (Diagramm: Ich würde maximal folgende Summe für mehr Datenschutz ausgeben[22].).

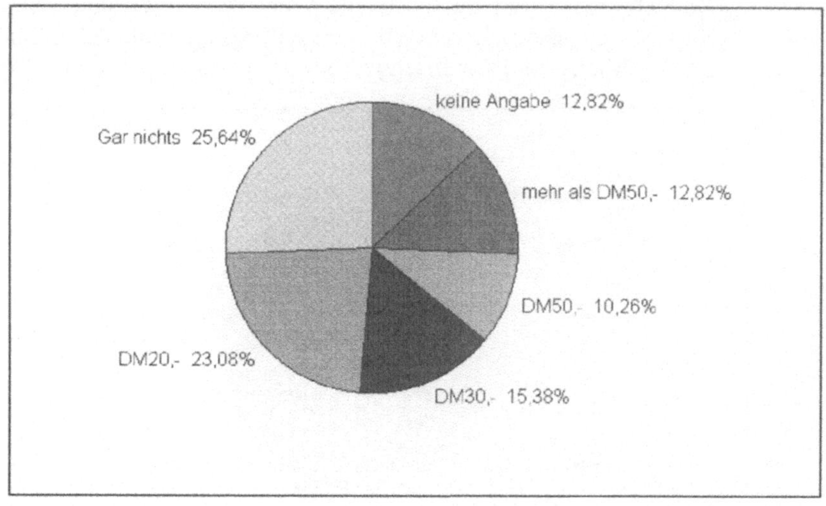

Diagramm: Ich würde maximal folgende Summe für mehr Datenschutz ausgeben.

Als Gründe dafür, nur einen geringeren Betrag ausgeben zu wollen, werden allgemeine Zweifel an der Praktikabilität und Wirksamkeit von Datenschutzkonzepten formuliert: *„Es fällt immer wieder ein Schatten auf die Sicherheitskonzepte, wenn man wieder Nachrichten über neue Hackerangriffe hört. Wie sicher ist nun alles wirklich? Daher ist auch der Betrag so gering, den ich ausgeben würde."* Ein weiterer Nutzer gibt folgendes zu bedenken: *„Worüber ich mich immer wieder wundere, ist, dass beim traditionellen Katalogeinkauf keiner ein Problem mit dem Datenschutz hat, obwohl das mit dem E-Commerce gleichzusetzen ist. Daher glaube ich eher, dass die Mehrheit der Bevölkerung mit der Übertragung der Daten über das Medium Internet ein Problem hat, dass hier*

---

[22] Intendiert war die einmalige Zahlung.

Daten von Fremden abgegriffen werden können, und nicht mit der Speicherung der Daten beim Händler." In diesen Aussagen werden Besorgnisse bezüglich des Datenschutzes aufgesplittet, einerseits in Datenschutz gegenüber dem Händler und andererseits gegenüber das Netz ausspionierenden Dritten. Letztere würden zwar die eigentlichen Ängste erregen, aber das vorgegebene Sicherheitssystem würde ihnen gegenüber keinen Schutz bieten.[23]

Aber auch das SET-Verfahren wird im Hinblick auf einen damit verbundenen Sicherheitsgewinn in Frage gestellt: *„Zertifikate als Unterschrift ja. Aber durch die SET-Zahlung geht der Kunde bei Missbrauch ein höheres Risiko ein als bei direkter Zahlung mit Kreditkarte, da er durch die Verbindlichkeit ein Beweisproblem hat.*" Die Sicherheit wird somit durch die Nutzung von Zertifikaten erhöht, aber durch das SET-Verfahren werden für den Nutzer Beweisprobleme befürchtet.

Ein besonders kompliziertes und von Widersprüchen gekennzeichnetes Thema stellt die Nutzung von Pseudonymen dar (Diagramm: Ich finde die Nutzung von Pseudonymen sehr sinnvoll.).

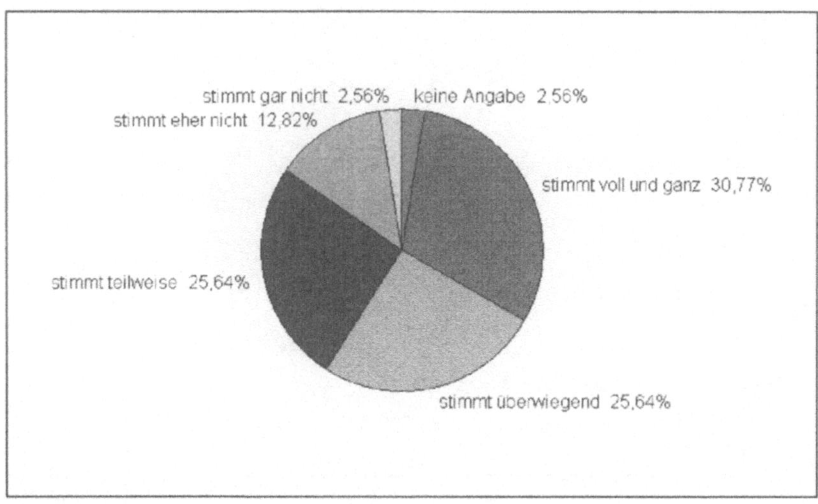

Diagramm: Ich finde die Nutzung von Pseudonymen sehr sinnvoll.

---

[23] DASIT schützt vor spionierenden Dritten, nicht aber vor Händlern, die Daten unerlaubt weitergeben.

Die Mehrheit findet die Nutzung sinnvoll (56,4%). Diejenigen, die Zweifel hatten, begründen dies wie folgt:

„Solange ich mich innerhalb von dasit.myshop bewegt habe, war ich durch mein Pseudonym gut und einfach geschützt. Will ich jedoch agieren, z.B. eine E-Mail versenden, muss ich mir für jedes Pseudonym ein eigenes Netscape-Profil erzeugen. So gut ich die Idee finde, im Internet unter Pseudonymen aufzutreten, glaube ich doch, dass ein Benutzer diese Möglichkeit nur wahrnehmen wird, wenn diese Funktionalität im Browser integriert angeboten wird. D.h. wenn ich über die Auswahl des Zertifikates meine gesamte Identität auswählen, ändern kann."

Der positiven Sicht auf die Datenschutzwirkung durch Pseudonyme steht im (Erprobungs-)Alltag also die organisatorische Frage des Umgangs mit verschiedenen Identitäten und den damit verbundenen Möglichkeiten, den Überblick zu bewahren, gegenüber: Nichtsdestotrotz wird auch diese im Fragebogen positiv beantwortet (Diagramm: Das Hantieren mit verschiedenen Identitäten ist einfach.).

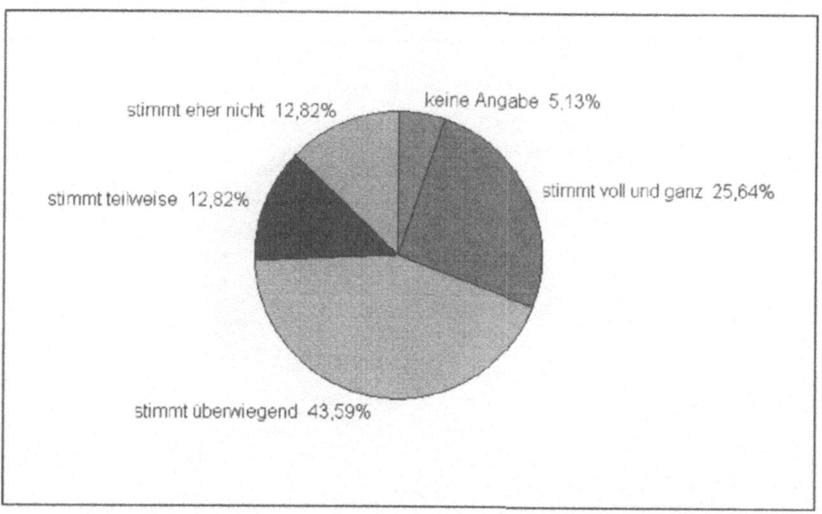

Diagramm: Das Hantieren mit verschiedenen Identitäten ist einfach.

Eine entsprechend umgekehrte Verteilung findet sich unter dem Item: *„Ich finde die Nutzung von Pseudonymen verwirrend und umständlich."*

Im Fragebogen wird die Nutzung von Pseudonymen als sehr sinnvoll dargestellt, aber in den Kommentaren im Hinblick auf die Benutzerfreundlichkeit kritisch thematisiert.[24]

Einige Meinungen, die den Aspekt der Sicherheit und des Datenschutzes als überbewertet ansehen, werden im Folgenden wiedergegeben:

„Den 'gläsernen Kunden' sehe ich eher für Käufer ebenfalls als positiv an, da er quasi von seinem Shop 'erkannt' werden kann und viel individueller bedient werden kann als ein anonymer Nutzer. Wenn ich heute über Versandhandel etwas bestelle, kennen die auch Name, Anschrift, Kleidergröße, Geschmack, usw. ...“

„Für den Händler ist die Verbindlichkeit via SET viel wichtiger als für den Kunden. Der Kunde hat ein Problem bei Missbrauch wegen Beweisbarkeit. Ohne SET einfacher Anruf 'war ich nicht' und Rücküberweisung des Betrages auf's Konto.“

„Der Prozess des Bestell- und Bezahlvorgangs ist mir jedoch zu umständlich. Aus meiner Sicht wird dem Punkt Sicherheit eine zu hohe Bedeutung beigemessen. Wenn Sie heute in einem Restaurant ihre Kreditkarte aus der Hand geben, können Sie auch nicht sicherstellen, dass kein Missbrauch damit betrieben wird. Das gleiche gilt, wenn jemand ihre Bankverbindung kennt und in Ihrer Filiale eine Überweisung zu Lasten Ihres Kontos bis DM 5000,- einwirft.“

Widersprüche zwischen den Häufigkeitsverteilungen im Fragebogen und den zusätzlichen Kommentierungen verweisen einerseits auf das große Bedürfnis der Kunden nach mehr Sicherheit im elektronischen Einkauf (was in der positiven Einschätzung des Datenschutz- und Sicherheitskonzepts in der quantitativen Auswertung zum Ausdruck kommt), andererseits aber auch auf Defiziterfahrungen in der konkreten Realisierung (so die Erfahrungswiedergabe in den Kommentaren). Außerdem führte die Benutzungskomplexität zu kritischen Kommentaren im Sinn einer Aufwand-/Nutzenkalkulation. Sinngemäß: Wenn mich die Nutzung soviel Zeit kostet, dann steht der Nutzen bei einer Transaktion von vielleicht DM 50 in keinem tragbaren Verhältnis mehr.

---

[24] Siehe auch in Kap. 10.2 die Ausführungen unter dem Gesichtspunkt der Veränderung der Position des Käufers gegenüber dem Händler sowie hier ebenfalls bezüglich der organisatorischen und Handhabungsprobleme.

10.1.5   Beurteilung des Internet-Einkaufens

Das Einkaufen im Internet wird tendenziell als gut eingeschätzt: (Diagramm: „Alles in allem ist das Einkaufen im Internet ...)

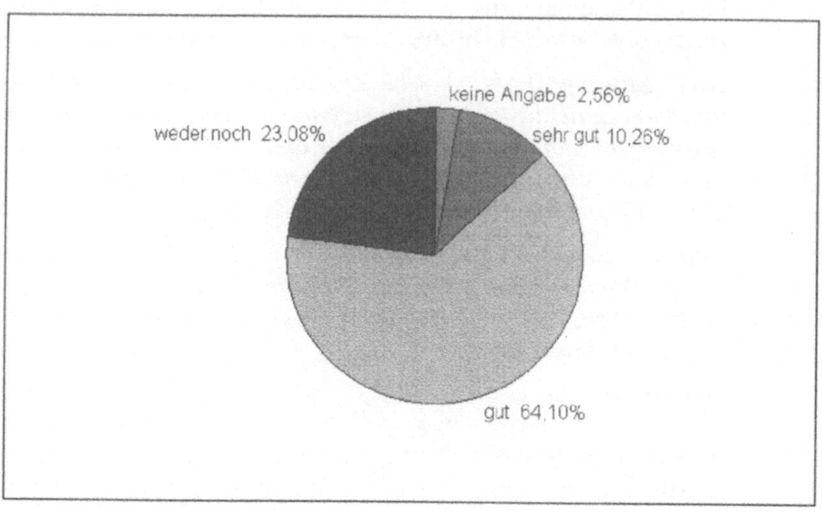

„Alles in allem ist das Einkaufen im Internet ...

Das heißt aber nicht, wie die Eingangsdaten zeigen, dass die Nutzer häufig im Internet kaufen. Viele hatten ja Datenschutz- und Sicherheitsbedenken angemeldet. Diese werden unter diesem Fragepaket in den Kommentaren besonders häufig hervorgehoben:

„Ich würde es gut finden, mich blind auf die technischen Abläufe verlassen zu können. Leider ist das nicht so. Ich habe immer das Gefühl, nachprüfen zu müssen, ob alles auch seine Ordnung hat. Paranoia oder liegt das in der Natur des Mediums?"

Nichtsdestotrotz wiesen einige Nutzer in ihren Kommentaren darauf hin, dass sie auch bei einem guten Sicherheits- und Datenschutzkonzept nur bedingt häufiger übers Internet einkaufen würden. Welche Faktoren sind es dann darüber hinaus, die das Kaufverhalten übers Internet beeinflussen? Der eher positiven Einschätzung dem Internet-Kauf gegenüber in der Aussage *„Ich schätze es, von zu Hause aus bestellen zu können"*, steht die eher distanzierende Position entgegen *„Ich schätze die Beratung im direkten Einkauf"*. Beide Items sind mit ihrer Tendenz zu einer eher positiven Ladung fast gleich verteilt. In den Kommentaren wird deutlich, dass der Internet-Kauf sehr stark vom jeweiligen Produkt abhängig gemacht wird. Typisch hierfür sind folgende Aussagen:

„Gewisse Dinge (Mode, Essen, Wäsche) kaufe ich lieber im Laden.“

„'Anonyme Dinge' wie z.B. Bücher sind im Internet schneller zu bekommen, wenn man schon genau weiß, was man will.“

10.1.6 Profil des elektronischen Einkaufens mit DASIT

Das Erleben des Systems im Test wurde durch die Vorgabe von Gegensatzpaaren, zwischen denen sich die Versuchsteilnehmer auf einer 7-stufigen Skale einordnen sollten, erhoben. Dieses Profil wies besondere Auffälligkeiten in folgenden Gegensatzpaaren auf: Das Wortpaar 'brauchbar – nutzlos' war auf 'brauchbar' hoch geladen, ebenso das Wortpaar 'praktisch – theoretisch' auf 'praktisch'. Während die Teilnehmer mehrheitlich bei den meisten Wortpaaren von der Tendenz her die positiven Begriffe mit dem System assoziierten, beispielsweise 'vergnügt' statt 'missmutig', gab es eine fast ausgeglichene Wertungsreihe bei dem Wortpaar 'sinnlich – abstrakt'. Bei dem Wortpaar 'sozial – anonym' legten die Nutzer die Betonung auf den Begriff 'anonym'.

10.1.7 Fazit

Der Fragebogen hat gezeigt, dass es nicht einfach damit getan ist, eine soziale papierorientierte Wirklichkeit auf ein elektronisches System abzubilden. Der Nutzer ist dann mit einer Vielzahl scheinbarer Benutzungsunfreundlichkeiten konfrontiert. Es bedarf der Neugestaltung eines sozial-organisatorischen Felds, wobei neben der Technik auch die Organisation sowie die Normen und Regeln des sozialen Umgangs der an dem neuen System partizipierenden Personen gestaltet werden müssen. In einer solchen Umbruchphase, die ja gerade an die Nutzer hohe Anpassungsanforderungen stellt, fragen die Nutzer auch dann, wenn sie das Ziel – hier sicheres und datenschutzkonformes Einkaufen – teilen, verstärkt nach dem Aufwand-Nutzen-Verhältnis, das ihnen ein Techniksystem bringt.

10.2 Käufererfahrungen in der Simulationsstudie

Während die Nutzer in einem Feldtest nach Gusto entscheiden, welche Vorgänge sie über ein System laufen lassen und dabei oftmals dazu tendieren, kniffligen Problemen aus dem Weg zu gehen, können diese in Simulationsstudien gerade zum Bearbeitungsgegenstand gemacht werden.[25] Hierzu werden für einen beschränkten Zeitraum Arbeitsplätze (bzw. hier auch Einkaufsstationen) mit einer Prototyptechnik ausgestattet und zu einem spezifischen lebensweltlichen Feld oder System verbunden, beispielsweise hier zur Welt des Kaufens und Verkaufens. Nutzer in für sie üblichen Rollen (hier Händler, Mallbetreiber, Transporteur, Bank, Käufer und Zertifizierungsinstanz) bearbeiten dann die ihnen gestellten Aufgaben, Fälle, die realen Aufgabenstellungen nachgebildet sind, aber auch über das Verhalten in spezifischen Situationen Auskunft geben sollen. In der zweitägigen Simulationsstudie wurden Kaufsituationen initiiert, die sich an rechtlichen Problemen datenschutzkonformen und sicheren Einkaufens im Internet orientierten. Die Teilnehmer versuchten, diese Kaufsituationen nach ihren Vorstellungen mit der vorgefundenen Technik zu realisieren. Zum Ende der Simulationsstudie[26] wurde ein Gruppeninterview mit allen Teilnehmern durchgeführt.[27] Dieses diente der Erfahrungserhebung, wobei die Akteure in unterschiedlichen Rollen die Puzzles ihrer lokalen Sichtweisen zu einem Gesamtbild zusammentragen, ihre unterschiedlichen Perspektiven gegenüberstellen und auch die Auseinandersetzung als Nutzer mit den Technikentwicklern führen und mit ihnen Gestaltungsalternativen entwickeln konnten. An dem zweistündigen Gespräch nahmen zwölf Personen teil.[28]

10.2.1 Transparenz in der Nutzung von Pseudonymen

„Das fand ich überhaupt nicht einleuchtend, ob ich jetzt mit dem Pseudonym unterzeichnet habe oder nicht."

---

[25] S. provet/GMD 1994; Kumbruck 1995; Roßnagel 1998a; Kumbruck 1999 und Kap. 9.

[26] S. Kap. 9.1.2.

[27] Das Gespräch wurde aufgezeichnet, wörtlich transkribiert und mit hermeneutischen Methoden ausgewertet.

[28] Von den 15 Teilnehmern der Simulationsstudie fungierte im abschließenden Gruppengespräch einer als Interviewleiter, zwei Personen waren verhindert.

Die Nutzung unterschiedlicher Identitäten war ungewohnt. Den Nutzern war nicht immer transparent, in welcher pseudonymen Identität sie agieren. Zwar wurden, je nachdem, ob man vollidentifiziert oder unter Pseudonym einkaufte, unterschiedliche Seiten mit entweder einem Portrait (als Hinweis, dass unter der echten Identität agiert wurde) oder einer venezianischen Maske (als Hinweis, dass man maskiert, also unter Pseudonym agierte) aufgerufen.[29] Eine Verwirrung, ob man identifiziert oder pseudonym handelte, konnte nicht entstehen. Allerdings war nicht angezeigt, unter welchem der beiden möglichen Pseudonymen man handelte. Es gab zwar Möglichkeiten der Überprüfung, die aber als umständlich angesehen wurden.[30] Als Lösung wurde vorgeschlagen, dass das System während des Einkaufs auf die gewählte Identität hinweist.

Auch wenn man aktuell wusste, welches Pseudonym oder welche Identität man gerade benutzt hat, musste man ja immer noch den Überblick darüber behalten, mit welcher Identität man beim letzten Kontakt mit dem Händler agiert hatte. Dabei wusste man oftmals im Nachhinein nicht mehr: *„Unter welcher Identität habe ich denn jetzt irgend etwas eingekauft und bestellt und das dann extra noch umständlich nachgucken musste"*. Besonders schwierig wurde es, wenn zu einem Vorgang ein intensiver Postverkehr gepflegt wurde. So haben Teilnehmer in der Simulationsstudie unabsichtlich ihr Pseudonym aufgedeckt, indem sie in einem der pseudonymen Bestellung nachfolgenden Schriftverkehr mit ihrem Namen unterzeichnet haben.

Die Lösung wurde in einem Identitätsmanager gesehen.[31] Dieser sollte zu den verschiedenen Identitäten auflisten, was man unter diesen jeweils eingekauft, welche Mails man geschrieben und welche weiteren Vorgänge man getätigt hat. Weiterhin wurde von einem Identitätsmanager gewünscht, *„dass man das auch angucken kann nach konkreten Vorgängen"*.

---

[29] S. hierzu Kap. 8.5.

[30] Man musste hierfür den Browser verlassen..

[31] S. zum Konzept eines Identitätsmanagers z.B. Borking, DuD 1996, 654; ders., DuD 1998, 636; Gattung/Grimm/Pordesch/Schneider 1997; Gattung/Pordesch/ Schneider 1998; Schneider/Pordesch, DuD 1998, 645; Damker/Rannenberg/Pordesch/Schneider 1998; Pordesch, DuD 1999, 81; Federrath/Berthold 2000, 189; Köhntopp/Pfitzmann, it+ti 2001, 227.

Aus technischer Sicht hätte man für jede Identität ein Profil mit jeweils eigenem Zertifikat anlegen können. Dies ist laut Aussage des Entwicklers aber nicht mit einer Smartcard-Lösung vereinbar.

„Wenn wir jetzt für jede dieser Identitäten nur noch ein Zertifikat installiert hätten, dann hätte es keine Wahl gegeben, dann wäre das konsistent gewesen. Man hätte sich dann unter Pseudonym 1 angemeldet, hätte ein Zertifikat gehabt für Pseudonym 1, das heißt, man hätte sich auf eine Identität beziehen können und man hätte sich nicht gegenüber der Mall verzetteln können, weil es nur ein Zertifikat gegeben hätte. Dann hätte es keine Verwechslungsgefahr gegeben."

Die einkommende Post wäre dann per Mail-Filter diesen Identitäten zugeordnet worden. Allerdings hätte man mit diesem Identitätsmanagement nicht das Problem gelöst, dass man nicht nur seine jeweils benutzten Identitäten abfragen will, sondern auch konkrete Vorgänge, und zu diesen wissen will, unter welcher Identität man diese abgewickelt hat. Denn wenn man in vielen E-Mail-Konten nach einem konkreten Vorgang nachschauen müsste, wäre das extrem umständlich.

10.2.2   Kaufbestätigung / Vorleistung beim Bezahlen:

„Jedenfalls ist es nicht gut, finde ich, wenn man etwas kaufen kann, das auch bezahlt und dann keine Kaufbestätigung bekommt."

Eine Bestellung wird von DASIT erst dann als gültig betrachtet, wenn man über SET elektronisch bezahlt hat. Dieser Vorgang wird zwar im SET-Wallet protokolliert. Jedoch erhält der Käufer erst später eine Bestätigung des Verkäufers. Direkt nach dem Einkaufsvorgang kann er nur aufgrund der Tatsache, dass er das SET-Verfahren durchgeführt hat, vermuten, dass er den Kaufvorgang tatsächlich abgeschlossen hat.

Die spätere Bestätigung erfolgt durch eine unsignierte Mail. Da der Händler im Streitfall behaupten kann, der Käufer habe sie manipuliert, hat sie nur einen geringen Beweiswert. Tatsächlich hatte auch eine Teilnehmerin in der Simulationsstudie die Bestätigung des Händlers gefälscht und sich damit gegenüber dem Händler durchgesetzt. Daher wurde eine Bestätigung durch eine signierte Mail gefordert. Einen Nachweis der Bezahlung hat der Käufer nur durch den Kontoauszug im SET-Wallet. Aber um diesen als Nachweis gegenüber dem Händler zu nutzen, müsste der Käufer seine Kontonummer offen legen und damit ein Stück seiner Pseudonymität aufdecken.

Für den Käufer besteht in diesem Prozess ein weiteres Problem darin, dass er *„sozusagen vorleistungsverpflichtet ist, also dass das alles schon durchläuft und eben auch die Bezahlung eigentlich schon durchläuft und man dann die Bestellbestätigung aber möglicherweise sogar zum vollständigen Vertragsabschluss noch braucht. ... Dann hat man irgendwie schon, wenn diese SET-Transaktion durchgeführt ist und durchläuft, ... im Grunde schon so eine kleine Bezahlung bzw. Zahlungsgarantie (geleistet), obwohl der Vertrag möglicherweise noch gar nicht geschlossen ist."*

„Ich denke mal, das ist dann die Sicherheit wieder für den Händler, dass er, wenn er die Nachricht bekommt, auch sicher ist, dass schon die Bezahlung unterwegs ist."

Die auch in der Diskussion angesprochene Alternative hätte darin bestanden, die Bestätigung auf einer ausdruckbaren Webseite mit den jeweiligen Bestelldaten anzuzeigen. Diese datensparsamere Lösung, für die eine Angabe der Mail-Adresse nicht notwendig gewesen wäre, war jedoch im Konzeptionsprozess von DASIT verworfen worden, weil dies Änderungen in der Mall My Shop erfordert hätte, deren Kosten von dem beschränkten Budget des Forschungsprojekts nicht getragen werden konnten.

Als weitere Alternative für einen Kaufnachweis wurde erörtert, ob das Protokoll im SET-Wallet diese Funktion erfüllen kann. Dagegen wurde eingewendet, dass die SET-Daten nicht für Beweiszwecke produziert werden, sondern nur als Information für den Käufer, und deshalb keinen hohen Sicherheitsstandards genügen.

10.2.3 Rückzahlungsanspruch unter Pseudonym

"..., dass es halt wirklich schwierig ist ab dem Moment, wo es an's Geld geht."

Da der Kunde vorleistungspflichtig war, konnte er einen Rückzahlungsanspruch erwerben, wenn ein Produkt nicht in der gewünschten Weise geliefert werden konnte oder ein geliefertes Produkt – aus unterschiedlichen Gründen – zurückgegeben wurde. Wie sollte die Rückabwicklung erfolgen, ohne das Pseudonym aufzugeben? Denn in diesen Fällen fragte der Händler nach der Kontonummer.

Eine Lösung bestand darin, die Rückzahlung über den Transporteur abzuwickeln, der ohnehin die Adressdaten kennt. Die zweite Möglichkeit wäre eine Abwicklung über das Trustcenter. Da es ohnehin Pseudonym und Identität kennt, könnte es das vom Händler für ein Pseudonym überwiesene Geld auf das normale Konto des Käufers überweisen. Die dritte, aber rechtlich derzeit nicht mögliche Lösung wäre, ein pseudonymes Konto zu eröffnen.

Da ein Rückzahlungsanspruch in der Praxis relativ selten geltend gemacht werde, meinten einige Teilnehmer, die Aufdeckung des Pseudonyms in diesen Fällen akzeptieren zu können. Dem wurden aber finanzielle und organisatorische Probleme entgegengehalten: Ein neues Pseudonym kostet Geld und erfordert vielfache Anpassungsmaßnahmen:

„Ich habe die ganze Zeit so gehandelt und jetzt muss ich alles unter einer neuen Identität machen und mir überlegen: Bis zu dem Tag und zu der Stunde habe ich das alles unter dem Pseudonym gemacht und dann den ganzen Vorgang unter einem anderen Pseudonym fortgeführt. Und das Pseudonym dient ja auch beim Händler der Verkettung. Deswegen machen wir ja ein Pseudonym, damit ich weiß, diesem Anspruch auf Geld zurück ist diese Bestellung drei Wochen zuvor zuzuordnen und das kann ich über das Pseudonym zuordnen. Wenn das ständig wechselt, das Pseudonym, in den drei Wochen, habe ich drei verschiedene Pseudonyme und dann habe ich keine Verkettbarkeit mehr als Händler. Es würde mehr dafür sprechen, also aus dem Händler-Gesichtspunkt, wenn einer über gewisse Zeit immer unter dem gleichen Pseudonym auftritt, was wiederum datenschutzrechtlich nicht optimal wäre, aber man kann dann arbeiten als Händler.“

Die Einrichtung eines pseudonymen Kontos wird – ungeachtet der Tatsache, dass es rechtlich nicht zur Diskussion steht – kritisch diskutiert. Denn in diesem Fall müssten Kontodaten, wenngleich nur unter Pseudonym, preisgegeben werden. Dafür aber bräuchte man zu jedem Pseudonym ein pseudonymes Konto, weil sonst der Händler die Kontonummer als Verknüpfungsdatum für die verschiedenen Pseudonyme nutzen könnte: Beim Agieren mit mehreren pseudonymen Konten könnte der Nutzer leicht den Überblick verlieren.

„Wenn ich mir vorstelle, ich habe mehrere Pseudonyme und mehrere pseudonyme Konten. Dann müsste ich ja auch noch meine Konten immer kontrollieren und durchschauen." „Das kann man sich ja nicht antun."

Mit den gleichen Argumenten wird gegen die Idee des Online-Banking, wo man unter seinem Konto zehn weitere Unterkonten, auch pseudonyme, eröffnen kann, gesprochen.

Als weitere Lösung werden elektronische Zahlverfahren wie ECash angesprochen, weil man mit diesen in beide Richtungen und sowohl unter Pseudonym als auch der eigenen Identität zahlen kann. Diese Lösungsansätze werden aber derzeit von den Europäischen Zentralbanken abgelehnt und haben damit keine Chance, sich auf dem Markt zu etablieren.

Die Lösung, die Geldrückzahlung über ein Sammelkonto beim Trustcenter laufen zu lassen, wird als praktikabel angesehen. Allerdings wäre angesichts dieser neuen Funktion der rechtliche Status der Trustcenter und die Möglichkeit, auch Banken als Trustcenter fungieren zu lassen, neu zu diskutieren.

10.2.4 Problem der Transparenz für den Transporteur

Aus technischen Gründen musste die Mitteilung der Lieferadresse an den Lieferanten vor dem SET-Bezahlverfahren erfolgen, weil verhindert werden sollte, dass Mall oder Händler bei pseudonymem Einkauf die Lieferadresse erfahren.

Dies hatte den Nachteil, dass der Transporteur nicht sicher sein konnte, ob der Nutzer danach bei SET die Bezahlung abgebrochen hat oder ob der Vorgang erfolgreich durchgelaufen ist.

„Das heißt für den Transporteur aber, dass er zum Händler immer hindackeln muss und der sagt: 'nee, ich habe gar nichts bekommen, hier ist gar nichts eingelaufen'."

„Da – glaube ich – fehlt ein Stück Rückkopplung an den Transporteur, dass er jetzt tatsächlich kommen muss, dass da was gelaufen ist."

Die Lösung besteht darin, dass der Transporteur automatisch eine zweite Mitteilung vom Händler bekommt, dass der Bestellvorgang nun abgeschlossen ist und er die Ware abholen kann.

10.2.5   Fazit

Die Nutzer sind sich in der Rolle der Käufer der Sicherheits- und Datenschutzprobleme sehr bewusst und wissen deshalb das Konzept des sicheren und datenschutzkonformen Einkaufens in seiner konkreten Ausgestaltung durch DASIT sehr zu schätzen. Allerdings haben sie in der Simulationsstudie auch Erfahrungen gemacht, die sie als Einschränkung ihrer bisherigen Käuferrechte wahrnehmen. Hier ist insbesondere die Rückgabesituation mit der damit verbundenen Notwendigkeit, Geld zurückzutransferieren, zu nennen. Das Konzept des pseudonymen Einkaufens bedarf einer Ergänzung durch ein Zahlungsverfahren, das für den Rücktransfer von Geld keine Aufdeckung des Pseudonyms erforderlich macht.

11 Wege und Hindernisse zum Produkt

Ute Staib

11.1   Allgemeine Ausgangslage   180
11.2   Äußere Faktoren   180
  11.2.1   Allgemeine Faktoren   180
  11.2.2   Detaillierte Rahmenbedingungen   184
11.3   Ausgangslage für eine Produktentwicklung   187
11.4.   Weiteres Vorgehen der DZ BANK   189
  11.4.1   Der DASIt-Prototyp aus produktpolitischer Sicht   190
  11.4.2   Kritische Betrachtung des Prototypen   190
  11.4.3   Ausblick   192

In diesem Kapitel wird die Markt- und Praxistauglichkeit des DASIt-Prototypen diskutiert und aus verschiedenen Blickwinkeln betrachtet.

Im Anschluss an die „Allgemeine Ausgangslage" (1.) werden die „Äußeren Faktoren" (2.) vorgestellt. Diese beschreiben Entwicklungen oder äußere Umstände, welche eine Produktentwicklung, basierend auf dem DASIT-Prototypen, beeinflussen. Teilweise bestehen direkte Abhängigkeiten wie bei der generellen E-Commerce-Akzeptanz. Andere Faktoren nehmen indirekten Einfluss wie beispielsweise die Kapitalisierung am Neuen Markt. Es wird die Vielschichtigkeit der beeinflussenden Faktoren dargestellt, sowohl auf allgemeiner Ebene als auch in Hinblick auf die besonderen Bedingungen für E-Commerce Entwicklungen. Neben diesen äußeren Gegebenheiten bestimmt die Form der Umsetzung des DASIT-Prototypen (3.) selbst den Rahmen für mögliche Weiterentwicklungen. Die Betrachtung dieser internen und externen Einflussfaktoren auf die Produktentwicklung vermittelt einen Überblick über direkte und indirekte, beeinflussbare und unabhängige Faktoren, die nicht nur über die Möglichkeiten, sondern auch über Erfolg und Misserfolg eines Produkts entscheiden. Den Abschluss bildet die produktpolitsche Sicht auf den Prototypen sowie die kritische Betrachtung der Produkttauglichkeit desselben. Dies ist unter der Überschrift „Weiteres Vorgehen der DZ BANK" (4.) näher ausgeführt, da sich diese Überlegungen eng an der aktuellen Ausganglage und Produktstrategie der DZ BANK orientieren.

Der Ausblick stellt mögliche Synergie-Effekte und Schnittstellen zu anderen E-Anwendungen dar sowie eine kurze Betrachtung der Bedeutung elektronischer Unterschriften für Banken dar.

11.1 Allgemeine Ausgangslage

Das Internet stellt inzwischen in vielen Lebensbereichen eine virtuelle Alternative zu den realen Abläufen dar, mit denen noch der wesentliche Teil der Bevölkerung aufgewachsen ist. Neben vielen anderen im Internet verfügbaren Dienstleistungen ist das Einkaufen und Bezahlen im Internet sowohl eine Versuchung als auch eine Herausforderung.

Die Versuchung liegt in der antizipierten Einfachheit. Der Kunde soll im bequemen Sessel sitzend unbelastet von Andrang und begrenzten Öffnungszeiten in Ruhe sein Produkt wählen, anschauen, ausprobieren, zur Kasse tragen, bezahlen und nach Hause geliefert bekommen. Und genau an dieser Stelle hat die Versuchung ein Ende und die Herausforderung beginnt. Kann ein Einkaufsvorgang so pseudonym bzw. datenschutzkonform gestaltet werden, dass der Kunde nicht nur dem Händler gegenüber pseudonym bleiben, sondern gleichzeitig die Warenlieferung an seine wahre Adresse erhalten kann? Dieser Anforderung zu genügen und darüber hinaus einen Einkaufsvorgang so zu gestalten, dass er auch noch die Merkmale eines realen Einkaufs (Auswahlerlebnis, Vergleichsmöglichkeiten, etc.) weitestgehend abbildet, ist die Herausforderung, um die es sich hier handelt.

Die Entwicklung dieser spezielle Anwendung für das Internet kann nicht losgelöst von allgemeinen Entwicklungen dieses Mediums und der damit verbundenen Wirtschaftsbereiche betrachtet werden. Der Rahmen, der einer Anwendungsentwicklung für das Internet gesteckt ist, wird auch von den Entwicklungen des Internet mit bestimmt.

11.2 Äußere Faktoren

11.2.1 Allgemeine Faktoren

Das Internet wächst linear, nicht expotentiell

Diese Aussage trägt der Tatsache Rechnung, dass die Internetnutzung stetig anwächst, jedoch keineswegs so rasant, wie noch vor zwei Jahren euphorisch prognostiziert. Für die Produktentwicklung bedeutet dies:

1. Die Internetnutzung bleibt hinter den vormals euphorischen Prognosen zurück. In der Konsequenz erfolgt der Return on Investment wesentlich langsamer oder nur noch teilweise. Die vorab geleisteten Investitionen in die Umsetzung von E-Anwendungen können nicht zum geplanten Zeitpunkt amortisiert werden, da die zum Investitionszeitpunkt erstellten kurz- und mittelfristigen Kosten-Nutzen-Kalkulationen nicht mehr gültig sind. Die Anzahl der Nutzer steigt nicht wie prognostiziert, und die veranschlagten Einkünfte durch Kundennachfrage und aktive Nutzung der betreffenden Anwendung bleiben aus.

2. Die Produktentwicklung wird zum Zuschussgeschäft. Innovationsführerschaft muss teuer erkauft werden, was nur den großen und finanzstarken Unternehmen die Chance für eine Vorreiterschaft einräumt. Darunter leidet die Pluralität der Entwicklungen, welche wiederum über konkurrenzbasierte Auslese zu einer höheren Grundqualität der mittel- bis langfristig zur Verfügung stehenden Anwendungen führt.

3. Ein wesentlich (nicht nur preis-)bewussterer Nutzer, der intensiv prüft und immer seltener das Gefühl hat, den „Anschluss zu verpassen", macht nicht mehr jede Neuerung mit. Dies resultiert in einem eher verhaltenen Verbraucherverhalten.

Zögerliche Marktakzeptanz des Internet
Die Nutzung des Internet wird zwar von knapp der Hälfte der Personen zwischen 14-69[1] genutzt, doch das rasante Wachstum der Umsätze des Einzelhandels im Internet blieb bislang aus. Die Nutzer tummeln sich munter, doch anstatt einzukaufen, präferieren sie nachfolgenden Zeitvertreib im Internet. Da die unterschiedlichen Studien teilweise große Abweichungen aufzeigen, wurden aus Gründen einer ausgewogenen Darstellung zwei Studien[2] aus seriöser Quelle ausgewählt und gegenübergestellt.

---

[1] Quelle: GfK Online-Monitor, 1. bis 7. Welle, deutschsprachige Bevölkerung, Angabe für Anfang 2001: 46% (24,2 Mio. Personen) der 14-69jährigen verfügen über einen Zugang zum Internet; zum Vergleich: ARD/ZDF-Online-Studie 2001: 38,8% (24,77 Mio Personen) im Mai/Juni 2001; die absolute Zahl der Anschlüsse stimmt jedoch weitestgehend überein; es unterscheidet sich offensichtlich die Basis für die Errechnung des prozentualen Anteils (Bevölkerung zwischen 14 und 69 vs. Gesamtbevölkerung der Bundesrepublik über 14).

[2] GfK Online-Monitor, 1. bis 7. Welle, deutschsprachige Bevölkerung, Angabe für Anfang 2001 (Bevölkerung 14-69) und ARD/ZDF-Online-Studie 2001 (Bevölkerung über 14); bei beiden Studien waren Mehrfachnennungen möglich.

Die jeweiligen Nutzungsraten sind in Prozent angegeben. Die Art der Darstellung und Gegenüberstellung ist nicht in vollem Umfang befriedigend, spiegelt jedoch die realen Gegebenheiten wieder. Es gibt eine Vielzahl von Untersuchungen von zweifelhaftem Aussagewert, was eine Einschätzung des Markts schwierig macht. Die beiden ausgewählten Studien stellen einen Ausschnitt des wenigen zuverlässigen Informationsmaterials dar, das zur Verfügung steht.

Nutzung des Internet für ...	**GfK (%)**	**Nutzung des Internet für ...**	**ARD/ ZDF (%)**
Private und berufliche Emails[3]	79	Emails versenden/empfangen	80[4]
Aktuelle Nachrichten zum Weltgeschehen	25	Nachrichten	34
Online Banking	23	Homebanking	31
		...	
Anm.: Bei dieser Untersuchung ist der online-Einkauf nicht unter den Top 10 Aktivitäten im Internet platziert. Weitere Aktivitäten wurden nicht erfasst.		*Anm.: Diese Studie gibt mehr als 10 Online-Aktivitäten der Befragten an. In der Auflistung sind virtuelle Einkaufsaktivitäten zwar erfasst, jedoch nur mit geringen Nutzungsraten.*	
		Kartenservice für Veranstaltungen	7
		Onlineauktionen, Versteigerungen	6
		Onlineshopping	5
		Buch- und CD-Bestellungen	5

---

[3] Summe aus den Antworten bezüglich privater und beruflicher Emails.
[4] Mindestens einmal wöchentlich genutzt.

Die Tabelle erfasst nicht den Internetumsatz des deutschen Einzelhandels, der immer noch vergleichsweise gering ist. Der Einzelhandelsumsatz im Internet[5] betrug im Jahr 2000 0,5% des Gesamtumsatzes; dies entspricht 5 Mrd. DM. Der Hauptverband des deutschen Einzelhandels prognostiziert für 2010 einen Umsatzanteil der Interneteinkünfte am jährlichen Gesamtumsatz von 5-10%.

Diese Tatsache begrenzt auch den Preis, der für Käufersoftware und Internethändler-Software im Markt erzielt werden kann. Die geringen Interneteinkäufe der Bevölkerung bedeuten in der Konsequenz, dass Händler nur eingeschränkt zu Investitionen in diese Anwendungen bereit sind. Niedrige Verkaufserwartungen wiederum erhöhen das Investitionsrisiko der produktentwickelnden Institution.

Finanzieller Aderlass am Neuen Markt
Der Neue Markt hat schwere Einbußen hinnehmen müssen. Rückgänge von bis zu 90% bei der Marktkapitalisierung bis hin zu einzelnen Konkursen haben das verfügbare Entwicklerpotenzial merklich schrumpfen lassen.

Potenzielle Entwickler für Internetanwendungen sind vorrangig kleine, innovativ denkende und strukturell flexible Unternehmen, die als Auftragnehmer der großen Firmen sehr viel schneller auf Veränderungen des rasanten Internetmarkts reagieren können. Diese Situation bedingt einige der Umstände, mit denen es die Entwicklung von Internetanwendungen heute aufnehmen muss.

Engpässe bei den verfügbaren Entwicklungskapazitäten
Besonders die beschriebenen Firmen, die über das Knowhow zur Entwicklung für E-Business Anwendungen verfügen, können nur noch selten die Investitionskosten in vollem Umfang selbst übernehmen, um fertige Lösungen am Markt anzubieten. Bedingt durch die erwähnten Entwicklungen am Neuen Markt fehlt diesen Unternehmen die Kapitalausstattung für stark risikobehaftete Investitionen. Größere Auftraggeber, die bei umfangreichen Entwicklungen speziell für die eigene EDV-Umgebung häufig in Vorleistung treten, nehmen gleichzeitig wegen der nur schwer kalkulierbaren Investitionsrisiken vorerst Abstand von Einzelentwicklungen. Somit ist zumindest kurzfristig das Angebot qualitativ

---

[5]   E-Commerce Umfrage 2000 des Hauptverbands des deutschen Einzelhandels.

hochwertiger E-Anwendungen im Markt geringer, als es für die rasche Weiterentwicklung von E-Business wünschenswert ist.

Verhaltene Auftragslage
Viele potentielle Auftraggeber zeigen sich sehr verhalten bei der Vergabe umfassender Entwicklungsvorhaben. Die Unternehmen scheuen die Vergabe umfangreicher Aufträge an Entwicklerfirmen, deren finanzielle Existenzgrundlage in der letzten Zeit am Neuen Markt stark in Mitleidenschaft gezogen wurde.

Qualitätsrückgang
Die eingeschränkte Eigenkapitallage der Entwicklerfirmen wird sich auch langfristig auf die Qualität der verfügbaren Software auswirken. Angebote, die „mit spitzem Bleistift gerechnet sind", schränken für gewöhnlich den Raum für freie Kreativität, die gerade bei Erstentwicklungen einen großen Beitrag zur Qualität leisten, stark ein. Ein weiteres Opfer von Sparmaßnahmen sind die Aufwände für eine lückenlose und detaillierte Dokumentation. Dies kommt besonders dann zum Tragen, wenn Folgeentwicklungen geplant sind, die direkt auf die Erstentwicklung aufbauen. Bei dieser Gelegenheit multiplizieren sich etwaige Qualitätsmängel in Programmierung und Dokumentation.

11.2.2 Detaillierte Rahmenbedingungen

Während zuvor die allgemeinen Faktoren beschrieben wurden, die indirekt auf eine E-Produktentwicklung einwirken, werden im Folgenden äußere Parameter angesprochen, die einen direkten Einfluss auf eine solche Entwicklung nehmen. Produktentwicklung für den virtuelle Einsatz, besonders bei so komplexen Vorhaben wie der Abbildung eines kompletten Einkaufsvorgangs im Internet,[6] richten sich wesentlich nach den nachfolgend beschriebenen Faktoren. Auch DASIT kann nicht ohne Berücksichtigung dieser Einflüsse betrachtet werden.

Extrem kurze Lebenszyklen
Virtuelle Anwendungen haben eine extrem kurze Lebensdauer, was auch für eine datenschutzkonforme Einkaufs-Software zutrifft. Getätigte Investitionen müssen sich über einen kurzen Zeitraum[7] amortisieren, da

---

[6] Ein kompletter Einkaufvorgang besteht aus Auswahl, Einkauf, Bezahlung, Auslieferung und Erhalt der gekauften Ware.

[7] Zwei bis maximal drei Jahre.

sehr bald schon Aufwände für Weiter- und Zusatzentwicklungen erforderlich werden. Spätestens bis zu diesem Zeitpunkt sollten die Erstinvestitionen durch Einkünfte ausgeglichen worden sein. Auch wenn ein Produkt teilweise fünf Jahre und länger am Markt und in der Anwendung ist, so ist gegen Ende des Lebenszyklus aufwändige Pflege und Unterstützung dieser dann überholten Anwendung notwendig.

Hohe Komplexität

Die meisten Anwendungen erfordern für einen reibungslosen Ablauf das Zusammenspiel vieler verschiedener Parteien. In der Folge entsteht ein großer Abstimmungsaufwand, da Daten oft durch mehrere unterschiedlich strukturierte Systeme laufen und dort auch verarbeitet werden müssen. Dazu kommt neben der Integration verschiedener Hardware- und Systemumgebungen auch die Fokussierung auf ein gemeinsames Ziel, was bei unterschiedlichen Eigeninteressen eine große Herausforderung bedeutet. Diese Abstimmung ist nicht nur kostspielig sondern auch sehr zeitaufwändig. Am Beispiel DASIT lassen sich diese gegenseitigen Abhängigkeiten exemplarisch aufzeigen. Nachfolgende Tabelle zeigt die am Betrieb des DASIt-Prototypen beteiligten Parteien und deren konkrete Funktion im Ablauf des datenschutzkonformen Einkauf im Internet[8].

Partei	Funktion
Mallbetreiber	Betreibung des Mallservers mit einer Software, die Einrichtung individueller Läden ermöglicht; Verarbeitung, Pflege und Bereitstellung der Kundendaten Benachrichtigung des Logistikpartners
DASIT Server Betreiber	Betreibung des DASIT Servers
Trust Center	Bereitstellung der Zertifikate und E-Mail-Adressen für Pseudonyme

---

[8] Der beschriebene Einkauf einer physischen Ware ist noch relativ einfach; man denke nur an die Datenströme (persönlicher Daten), die für die Buchung einer zweiwöchigen Reise mit verschiedenen Stationen notwendig wäre. Generell gilt, dass die Gestaltung von Dienstleistungen im Internet den Online-Verkauf einer Ware an Komplexität bei weitem übertrifft.

Call Center	Unterstützung und Hilfestellung für die Anwender
Processing Dienstleister	Abwicklung der Kartenzahlung (per SET)
Bank(en)	Gutschriften und Belastungen auf den entsprechenden Konten
Bank(en)	Kartenausgabe und Vertragspartner für Kartenakzeptanz
Trust Center (SET zertifiziert)	Bereitstellung der SET Zertifikate für Karteninhaber und Händler
Logistikpartner	Akzeptanz von codierten Aufträgen

Hohes Investitionsrisiko

Der Zeitaufwand für die Integration der Prozessbeteiligten sowie der kurze Lebenszyklus des Produkts bedingen ein sehr hohes Investitionsrisiko. Dazu tragen auch die permanenten Neu- und Weiterentwicklungen im E-Bereich bei. Regelmäßige Anpassungen von Schnittstellen, Software-Updates und wechselnde Hardware betreffen alle Beteiligten, das heißt, die Anpassungen des Gesamtsystems erhöht sich analog der Anzahl der zu integrierenden Partner. Neuentwicklungen wie neue Bedieneroberflächen oder Betriebssysteme bedingen darüber hinaus, dass die technische Plattform einer Neuentwicklung unter Umständen bis zur Produktreife bereits überholt ist. Dies bedeutet, dass von einer aufwändigen Produktentwicklung nur Theorie- und Erfahrungswerte übrigbleiben, die auf eine Folgeentwicklung übertragen werden können.[9]

---

[9] Diese Situation muss grundsätzlich für den DASIt-Prototypen angenommen werden. Das am freien Markt verfügbare Bezahlverfahren SET hat momentan starke Konkurrenz von einfacheren Verfahren. Die Auslegung der DASIT Anwendung auf eine proprietäre Mallsoftware (My Shop der RBG eG) erschwert die Übertragbarkeit auf andere Systeme.

11.3 Ausgangslage für eine Produktentwicklung

Wie bereits angemerkt, ist der DASIt-Prototyp grundsätzlich eine flexible Entwicklung, die in ein proprietäres Shopsystem integriert wurde. Es wurden internationale Standards wie zum Beispiel P3P als Grundlage für die Datenschutzkommunikation angewandt, um ein möglichst adaptionsfähiges System zu schaffen.

Der vorliegende Prototyp ist ein hervorragendes Beispiel zur Veranschaulichung grundsätzlich verfügbarer Ansätze für die Vorgehensweise bei einer Produktentwicklung, wie sie die Ausgangssituation DASIT verlangt. Es wurden drei Ansätze als relevant identifiziert, die in der Folge vorgestellt werden.

Entwicklung des Prototypen zum Produkt

Dieser Ansatz ist meist kostspielig, zeitaufwändig und wenig zielführend. Im Rahmen der prototypischen Darstellung implementierte Sonderlösungen oder andere Installationskompromisse können nur unter enormem Aufwand praxistauglich gemacht werden. Sofern dies überhaupt gelingt, ist bis dahin jede sinnvolle „Time-to-Market"[10] überschritten.

Komplette Neuentwicklung

Das Konzept der kompletten Neuentwicklung basiert auf einer umfassenden Analyse und Zusammenfassung der durch Prototypentwicklung und Test gewonnenen Erfahrungen und Kenntnisse. Dies bildet die Grundlage. Der DASIt-Prototyp steht jedoch nicht für sich alleine. Er muss in eine effiziente und verlässliche Umgebung eingebunden werden. Die Produktentwicklung sollte deshalb aus einer Kooperation mit Partnern hervorgehen. Im Fall der DASIT-Anwendung würden sich Firmen mit Aktivitäten in folgenden Bereichen anbieten:

- Shopsoftwarehersteller
  Ein erfolgversprechender Ansatz ist die Integration eines Datenschutzmoduls in bestehende, handelsübliche Shop-Software. So ist beispielsweise die gemeinsame Entwicklung eines „Datenschutzmoduls" mit Herstellern handelsüblicher Shopsoftware[11] denkbar. In einem solchen Modul könnte dann der Händler mittels Einstellung ei-

---

[10] Zeitspanne zwischen Produktfertigstellung und Markteinführung.

[11] Ein Großteil der im Markt erhältlichen Shopsoftware ist modular aufgebaut.

niger Parameteroptionen die Datenströme und -verarbeitung in seiner Shopsoftware datenschutzkonform gestalten. Damit erreicht er nicht nur Gesetzeskonformität, sondern auch eine der Konkurrenz überlegene Anwendung, die ihm wirksame Marketingargumente liefert. Primär aus Sicht des Gesetzgebers wäre besonders eine solche Entwicklung interessant, die bereits im Einsatz befindliche Software um die Datenschutzfunktionalitäten erweitern würde. Dies würde die schnelle Datenschutzkonformität bereits bestehender Shop-Applikationen ermöglichen.

- Kassenhersteller
Da eine konsequente Umsetzung des pseudonymen Einkaufs an die Verfügbarkeit eines anonymen Bezahlsystems gebunden ist, wäre es denkbar, die Weiter- bzw. Neuentwicklung des Prototypen an die Weiterentwicklung geeigneter Bezahlverfahren zu koppeln. Als anonyme Bezahlverfahren kommen Prepaidverfahren (Geldkarte, andere vorausbezahlte Medien) und SET in Frage. Es gilt zu überlegen, ob das Bezahlangebot der Banken in diesem Fall nicht auch gleichzeitig einen Datenschutzagenten mit beinhalten könnte. Dies würde bedeuten, dass DASIT als ausschließlich serverbasierte Anwendung neu erstehen würde.

Integration der Prototypmodule in verschiedene Produktentwicklungen
Eine weitere Betrachtungsweise im Hinblick auf die Weiterentwicklung des Prototypen bedeutet die Aufteilung desselben in seine Grundbestandteile, wie nachfolgend für den DASIt-Prototyp dargestellt ist.

Prototypmodul	Erläuterung
Anonymer Zugang	Dies ist für alle Anwendungen denkbar, die eine Beratungsleistung anbieten, die anonym in Anspruch genommen werden soll: • Drogenberatung • Seelsorge • Steuertipps • Medizinische Information • Anmeldung in Krankenhäusern mit Krankheitsunterlagen (sofern dies über das Internet geschieht)

Pseudonymer Ein- kaufsvorgang	Das serverbasierte DASIT Wallet inklusive des Client-Applets per Download kann auch in anderen Shops oder Mallkonzepten Anwendung finden. Denkbar wäre auch die Integration des Applets in die Browser-Software. In diesem Fall könnte dies auch als Diskriminierungstool dienen, das heißt, ein Nutzer, der dieses Browserelement aktiviert hat, könnte nur bei Shops „andocken", die entsprechende Datenschutzkonformitäten anbieten.
Pseudonymer Be- zahlvorgang	SET ist das einzige Online-Bezahlsystem, das als internationaler Standard ohne Medienbruch zur Verfügung steht und pseudonymes Bezahlen ermöglicht. Dieses Verfahren kann in jede Anwendung integriert werden, die pseudonymes Bezahlen erfordert. Als Alternativen käme die GeldKarte im Internet in Frage (nationales System) oder aber jede andere Form von Prepaid-Zahlungsmitteln, die online eingesetzt werden können. Die Entwicklung eines „pseudonymen Bezahlknopfs" für kommerzielle Anwendungen könnte verschiedene Verfahren komfortabel unter einem Klick zusammenfassen.
Datenschutzkon- forme Organisation von Datenerhe- bung und Daten- strömen	DASIT ist ein Beispiel für die datenschutzkonforme Organisation von Datenströmen und den entsprechenden Umgang mit diesen Daten. Der Prototyp hat Vorbildcharakter und kann als solcher auch für andere Internetapplikationen herangezogen werden.

Im Folgenden werden produktpolitische Betrachtungen angestellt, die näher auf eine eventuelle Integration der einzelnen DASIT-Module in bestehende Produkte eingehen.

11.4. Weiteres Vorgehen der DZ BANK

Die DZ BANK hat sich noch nicht für eine der möglichen Vorgehensweisen entschieden. Die nachfolgende Betrachtung einer Prototypweiterentwicklung als Bestandteil eines umfassenden Produktportfolios legt die Integration der datenschutzkonformen (=pseudonymen) Legitimierung des Kartennutzers in verschiedene Bankprodukte nahe.

11.4.1 Der DASIt-Prototyp aus produktpolitischer Sicht

Eine Produktentwicklung ist gerade dann besonders wertvoll, wenn nicht nur völliges Neuland betreten und damit Innovationsführerschaft erreicht wird, sondern auch Synergien mit dem bestehenden Produktportfolio eines Unternehmens erzielt werden können.

Das Ergebnis der Umfrage unter den Testteilnehmern ergab unter anderem eine sehr positive Bewertung der Chipkarte als Trägermedium für die persönlichen Zertifikate. Diese Prozessorkarte wird im Zahlungsbereich bereits in verschiedenen Produkten eingesetzt. So wird seitens der DZ BANK seit Mitte 2001 eine HBCI-Version mit Signatur angeboten – die Schlüssel hierfür werden wahlweise per Software generiert oder aber auf einer Prozessorkarte zur Verfügung gestellt. Die Smartcard wird dem Endverbraucher momentan zu einem Preis von circa 17 Euro durch die Volks- und Raiffeisenbanken angeboten.

Die GeldKarte, das deutsche Geldbörsenkonzept, das auch in der virtuellen Welt einsetzbar ist, befindet sich ebenfalls als Chipkartenanwendung bereits im Markt.[12] Mastercard und VISA fordern bis 2005 die Ausstattung aller Kreditkarten mit Chip – entsprechende Vorbereitungen laufen bereits.

Da Prozessorchips gleichbedeutend sind mit potenzieller Multifunktionalität, besteht hier die Möglichkeit, datenschutzkonforme Abwicklung, basierend auf im Chip hinterlegte Daten, auch in Verbindung mit anderen Bezahl- oder Einlogprozessen zu verbinden.

11.4.2 Kritische Betrachtung des Prototypen

Schon zu einem sehr frühen Zeitpunkt im Projektverlauf formulierte die DZ BANK in ihrer Rolle als Praxispartner die Erwartungen an einen produktfähigen Prototypen.[13] Diese Erwartungen wurden dem gesamten Projektteam vorgestellt, diskutiert, angepasst und als weitere Arbeitsgrundlage angenommen. Die so festgesetzten Kriterien bestimmten nicht nur die Wahl des Entwicklungspartners für die Programmierung

---

[12] Diese Anwendung liegt auf dem Chip der ca. 40 Mio. im Umlauf befindlichen ec-Karten; ca. 80% dieser Karten sind mit der GeldKarte-Funktion ausgestattet.

[13] Produktfähig bedeutet in diesem Kontext, dass eine Anwendung nicht nur die Bedürfnisse nach Datenschutz befriedigen kann, sondern auch noch weiterführenden Anforderungen des Markts gerecht werden muss.

des Prototypen, sondern auch dessen eigene Merkmale zu einem wesentlichen Teil mit.

Der Vollständigkeit halber muss jedoch auch festgehalten werden, dass nicht alle Marktanforderungen umgesetzt werden konnten. Manchmal verhalten sich diese sogar entgegengesetzt zu den Erfordernissen des Datenschutzes.

Die Anforderungen des Markts, sowohl der Händler als auch der Einkäufer im Internet, wurden im Projektteam wie folgt definiert. In der Spalte „Erfüllung" wird eine Bewertung darüber abgegeben, wie umfassend die gestellten Anforderungen im DASIt-Prototyp umgesetzt werden konnten.

Anforderungen des Karteninhabers	Erfüllung[14]
Schnelle und bequeme Abwicklung	4
Einmalige Registrierung	5
Verlässlichkeit der Warenlieferung	2
Rechtssicherheit des Kaufgeschäfts	1
Selbstbestimmung über Umfang der Identitätsfreigabe	1
Sicherheit der datenschutzkonformen Speicherung und Behandlung persönlicher Daten	1
Angabe möglichst weniger Daten	1

Anforderungen des Händlers	Erfüllung
Garantie des Zahlungseingangs	1
Umsatzsteigerung durch Marketingmaßnahmen	3
Rechtssicherheit des Kaufgeschäfts	1
Datensammlung für Kundenprofilbildung[15]	5

---

[14] Die Erfüllung wird auf einer Skala von 1-5 angegeben; die Stufen sind wie folgt definiert: 1 = vollständige Erfüllung, 2 = wurde weitestgehend erfüllt, 3 = wurde teilweise erfüllt, 4 = wurde mangelhaft erfüllt, 5 = wurde nicht erfüllt.

[15] Dieses Merkmal ist im Wesentlichen von der Qualität der Datenverarbeitung im Händlersystem abhängig; auch wenn es den Erfolg einer DASIT-Anwendung am Markt maßgeblich mitbestimmt, hat der Prototyp hier keine Zugriffsmöglichkeit.

Möglichkeit der Kundenbindung	4
Optimale Auslastung der Rechnerkapazitäten (schnelle Prozesse)	5

Die auf den ersten Blick negativ anmutende Bewertung (viele Extremwerte) relativiert sich bei näherer Betrachtung. Die Negativbewertungen beziehen sich einerseits auf Anforderungen, die zwar formuliert waren, jedoch nicht über den DASIT-Prototypen realisiert werden können. Die Möglichkeit, pseudonyme Daten zu sammeln, ist für die Händlerakzeptanz von zentraler Bedeutung. Diese Vorgehensweise bei Datensammlungen muss aber in den Händlersystemen umgesetzt werden. Obwohl diese Anforderung nicht durch den Prototypen abgebildet werden kann, ist sie entscheidend für einen Produkterfolg.

Andererseits wurden auch die Anforderungen nach schnellen Abläufen und bequemen Registrierungsvorgängen nur unbefriedigend erfüllt. Dies liegt daran, dass diese Anforderungen dem Datenschutz teilweise entgegenstehen. Es konnte im Prototyp (noch) keine befriedigende Lösung dafür gefunden werden, wie die Kundenforderung nach Schnelligkeit und Bequemlichkeit bei der Abwicklung von Online- Einkäufen mit den vergleichsweise komplexen Kommunikationsabläufen vereinbar ist, die für die Gewährleistung des Datenschutzes notwendig sind.

Dies zeigt eindeutig dass der DASIT-Prototyp seinen Schwerpunkt im Datenschutz und weniger bei den „Convenience"-Anforderungen des Verbrauchers hat. Nächste Schritte werden eingeleitet, um festzustellen, wie auch die übrigen Anforderungen kundengerecht umgesetzt werden können.

Dies deckt sich auch mit den Aussagen vorangegangener Kapitel. Online-Datenschutz ist leider keine hinreichende, sicherlich aber eine notwendige Bedingung für den Erfolg des E-Commerce und damit auch der Anwendungen, die Online-Einkauf ermöglichen.

11.4.3 Ausblick

Der Einsatz einer Chipkarte für die Hinterlegung der Pseudonym- und Unterschrifts-Zertifikate ist ein herausragendes Merkmal des DASIT-Prototypen. Der Einsatz der Zertifikate für eine asymmetrische Verschlüsselung erfüllt technisch alle Aspekte einer elektronischen Signatur.

Diese Betrachtungsweise schafft viele Berührungspunkte mit Anwendungen sowohl im öffentlichen als auch im privatwirtschaftlichen Bereich. Voraussetzung für übergreifende Anwendungen ist eine klare Position der Banken zur gesetzeskonformen und damit rechtlich verbindlichen elektronischen Signatur.[16] Eine aktive Rolle der Banken bei der Etablierung der elektronischen Signatur würde der Finanzwirtschaft neue Geschäftsfelder wie zum Beispiel Vertrauensdienstleistungen und Legitimierungsdienste eröffnen.

Banken sollten die Chance für sich erkennen, die Rolle der vertrauenswürdigen Partei und damit des „Trust Brokers" für sich zu besetzen, auch wenn dies im ersten Moment etwas befremdlich wirkt. Mittel- bis langfristig würde davon nicht nur das Kerngeschäftsfeld Zahlungsverkehr – jegliche Form von Bezahltransaktionen rechtlich verbindlich in allen verfügbaren Medien bereitzustellen – profitieren, sondern die Banken würden eine neue und einflussreiche Rolle im öffentlichen Leben einnehmen.

Anstatt mit Telekommunikationsunternehmen über Inkassoverfahren im Internet zu konkurrieren, könnten Banken konsequent die Position des Gehilfen oder auch Bürgen für rechtsverbindliche Geschäfte jeder Art aufbauen und damit ihre Kerngeschäftsfelder erweitern.

Während sich die Frage nach der Position der Banken zur digitalen Signatur direkt aus der Prototypbetrachtung ableitet, wird an anderer Stelle dieses Buchs eine wesentlich umfassendere Darstellung der Aussichten des E-Commerce gegeben.[17]

Diese eher visionären Betrachtungen konzentrieren sich auf das Potenzial dieser jungen und dynamischen Industrie, während die Überführung eines vielversprechenden Prototypen in ein Produkt, das nicht nur die Marktanforderungen erfüllen, sondern auch Erträge generieren soll, eine wesentlich nüchternere Betrachtungsweise erfordert.

Die beiden Betrachtungsweisen sind jedoch nicht gegensätzlich, es ist lediglich der Zeitfaktor, der sie trennt. Was heute Visionen sind, wird

---

[16] S. zur Neufassung des SigG Roßnagel, NJW 2001, 1817.

[17] S. Kap. 13.

morgen und übermorgen in detaillierten Arbeitsschritten zu marktfähigen Produkten entwickelt. Diese Produkte sind die Grundlage, auf der Banken in der Zukunft ihre Erträge erwirtschaften werden.

12 Ergänzende Datenschutzansätze

Matthias Enzmann, Günter Schulze

12.1   Platform for Privavy Preferences (P3P)   195
12.2   Privacy Enhancing Technologies (PET)   197
  12.2.1   Identity Protector   198
  12.2.2   Anonymisierungsdienste   199

Wie im Kapitel 8 bereits beschrieben, hat der DASIT Prototyp eine Anzahl von datenschutzrechtlichen Anforderungen durch technische Maßnahmen realisiert. Komplementär dazu sind heute eine Reihe von vergleichbaren Technologien und Hilfsmitteln zur Erreichung von verbessertem Datenschutz durch Technik verfügbar.

Zu nennen ist hier einerseits die Initiative des WWW-Konsortiums (W3C), das mit dem Projekt *Platform for Privacy Preferences* (P3P) zu mehr Sicherheit und Transparenz im Internet beitragen will. Andererseits unterstützen moderne Datenschutztechnologien, die als *Privacy Enhancing Technologies* (PET) bezeichnet werden, ein ganzes Bündel von Maßnahmen zur Datenvermeidung und Datensparsamkeit.

12.1 Platform for Privavy Preferences (P3P)

Mit dem Projekt *Platform for Privacy Preferences* (P3) leitete das WWW-Konsortium (W3C) 1997 eine Initiative ein, die zu mehr Transparenz im Web beitragen sollte. P3P ist so konzipiert, dass jeder einzelne Internetnutzer selbst über die Preisgabe seiner persönlichen Daten bestimmen kann. Damit steht die Wahrung der informationellen Selbstbestimmung im Vordergrund von P3P. Eine weitere Absicht des W3C ist es, mit dieser Initiative zusätzlich für das Vertrauen in das Internet als kommerzielles Informations- und Kommunikationsmedium zu werben.

P3P hat zum Ziel, dass der Diensteanbieter den Nutzer mittels standardisierter Ausdrucksmittel über Maßnahmen zum Datenschutz informiert. Dieser Verständigungsprozess soll weitgehend automatisiert zwischen dem Browser des Nutzers und dem Server des Anbieters ablaufen.

P3P soll nicht bereits etablierte oder standardisierte Technologien zum Datenschutz ersetzen. Statt dessen soll P3P mit vorhandenen Anonymisierungsdiensten, Verschlüsselungsverfahren und Internet-Bezahlsystemen zusammenarbeiten. Beispielsweise ist *Anonymisierung/Pseudonymisierung* in Verbindung mit Diensten oder Tools wie Anonymizer, LPWA, Onion Routing oder Crowds möglich, damit ein Nutzer, der anonym bleiben möchte, nicht über seine IP-Adresse aufspürbar ist.[1]

Im Rahmen von P3P hat der Diensteanbieter seine *Privacy Policy* (Datenschutz-Politik) öffentlich bekannt zu geben. In diesen Angaben, die man mit „Allgemeinen Geschäftsbedingungen für die Behandlung von Daten" vergleichen kann, erläutert der Anbieter dem Kunden, welche Daten angefordert und zu welchem Zweck sie benötigt werden. Eine Policy muss sowohl in maschinenlesbarer (in XML Syntax) als auch in allgemein lesbarer Form erstellt werden. Dazu ein Beispiel:[2]

"XYZ gibt folgende Erklärung über seine Webseiten unter www.xyz.de ab. Wir sammeln und werten Daten über unsere HTTP-Log-Dateien aus. Wir sammeln ebenfalls Informationen über Ihren Vornamen, Ihr Alter und Ihr Geschlecht, um Ihnen personalisierte Seiten anbieten zu können. Wir geben diese Daten nicht an Drittanbieter weiter. Wir halten uns dabei an unsere Datenschutzrichtlinien, die Sie unter www.xyz.de/ schutz.html nachlesen können. Die Organisation PrivacySeal.org versichert Ihnen, dass wir uns an diese Richtlinien halten."

Die maschinenlesbare Version der obigen Ausführung wird von einem so genannten P3P-Agenten, beispielsweise einem Browser, von der Web-Site des Anbieters vor dem eigentlichen Web-Seitenzugriff abgerufen. Die Policy wird gegen vom Nutzer festgelegte Datenschutzeinstellungen geprüft, bevor die vom Nutzer angegebene Web-Seite geladen werden kann. In diesen Einstellungen gibt der Nutzer Prüfregeln vor, die darüber entscheiden, ob eine HTML-Seite geladen wird, vor dem Laden beim Nutzer nachgefragt wird oder die Seite nicht geladen wird, wobei hier dem Nutzer eine entsprechende Meldung angezeigt werden soll. Zur Definition solcher Prüfregeln hat das W3C parallel zu P3P die Sprache APPEL (*A P3P Preference Exchange Language*) erarbeitet. Es ist

---

[1]   S. Kap. 12.2.

[2]   INTERNET, 01/1999, 96, www.zdnet.de/internet/artikel/tech/199901/p3p_00-wc.html.

jedoch nicht zwingend erforderlich, dass ein P3P-Agent diese Sprache nutzt. Durch die Auswertung einer P3P-Policy durch den Agenten soll der Nutzer die Möglichkeit bekommen, eine fundierte Entscheidung über die Erfassung und Nutzung seiner persönlichen Daten durch den Diensteanbieter treffen zu können oder automatisiert durch den Agenten treffen zu lassen. Hierdurch wird die Datenschutzgrundregel des *„Notice and Choice"* umgesetzt.

In der verabschiedeten Version von P3P muss der Anbieter seine Datenschutz-Politik für eine oder mehrere Seiten in maschinen- und menschenlesbarer Form beschreiben. Der Nutzer kann sie entweder annehmen oder ablehnen. Dieses Verfahren ist vergleichbar mit dem Label-Verfahren der W3C-*Platform for Internet Content Selection* (PICS).

Zur Realisierung von P3P ist eine Softwareerweiterung nur auf Client-Seite notwendig. Demgegenüber brauchen die Server ihre Policies für die erste Version nur über einen HTML-Link anzubieten, was serverseitig keine Software-Erweiterung voraussetzt.

P3P ermöglicht auch, dass innerhalb eines Anbieters jede Seite ihre eigene Datenschutz-Politik haben kann. Der Nutzer kann so entscheiden, wie weit er innerhalb eines Angebots geht. Denkbar ist es, dass die Startseite, die Registrierungsseite, die Einkaufsseite, die Bezahlseite und die Beschwerdeseite jeweils unterschiedliche Regeln der Datenverarbeitung beinhalten. P3P wird auch von DASIT zur Formulierung seiner Datenschutzpolitik eingesetzt.[3]

12.2 Privacy Enhancing Technologies (PET)

Diensteanbieter im Internet sind häufig daran interessiert, so viele personenbezogene Daten wie möglich zu erfassen. Je mehr, um so besser! Technische Möglichkeiten gibt es genug, jeden Beitrag zu einer Newsgroup, jede gesendete E-Mail, jeden Zugriff auf eine Internetseite und jeden online gekauften Artikel durch nicht bekannte Dritte zu überwachen und aufzuzeichnen. Technik, die dies ermöglicht oder sogar unterstützt, wird auch „Privacy Invasive Technology" (PIT) genannt.

---

[3] S. Kap. 8.3.1.

Im Gegensatz dazu wird jene Technik mit „Privacy Enhancing Technology" (PET) bezeichnet, die zum Ziel hat, mit so wenig personenbezogenen Informationen auszukommen wie nur irgend möglich. Schon zu Beginn, beim Entwurf der Technik, muss dieser Grundsatz der Datensparsamkeit befolgt werden. Dabei ist die Datenvermeidung die stets anzustrebende Form der Datensparsamkeit. Die Herausforderung an die Technik zur Entwicklung datenschutzfreundlicher Technik lautet daher: Datenschutz immer mehr durch Technik und weniger durch Regulierungen umzusetzen.

Diese Zielsetzung ist in DASIT durch folgende Merkmale realisiert:

- Das DASIT-Wallet verwaltet lokal im Client die Daten für die einzelnen Identitäten, die ein Nutzer annehmen kann.[4] Je nach gewählter Identität werden im Bedarfsfall die zugehörigen Daten freigegeben. Techniken dieser Art werden im Allgemeinen als *Identity Protector* bezeichnet.

- Neben dem vollidentifizierten Einkauf bietet DASIT auch einen Einkauf mit einem pseudonymen Namen.[5] Das Verfahren muss verhindern, dass im Normalfall ein Bezug von dem Pseudonym zur wahren Person hergestellt wird. Nur für Ausnahmefälle kann ein Pseudonym im Allgemeinen durch vertrauenswürdige Stellen aufgedeckt werden. In diversen Vorhaben sind bereits auch Techniken mit ähnlicher Zielsetzung unter dem Oberbegriff *Anonymisierungsdienste* entwickelt worden.

12.2.1 Identity Protector

Ein Identity Protector befindet sich zwischen dem Nutzer und den Diensten. Hierbei wird angenommen, dass sich das System in Einzelprozesse zerlegen lässt, die voneinander getrennt sind, personenbezogene Daten nur dort erhoben werden, wo dies notwendig ist, und diese nicht zusammengeführt werden können.

Der Identity Protector verwaltet verschiedene Identitäten (Pseudonyme). Für jeden Einzelprozess wählt er die geeignete aus und sorgt dafür, dass für einen Einzelprozess immer dieselbe Identität genutzt wird

---

[4] S. Kap. 8.5.
[5] S. Kap. 8.4.2.

und nicht fälschlicherweise eine andere. Die verschiedenen Identitäten entsprechen in der realen Welt Ausweisen, für jede Rolle ein anderer. Eine Rolle kann dann auch gleichgesetzt werden mit den entsprechenden Berechtigungen. Der Dienstausweis berechtigt zum Betreten des Firmengebäudes, der Clubausweis bescheinigt die Mitgliedschaft und der Führerschein berechtigt zum Fahren eines Autos. Diese Ausweisanalogie wurde in Form eines Identitätsmanagers auf einem Personal Digital Assistant (PDA) implementiert und in einer Simulationsstudie im Gesundheitswesen erprobt.[6]

Der Identity Protector kann folgende Funktionalitäten leisten:[7]

- Kontrollierte Offenlegung und Freigabe der Identität,

- Generierung von Pseudonymen,

- Umsetzung von Pseudonymen in weitere Pseudonyme,

- Umsetzung von Identitäten in Pseudonyme (Pseudonymisierung),

- Umsetzung von Pseudonymen in Identitäten (Depseudonymisierung),

- Vorbeugende Missbrauchsbekämpfung.

Der Bericht der Datenschutzbeauftragten[8] verweist darauf, dass die Funktionstüchtigkeit und Unveränderbarkeit des Identity Protectors konsequenterweise mittels Zertifizierung und (kryptografischer) Versiegelung durch eine unabhängige Vertrauensstelle sicherzustellen ist.

12.2.2 Anonymisierungsdienste

Für die Kommunikation über das Internet werden bereits einige Dienste angeboten, die zum Ziel haben:[9]

- Den Absender einer Nachricht zu verschleiern,

- Den Empfänger einer Nachricht zu verschleiern,

- Die Existenz einer Kommunikationsbeziehung zu verschleiern.

---

[6]   Schneider, DuD 1998, 645f.

[7]   AK Technik, www.datenschutz-berlin.de/to/datenfr.htm, 11.

[8]   AK Technik, www.datenschutz-berlin.de/to/datenfr.htm, 11.

[9]   Roessler, DuD 1998, 619.

Im Folgenden werden einige Beispiele aufgeführt.

Remailer

Remailer werden eingesetzt, um E-Mail anonym zu senden. Dabei werden vom Absender die E-Mails an einen Remailer geschickt, dieser ersetzt den Header der E-Mail durch einen anderen und schickt die E-Mail an den Empfänger oder an einen anderen Remailer. In dem Artikel von *Ian Goldberg* et al.[10] werden drei Typen von Remailern beschrieben, sie werden klassifiziert in Typ 0, 1 und 2.

Der wohl bekannteste Remailer ist `anon.penet.fi`. Er ist klassifiziert als Typ-0-Remailer. Der Remailer leistet Pseudonymität sowohl des Absenders als auch des Empfängers. Er verwaltet intern eine geheime Tabelle, die die wahren E-Mail-Adressen mit den Pseudonymen verknüpft. Durch die Einfachheit und die relativ einfache Benutzerschnittstelle war er zwar weit verbreitet, der Betrieb wurde aber inzwischen aufgrund von rechtlichem Druck eingestellt.

Trotz seiner Beliebtheit hatte dieser Remailer aber zwei Nachteile. Erstens mussten sich die Nutzer darauf verlassen, dass der Remailer-Betreiber die geheimen Zuordnungstabellen gegen Missbrauch gesichert hat. Zweitens konnten Angreifer den Netzverkehr beobachten und die ein- und ausgehenden Mails miteinander verknüpfen, um auf diese Weise die wahren Identitäten der Pseudonyme festzustellen.

Um Angriffe dieser Art zu vermeiden, wurden Remailer vom Typ Cypherpunk (Typ 1) entworfen. Diese Remailer verwenden keine Zuordnungstabellen und zeichnen auch nicht den Mail-Verkehr auf. Cypherpunk Remailer akzeptieren verschlüsselte Mails, entschlüsseln sie und schicken sie dann weiter. Die Remailer werden verkettet, so dass eine Mail mehrere Remailer durchläuft, bevor sie den endgültigen Empfänger erreicht. Auf diese Weise sieht ein Remailer in der Regel nur den nächsten. Typischerweise wird die Verkettung noch mit Verschlüsselung kombiniert. Eine Mail wird vom Absender für jeden Remailer verschachtelt ineinander verschlüsselt, so dass die Mail bei jedem Remailing schrittweise entschlüsselt wird. Durch die Nutzung einer Kette von Remailern erreicht man ein größeres Maß an Sicherheit. Nur ein

---

[10] Goldberg et al., Privacy-enhancing technologies for the Internet, www.cs.berkeley.edu/~daw/papers/privacy-compcon97-www/privacy-html.html.

einziger vertrauenswürdiger Remailer reicht aus - auch wenn man nicht weiß, welcher es ist -, um Anonymität zu gewährleisten.

Cypherpunk Remailer können auch zum anonymen Empfang von Mails genutzt werden. Hierzu wird vom Nutzer ein Reply-Block erzeugt, der vom Aufbau her einer leeren anonymen Mail an sich selbst ähnelt.

Es gibt aber dennoch eine Reihe von Angriffsmöglichkeiten. Nachrichten in einer Kette von Remailern werden an jedem Knoten verkürzt und damit unter Umständen verfolgbar. Des weiteren können durch Nachrichtenüberwachung und zeitliche Korrelation oder durch Replay-Angriffe Kommunikationsbeziehungen aufgedeckt werden.[11]

Die neuste am besten durchdachte Remailer-Technologie ist der Mixmaster- oder Typ-2-Remailer. Die Typ-1-Technologie wurde erweitert, um einen noch besseren Schutz gegen Lauschangriffe zu bieten. Es wird immer auf jedem Abschnitt verschlüsselt und verkettet. Typ-2-Remailer nutzen Nachrichten gleicher Länge, um dadurch Korrelationen über die Länge zu verhindern. Sie enthalten weiter Vorkehrungen gegen raffinierte Replay-Angriffe. Und schließlich enthalten sie noch verbesserte Methoden zum Umsortieren der Nachrichten, wodurch Verknüpfungen durch Verwendung zeitlicher Korrelationen verhindert werden sollen. Um Nutznachrichten zu „verstecken", werden kontinuierlich Zufallsnachrichten erzeugt, die die Lücken auffüllen.

Eine andere einfache Technik, um Anonymität des Empfängers zu erreichen, ist die Nutzung eines Nachrichten-Pools. Der Absender verschlüsselt seine Mail mit dem öffentlichen Schlüssel und schickt die verschlüsselte Nachricht an eine Mailing-Liste oder Newsgroup. Die Gruppe `alt.anonymous.messages` wurde extra für diesen Zweck eingerichtet. Der Empfänger liest alle Nachrichten der Gruppe und filtert lokal die für ihn bestimmten heraus. Ein Nachteil dieser einfachen Technik ist allerdings, dass die Gruppen mit Nachrichten überflutet werden und sehr viel Bandbreite benötigt wird. Jeder potentielle Empfänger muss alle Nachrichten der Gruppe herunterladen.

Um diese Technologien auch nutzbar zu machen, wird Klienten-Software benötigt, die dem Nutzer eine einfach zu bedienende Schnitt-

---

[11]   Roessler, DuD 1998, 620.

stelle bieten und die Komplexität der Technologie vor dem Nutzer verbergen. Das Produkt „premail" von *Raph Levien* ist ein Beispiel.[12]

Online-Anonymizer

Bei Online-Anonymizern werden vergleichbare Techniken angewendet wie bei nicht-interaktiven Diensten (wie Remailer). Bei interaktiven Diensten, wie zum Beispiel Web-Zugriffen, werden allerdings strengere Anforderungen an die Lauf- und Antwortzeiten gestellt. Deshalb darf die Zeit, die für Verkettungen, Verschlüsselungen und Verweildauer auf Zwischenknoten für Mixe benötigt wird, nicht zu groß werden.

Im Folgenden sollen einige Arten von Anonymizern für Web-Zugriffe genauer betrachtet werden:[13] Anonymizer, Crowds, Onion Routing und JANUS. Die ersten drei Arten leisten Anonymität des Clients, während JANUS so konzipiert wurde, dass es sowohl Anonymität des Clients als auch Anonymität des Servers gewährleisten kann. Onion Routing ist nicht auf Web-Zugriffe begrenzt; es bietet allgemeine, anonyme Ende-zu-Ende-Verbindungen, über die auch beliebige TCP-Daten übermittelt werden können. Damit ließe sich Onion Routing beispielsweise auch für Filetransfer, Remote Login oder Tunneling für IP-Pakete nutzen.

Anonymizer

Der Anonymizer[14] funktioniert ähnlich wie ein Typ-0-Remailer. Technisch gesehen arbeitet er wie ein gewöhnlicher Web-Proxy, allerdings mit dem Unterschied, dass er potenziell alle personenbezogenen Daten aus den Headern der Web-Anfragen entfernt; er entfernt auch Proxies. Anonymizer wenden keine Verschlüsselung an.

Der Nutzer muss dem Betreiber des Anonymizers vertrauen, dass er keine Verkehrsdaten sammelt. Theoretisch könnte man zumindest mehrere Anonymizer hintereinander schalten, dann weiß nur noch der Erste, von wem die Anfrage kommt. Gegenüber Verkehrsanalysen ist der Anonymizer aber nicht sicher.

---

[12] Goldberg (Fn. 10).

[13] Federrath, DuD 1998, 630, Roessler, DuD 1998, 621, Demuth, DuD 1998, 624.

[14] www.anonymizer.com.

Crowds

Bei Crowds[15] versteckt sich der Benutzer hinter anderen Benutzern von Crowds. Jeder Benutzer von Crowds hat auf seinem Rechner ein Programm installiert, den sogenannten Jondo. Eine Web-Abfrage des Nutzers wird an den Jondo eines anderen geschickt, dieser entscheidet nach dem Zufallsprinzip, ob er die Abfrage an einen nächsten Jondo oder an den ursprünglich adressierten Web-Server weiterleitet. Die Daten zwischen den Jondos werden symmetrisch verschlüsselt.

Ein Nachteil ist, dass ein Teilnehmer fälschlicherweise für den Absender einer Anfrage gehalten werden kann. Er hat jedoch immer die Möglichkeit, dieses abzustreiten. Gegen Angriffe über Verkettung der Länge und/oder der Zeit von ein- und ausgehenden Nachrichten eines Jondos wurden keine Schutzmaßnahmen ergriffen.

Onion Routing

Die Grundlage für Onion-Routing[16] ist ein „virtuelles" Netz bestehend aus Onion-Routern als Netzknoten. Diese Knoten kommunizieren über langfristige, vertrauliche Verbindungen miteinander, man kann es auch als Overlay-Netz „oberhalb" des Internet bezeichnen.

Wenn der Nutzer eine anonyme Verbindung über dieses Netz aufbauen will, erzeugt er zunächst eine „Zwiebel". Durch den Aufbau der Zwiebelschalen wird der Pfad durch das Router-Netz festgelegt, jede Schale enthält verschlüsselt Informationen zum Aufbau des nächsten Pfadabschnitts und zum Umverschlüsseln der Nutzinformationen.

In einem ersten Schritt wird eine Art Ende-zu-Ende-Verbindung durch das Onion-Netz aufgebaut, so dass jeder Knoten nach erfolgtem Verbindungsaufbau weiß, an welchen Nachbarknoten er ankommende Nachrichten nach Umverschlüsselung zu versenden hat. Jeder Knoten schält die Zwiebel schalenweise ab, trägt die für ihn bestimmten Informationen in eine Tabelle ein und gibt die geschälte Zwiebel an den nächsten Knoten. Dieser Vorgang wiederholt sich so lange, bis die Zwiebel abgeschält ist. Der letzte Knoten in dieser Kette stellt schließlich die Verbindung zum gewünschten Teilnehmer her. Nach erfolgreichem Verbindungsaufbau durch das Router-Netz können die Nutzdaten in beide Richtungen zwischen den Endteilnehmern ausgetauscht wer-

---

15   www.research.att.comprojects.

16   ww.onion-router.net.

den. Die Nutznachrichten werden dann entlang des für den Verbindungsaufbau festgelegten Pfades durch das Netz geschleust. Die Kommunikation geschieht mit Paketen fester Länge, unter Umständen werden auch noch Fülldaten versendet, um Verkehrsanalysen und die Herstellung von Zeitkorrelationen zwischen ein- und ausgehenden Paketen zu erschweren.

JANUS

Die Entwickler von JANUS der Fernuniversität Hagen sehen auch gute Gründe für das anonyme Anbieten von Seiten im Web. Sie sehen die Notwendigkeit für folgende Beispiele:[17]

* Anbieten eines wissenschaftlichen Artikels zur Begutachtung für eine Konferenz in anonymer Form,

* Eigenwerbung eines ungekündigten Arbeitnehmers auf seiner privaten Web-Seite zum Zwecke einer beruflichen Veränderung,

* Publikation von Schriften einer Bürgerrechtsgruppe in einem totalitären Staat, ohne Repressalien fürchten zu müssen.

Wenn ein Anbieter eine Web-Seite veröffentlichen will, verschlüsselt er seine URL mit dem öffentlichen Schlüssel eines JANUS-Servers. Es besteht auch die Möglichkeit, mit den Schlüsseln mehrere JANUS-Server verschachtelt zu verschlüsseln. Das Ergebnis entspricht einer anonymen Adresse nach dem Mix-Konzept. Der verschlüsselten Adresse wird die URL des JANUS-Servers vorangestellt, so dass sie beispielsweise folgendes Aussehen hat:

```
http://janus.fernuni-hagen.de/janus_encrypted/
MTCJP0kAFqxDL90.............XROS945ryA6g114zWVg=
```

Diese URL kann beliebig veröffentlicht werden, als Link auf einer Web-Seite, in E-Mails oder auf andere Weise.

Bei der Erstellung einer Seite muss allerdings aufgepasst werden, dass der Inhalt nicht Informationen enthält, die die Anonymität des Autors oder des Servers wieder aufheben. Wenn die übertragene anonyme Web-Seite Links enthält, und diese HTML-konform ausgeführt wurden, erkennt JANUS die Verweise und verschlüsselt diese.

---

[17] Demuth, DuD 1998, 624.

Um auch Anonymität des Klienten zu erzielen, wird die ursprünglich durch den Browser initiierte Anfrage derart modifiziert und gefiltert, dass der Web-Server nicht auf den ursprünglichen Initiator der Anfrage schließen kann. Beispielsweise wird die E-Mail-Adresse des Nutzers durch die eigene ersetzt, die Angabe im „Referrer"-Feld (URL, von der aus aufgerufen wurde) entfernt und die Typenangabe des Browsers ersetzt.

Da der durch JANUS bereitgestellte Anonymisierungsdienst für jedermann verfügbar ist, kann er auch für Zwecke missbraucht werden, die legale oder moralische Grenzen verletzen. Um derartigen Missbrauch zu verhindern, führt jede Instanz eine Ausschlussliste mit Adressen von Web-Seiten oder kompletten Servern, auf die kein anonymer Zugriff unterstützt wird. Eine missbräuchlich genutzte URL kann jederzeit entschlüsselt werden, um sie zum Beispiel Verfolgungsbehörden auszuhändigen.

Die derzeitige Version von JANUS hat noch einige Sicherheitslücken. Durch Beobachtung und Analysen des Netzverkehrs ist es möglich, die Anonymität aufzulösen. Zukünftige Versionen sollen daher um Funktionen erweitert werden, die – ähnlich wie in anderen Anonymisierungs-Diensten – die Sicherheit verbessern sollen. Dazu gehören Verschlüsselung auch der Seiteninhalte, Veränderung der Nachrichtenlänge, Vertauschung der Reihenfolge, Erzeugen von Schein-Nachrichten und -Anfragen sowie Erweiterung der Parsingfähigkeiten, um zum Beispiel in Java-Applets und -Skripten vorhandene Referenzen zu verschlüsseln.

13 Zukunftsaussichten im E-Commerce

Alexander Roßnagel, Michael Salmony, Markus Birkelbach

13.1   Vorbildliche Erfüllung der Datenschutzanforderungen   207
13.2   Datenschutz durch Datenschutztechnik   208
13.3   Vertrauen in E-Commerce   209
13.4   Zukünftige Herausforderungen des E-Commerce   209
   13.4.1   Benutzerfreundliche Schnittstellen   210
   13.4.2   Micropayments   211
   13.4.3   Individuelle Komplettlösungen   212

13.1 Vorbildliche Erfüllung der Datenschutzanforderungen

Durch DASIT werden die Datenschutzanforderungen vorbildlich umgesetzt. Mit ihm kann ein Online-Händler die Anforderungen des TDDSG und des BDSG an das Einkaufen und Bezahlen im Internet erfüllen. Er kann problemlos seinen Informationspflichten nachkommen, die für die Vertragserfüllung erforderlichen Daten erheben und verarbeiten und den Kunden bitten, in die Verarbeitung und Nutzung zusätzlicher Informationen durch elektronische Signatur einzuwilligen. Er kann dem Kunden die Möglichkeit bieten, pseudonym einzukaufen und zu bezahlen, und ihm ermöglichen, im gleichen Medium seine gesetzlichen Rechte auszuüben.

Mit DASIT konnte gezeigt werden, dass die auf das Internet bezogenen Anforderungen des TDDSG zum Schutz der informationellen Selbstbestimmung des Nutzers umsetzbar sind. Sie haben sich als technisch möglich und zumutbar erwiesen. Damit wurde der Vorbehalt, den § 4 Abs. 6 TDDSG zugunsten des Online-Anbieters macht, stark relativiert. Er kann nun nicht mehr geltend machen, beim elektronischen Einkaufen und Bezahlen sei das Angebot der pseudonymen Nutzung technisch unmöglich oder unzumutbar. Hier werden nur noch spezifische technische oder wirtschaftliche Schwierigkeiten eine zulässige Rechtfertigung für das Fehlen eines solchen Angebots sein. Zugleich hat die Umsetzung der Datenschutzanforderungen gezeigt, dass es richtig war, sie bei der Novellierung des TDDSG beizubehalten. Sie verbessern tatsächlich die informationelle Selbstbestimmung des Kunden, ohne die legitimen Interessen des Händlers zu beeinträchtigen.

DASIT kann nicht nur Vorbild für das Einkaufen und Bezahlen, sondern auch für viele andere Anwendungen im Internet sein. Insbesondere die Realisierung pseudonymen Handelns ist eine in Zukunft an Bedeutung gewinnende Form, die informationelle Selbstbestimmung der Nutzer technisch zu gewährleisten.[1] Die in DASIT gewählte Lösung mit zwei Pseudonymen wird künftig zu einer Lösung fortentwickelt werden, die es dem Nutzer ermöglicht, je nach Beziehung erheblich mehr unterschiedliche Pseudonyme einzusetzen. Aus diesem Grund sollte in das DASIT-Applet langfristig ein Identitätsmanagement integriert werden, das für den Nutzer ein Datenschutzgedächtnis realisiert, das ihm jeweils deutlich macht, welche flüchtigen oder beständigen Pseudonyme er in einer bestimmten Beziehung bereits benutzt hat.[2]

13.2 Datenschutz durch Datenschutztechnik

Mit DASIT wurde der richtige Weg beschritten, der künftig eine Allianz von Recht und Technik ermöglicht. Technik ist nicht in erster Linie als Gegner, sondern auch als Helfer des Datenschutzes anzusehen.[3] Je mehr der Datenschutz dem Einflußbereich des nationalen Gesetzgebers entschwindet, desto mehr muss Datenschutz weltweit wirksam werden. Dies ist mangels einer wirksamen Weltrechtsordnung nur dann möglich, wenn er in die Technik eingearbeitet ist. Dieser Weg bietet zwei Vorteile: Datenschutztechniken sind – im Gegensatz zu Datenschutzrecht – weltweit wirksam und Technikunternehmen sind – im Gegensatz zu Gesetzgebern – sehr schnell lernende Systeme.

Beide Vorteile lassen sich nutzen, wenn es gelingt, für Datenschutztechnik einen Markt zu entwickeln.[4] Wenn sich Datenschutztechnik verkauft, wird sie sich ebenso dynamisch entwickeln wie neue techni-

---

[1] S. näher Roßnagel/Pfitzmann/Garstka 2001, 37, 102 ff., 148 ff.

[2] S. zum Identitätsmanagement z.B. Schneider/Pordesch, DuD 1998, 645; Pordesch, DuD 1999, 81; Borking, DuD 1998, 636; Federrath/Berthold 2000, 189.; Köhntopp/Pfitzmann, it+ti 5/2001, 227; Köhntopp 2002, Kap. 3.3, Rn. 88 ff.

[3] S. z.B. Roßnagel 2001; Information and Privacy Commisioner/Registratiekamer 1995.

[4] S. Büllesbach, RDV 1995, 1; ders., RDV 1997, 239.

sche Herausforderungen für den Datenschutz. Technischer Datenschutz ist auch viel effektiver als rein rechtlicher Datenschutz. Was technisch verhindert wird oder unterbunden werden kann, muss nicht mehr verboten werden. Gegen Verhaltensregeln kann verstoßen werden, gegen technische Begrenzungen eines Techniksystems nicht. Datenschutztechnik kann Kontrollen und Strafen überflüssig machen.

13.3 Vertrauen in E-Commerce

Bietet ein Händler das DASIT-Applet und ein pseudonymes Bezahlverfahren wie SET an, verhält er sich nicht nur gesetzeskonform, sondern kann auch noch einen großen Wettbewerbsvorteil geltend machen. Denn mit Lösungen wie DASIT kann das Vertrauensproblem des E-Commerce angegangen werden. Viele Internetnutzer sind am Einkaufen im Internet interessiert, zögern jedoch, weil es ihnen zu unsicher erscheint und sie einen Missbrauch ihrer personenbezogenen Daten befürchten. Händler, die als erste einen datenschutzfreundlichen Interneteinkauf ermöglichen, können diese große Kundengruppe auf sich lenken. Für sie wird aber auch in der Folgezeit der Imagegewinn und die Vertrauensbildung durch Datenschutz einen bleibenden Wettbewerbsvorsprung bilden.

Datenschutz durch Technik – wie im Fall DASIT – kann Datenschutz unterstützen und den Beteiligten helfen, ihn durchzusetzen, kann ihn allein aber nicht gewährleisten. Wie am Beispiel der Zusammenarbeit von Händler und Logistikunternehmen dargestellt, ist eine effektive Datenschutzkontrolle notwendig, um technisch noch immer mögliche Missbräuche unterbinden zu können.

13.4 Zukünftige Herausforderungen des E-Commerce

Nachdem nun das Akzeptanzproblem Datenschutz durch DASIT weitgehend gelöst werden kann, stellt sich die Frage nach den weiteren Herausforderungen, die zur Zeit noch massiv die Entwicklung des Internets und damit den E-Commerce behindern.

Aus technischer Sicht sind dies die zwei Schlüsselbereiche: benutzerfreundliche Schnittstellen (wie z.B. über Sprache und/oder Biometrie) und fehlende Micropayment-Verfahren. Der Markt steht vor der Herausforderung, dem zunehmenden Wunsch nach individuellen Komplettlösungen nachzukommen, in die auch Datenschutzlösungen integriert werden müssen.

13.4.1 Benutzerfreundliche Schnittstellen

Heute sind die meisten Benutzer schon so an Windows, Icons, Mouse, Pull-Down-Menus gewöhnt, dass es schon fast zur Routine geworden ist. Bis hierhin hat man aber eine schmerzliche Einarbeitungsphase hinter sich gebracht und muss ständig weiter dazu lernen. Dagegen geht der oft gehegte Wunsch, dass ein Computer so leicht zu bedienen sein soll wie ein Auto, nicht in Erfüllung. Das Auto kann man rechts oder links steuern – ein Computer hat eine unendlich größere Funktionsvielfalt und muss deshalb zwangsläufig auch mehrdimensionaler, das heißt komplizierter in der Handhabung, sein.

Trotzdem sind Benutzerschnittstellen, die einfacher sind als die jetzt etablierten, erforderlich und umsetzbar. Der Erfolg der Handys geht nicht zuletzt darauf zurück, dass sie leicht zu bedienen sind und keine sichtbaren Betriebssysteme aufweisen. Trotz der komplizierten Nutzung von PCs verwenden immerhin ca. 30% der Deutschen einen Rechner. Aber wie erreicht man die restlichen 70%?

Eine kritische Technologie dazu ist sicher die *Spracherkennung*. Viele Geräte (Handys, Fernbedienung, Organiser usw.) sind nur deshalb so groß, um die Tastatur zu akkomodieren. Fällt dieses Eingabemedium aus, weil man seine Befehle sprechen kann, wird die Größe der Geräte abnehmen und der Bedienkomfort drastisch steigen. Die Spracherkennung hat zwar große Fortschritte gemacht, aber selbst eine 90%-Erkennungsrate bedeutet, dass jedes zehnte Wort falsch ist. Man ist also noch weit davon entfernt, dass Maschinen einen so gut verstehen können wie Menschen. Hier scheint es leider auch algorithmische Probleme zu geben, die nicht einfach durch schnellere Prozessoren wett gemacht werden können. Wir müssen uns hier also wohl noch eine Zeit gedulden.

Biometrie ist eine andere Technologie, die die Nutzung der neuen Medien weiter fördern würde. Das Sicherheitsempfinden ist, wie wir gesehen haben,[5] hoch. Die heutigen Verfahren mittels Chipkarten, PIN/TAN-Verfahren, Verschlüsselungscodes und ähnlichen Sicherungen sind

---

[5] S. Abbildung 1 in Kap. 3.1.

in der Regel nicht sehr anwenderfreundlich und damit auch fehleranfällig. Die Möglichkeit der Identifikation mittels persönlicher Merkmale, wäre mit Sicherheit ein Durchbruch. Leider ist die Umsetzung heute noch sehr aufwendig (Iris-Erkennung) oder recht unsicher (Spracherkennung, Handschrifterkennung), und zudem stehen die Kosten noch in keinem Verhältnis zum Nutzen.

Sollten diese und ähnliche Technologien irgendwann zum Einsatz kommen, wird die Akzeptanz der Neuen Medien sicher nochmals deutlich gesteigert werden können.

13.4.2 Micropayments

Ein Ausweg aus der „Kostenlos Gesellschaft" des Internet wäre für einfache Dienste auch einen geringen Obolus zu verlangen – beispielsweise für eine Recherche mittels Suchmaschine 0,1 Eurocent, für eine Antwort aus dem exzellenten – aber heute kostenlosen – Expertendienst AskMe.com 10 Eurocent, ein Routenplan für 50 Eurocent.

Dies würde keinen Nutzer merklich belasten und es ist nicht davon auszugehen, dass dadurch die Nutzung merklich reduziert würde. Dafür würde aber – wegen der großen Abrufzahlen zum Beispiel für Suchmaschinen – eine erhebliche neue Einnahmequelle entstehen. Damit wären erstmals auch anspruchsvolle immaterielle Dienste über das Medium Internet langfristig finanzierbar.

Leider gibt es bis heute kein praktikables Verfahren, die Beträge in diesen kleinen Dimensionen abrechnen zu können. Größere Beträge (ab ca. 25 Euro) lassen sich sicher, wirtschaftlich und praxisnah mit der Kreditkarte online bezahlen, kleinere Beträge bis zu wenigen Euro auch mit anderen innovativen Verfahren wie Paybox oder Paypal. Dagegen sind leider alle Versuche, ein Verfahren für die Bezahlung von Beträgen im „Sub-Eurocents-Bereich" einzuführen, das so sicher und leicht zu benutzen ist wie Kreditkarten, bisher gescheitert. Deren Namen sind Legion: Micropayment, Cybercash, eCash, Millicents, Net900, Webcents und andere mehr. Meist sind sie kompliziert und oft kostet deren Transaktionsverarbeitung mehr als der betreffende Betrag.

Eine Lösung dieses Problems würde den Durchbruch im Internet – insbesondere im Business-to-Consumer-Bereich – bedeuten. Denn dann lassen sich potenziell alle Dienste – nicht nur der Kauf von hochwertigen Gütern – finanzieren. Ein erster Ansatz ist möglicherweise bereits absehbar durch eine Abrechnung über die Telefonrechnung, wie damals bei Btx, als hier auch Pfennigbeträge abrechenbar waren, was aber noch für das Internet zu beweisen gilt.

13.4.3   Individuelle Komplettlösungen

An die Stelle von einzelnen Produkten und Dienstleistungen tritt zunehmend der Kundenwunsch nach individuellen Komplettlösungen. Für den einzelnen Anbieter wird es dabei allerdings zunehmend schwieriger solche Komplettlösungen aus seinem eigenen Leistungsportfolio zusammenzustellen. Die neuen Informations- und Kommunikationstechniken machen es jetzt erstmals wirtschaftlich möglich, dass durch die Vernetzung von Spezialisten dem Kunden das beste „Bundle an Lösungen" bereitgestellt werden kann. Das eigene Produkt oder die eigenen Dienstleistungen werden somit nur noch ein Teil – Embedded Product – der Komplettlösung sein.

Solche Komplettlösungen, wie es sie heute schon im Einzelnen gibt, werden in Zukunft weiter zunehmen. Vorstellbar wären beispielsweise: Steigbügel ins Web, Bezahlverfahren für den Mittelstand, Sorglospaket für Start-Up Unternehmen, Trust Services (wie Digitale Signatur, Bonitätsprüfung, Datenschutz, Rechnungsübernahme bis zu einem Limit).

Dabei sind diese Lösungspakete hoch dynamisch und lassen sich je nach Bedarf erweitern und neu kombinieren, so dass jeweils individuell die beste Lösung angeboten werden kann.

Der Erfolg in einer immer komplexeren Welt führt also vor allem über die Aufteilung in kleine spezialisierte Einheiten, die durch Vernetzung ihre Kompetenzen optimal nutzen und neue Geschäftsfelder auf der Basis ihrer bisherigen Kernkompetenzen entwickeln. Datenschutz muss – wie bei DASIT – in diese Geschäftsprozesse integriert werden.

Literatur

Arbeitskreis Technik der Konferenz der Datenschutzbeauftragten des Bundes und der Ländern (1997): Datenschutzfreundliche Technologien, DuD 1997, 709.

BAT-Freizeit-Forschungsinstitut (2001): Der gläserne Konsument. Die Zukunft von Datenschutz und Privatsphäre in einer vernetzten Welt, Hamburg 2001.

Bäumler, H. (1999): Das TDDSG aus der Sicht eines Datenschutzbeauftragten, DuD 1999, 258.

Bäumler, H./Breinlinger, A./Schrader, H.-H. (1999): Datenschutz von A bis Z, Neuwied 1999.

Bergmann, L./Möhrle, R./Herb, A. (1991): Datenschutzrecht: Handkommentar zum BDSG, 4. Bände, (Loseblattslg.) Stuttgart 1995 ff.

Bizer, J. (1998): Technikfolgenabschätzung und Technikgestaltung im Datenschutzrecht, in: Bäumler, H. (Hrsg.): Der neue Datenschutz - Datenschutz in der Informationsgesellschaft von morgen, Neuwied, 1998, 45.

Bizer, J. (1998): Web-Cookies - datenschutzrechtlich, DuD 1998, 277.

Bizer, J. (1999): Datenschutz durch Technikgestaltung, in: Bäumler, H./Mutius, A. von (Hrsg.), Datenschutzgesetze der dritten Generation, Neuwied 1999, 29.

Bizer, J. (2000): Kommentierung des § 3 TDDSG, in: Roßnagel, A. (Hrsg.), Recht der Multimedia-Dienste, Kommentar zum Informations- und Kommunikationsdienste-Gesetz und zum Mediendienste-Staatsvertrag, (Loseblattslg.) München 1999 ff.

Bizer, J./Bleumer, G. (1997): Gateway: Pseudonym, DuD 1997, 46.

Bizer, J./Grimm, R. (1999): Electronic Commerce – Anbieterkennzeichnung – Datenschutz: Rechtliches Gutachten im Auftrag der Arbeitsgemeinschaft der Verbraucherverbände, Darmstadt 1999.

Bizer, J./Trosch, D. (1999): Die Anbieterkennzeichnung im Internet – Rechtliche Anforderungen für Tele- und Mediendienste, DuD 1999, 621.

Bludau, H.-B./Buchauer A./Roßnagel/A. Schneider M. J. (1998): Ziele, Konzeption und Verlauf der Simulationsstudie in Heidelberg, in: Müller, G./Stapf, K. H. (Hrsg.), Mehrseitige Sicherheit, Band 2, Bonn u.a. 1998, 349.

Böhle, K./Riehm, U. (1998): Blütenträume – Über Zahlungssysteminnovation und Internet-Handel in Deutschland. Studie des Instituts für Technikfolgenabschätzung und Systemanalyse des Forschungszentrums Karlsruhe, Wissenschaftlicher Bericht FZKA 6161, Karlsruhe 1998.

Boente, W./Riehm, T. (2001): Das BGB im Zeitalter digitaler Kommunikation – Neue Formvorschriften, JURA 2001, 793.

Borking, J. (1996): Der Identity-Protector, DuD 1996, 654.

Borking, J. (1998): Einsatz datenschutzfreundlicher Technologien in der Praxis, DuD 1998, 636.

Breinlinger, A. (1997): Datenschutzrechtliche Probleme bei Kunden- und Verbraucherbefragungen zu Marketingzwecken, RDV 1997, 247.

Bröhl, G. M. (2001): EGG - Gesetz über rechtliche Rahmenbedingungen des elektronischen Geschäftsverkehrs – Erläuterungen zum Referentenentwurf, MMR 2001, 67.

Brühann, U. (1996): EU-Datenschutzrichtlinie – Umsetzung in einem vernetzten Europa, DuD 1996, 66.

Büllesbach, A. (1995): Informationssicherheit, Datenschutz und Qualitätsmanagement, RDV 1995, 1.

Büllesbach, A. (1997): Datenschutz und Datensicherheit als Qualitäts- und Wettbewerbsfaktor, RDV 1997, 239.

Büllesbach, A. (1999): Das TDDSG aus Sicht der Wirtschaft, DuD 1999, 263.

Büllesbach, A./Garstka, H. (1997): Systemdatenschutz und persönliche Verantwortung, in: Müller, G./Pfitzmann, A. (Hrsg.): Mehrseitige Sicherheit, Bonn u.a. 1997, 383.

Bundesbeauftragter für den Datenschutz (1999): 17. Tätigkeitsbericht, Bonn 1999.

Bundesregierung (1999): Bericht über die Erfahrungen und Entwicklungen bei den neuen Informations- und Kommunikationsdiensten im Zusammenhang mit der Umsetzung des Informations- und Kommunikationsdienste-Gesetzes (IuKDG), BT-Drs. 14/1191.

Cavoukian, A./Gurski, M./Mulligan, D./Schwartz, A. (2000): P3P und Datenschutz, DuD 2000, 475.

CDT (1999) Center for Democracy and Technology: Behind the Numbers: Privacy Practices on the Web, 1999, www.cdt.org/previousheads/ dataprivacy.shtml.

Cranor, L. F. (2000): Platform for Privacy Preferences – P3P, DuD 2000, 479.

Culnan, M. (1999): Privacy and the Top 100 Web Sites: Report to the FTC, Washington D.C. 1999, www.msb.edu/faculty/culnanm/gippshome.html.

Damker, H./Federrath, H./Reichenbach, M./Bertsch, A. (1997): Persönliches Erreichbarkeitsmanagement, in: Müller, G./Pfitzmann, A. (Hrsg.), Mehrseitige Sicherheit, Band 1, Bonn u.a. 1997, 207.

Damker, H./Rannenberg, K./Pordesch, U./Schneider, M. J. (1998): Der Erreichbarkeits- und Sicherheitsmanager, in: Müller, G./Stapf, K. H. (Hrsg.), Mehrseitige Sicherheit, Band 2, Bonn u.a. 1998, 29.

Dammann, U./Simitis, S. (1997): EG-Datenschutzrichtlinie: Kommentar, Baden-Baden 1997.

Deutsches Institut für Normung e.V. (1988): DIN 66 234 Teil 8: Grundsätze ergonomischer Dialoggestaltung, Berlin 1998.

Dierks, T./Allen, C. (1999): The TLS Protocol Version 1.0 (RFC2246).

Dieselhorst, J. (1998): Anwendbares Recht bei Internationalen Online-Diensten, ZUM 1998, 293.

Dörr, E. (1992): Die Folgen der Nichtbeachtung der Pflichten aus § 4 Abs. 2 BDSG, RDV 1992, 167.

Duhr, E./Naujok, H./Schaar, P. (2001): Anwendbarkeit des deutschen Datenschutzrechts auf Internetangebote, MMR aktuell 7/2001, 16.

Ehmann, E./Helfrich, M. (1999): EG-Datenschutzrichtlinie: Kurzkommentar, Köln 1999.

Eichler, A. (1999): Cookies – verbotene Früchte, K&R 1999, 76.

Engel-Flechsig, S. (1997): Teledienstedatenschutz – Die Konzeption des Datenschutzes im Entwurf des Informations- und Kommunikationsdienstegesetzes des Bundes, DuD 1997, 8.

Engel-Flechsig, S./Maennel, F. A./Tettenborn, A. (1997): Das neue Informations- und Kommunikationsdienste-Gesetz, NJW 1997, 2981.

Enzmann, M. (2000): Introducing Privacy to the Internet User. How P3P meets the European Data Protection Directive, DuD 2000, 535.

Enzmann, M./Pagnia, H./Grimm, R. (2000): Das Teledienstedatenschutzgesetz und seine Umsetzung in der Praxis, Wirtschaftsinformatik 2000, 402.

Enzmann, M./Roßnagel, A.: Realisierter Datenschutz im elektronischen Einkaufen und Bezahlen – Das Projekt DASIT, CR 2002, i.E.

Federrath, H./Berthold, O. (2000), Identitätsmanagement, in: Bäumler, H. (Hrsg.), E-Privacy – Datenschutz im Internet, Neuwied 2000, 189.

Federrath, H./Pfitzmann, A. (1998): „Neue" Anonymitätstechniken – Eine vergleichende Übersicht, DuD 1998, 628.

Felixberger, S. (2001): Begrenzter Anwendungsbereich des TDDSG, DSB 1/2001, 4.

Felten, E. W./Balfanz, D./Dean, D./Wallach, D. S. (1996): Web Spoofing: An Internet Con Game, Technical Report, Department of Computer Science, Princeton University 1996, 540.

Freier, A. O./Karlton, P./Kocher, P. C. (1996): The SSL Protocol Version 3.0.

Fox, D. (1997): Spoofing, DuD 1997, 724.

FTC (1998) Federal Trade Commision: Privacy Online: A Report to Congress, July 1998, www.ftc.gov/ reports/privacy3/index.htm.

FTC (1999) Federal Trade Commision: Self-Regulation and Privacy Online, A Report to Congress, July 1999 – www.ftc.gov/opa/1999/9907/report1999.htm, 5.

FTC (2000a) Federal Trade Commision: Fair Information Practices in the Electronic Marketplace, www.ftc.gov/reports/privacy2000/.

FTC (2000b) Federal Trade Commision: Online Profiling: A Report to the Congress, June 2000, www.ftc.gov/os/2000/06/ onlineprofilingreportjune2000.pdf.

Fujita, T. (1982): Gyoseishido – Rechtsprobleme eines Hauptmittels der gegenwärtigen Verwaltung in Japan, Die Verwaltung 1982, 226.

Fujita, T. (1994): Streitvermeidung und Streiterledigung durch informelles Verwaltungshandeln in Japan, NVwZ 1994, 133.

Fujiwara, S. (2001): Rahmenbedingungen des japanischen Datenschutzgesetzes, in: Kubicek, H./Klumpp, D./Fuchs, G./Roßnagel, A. (Hrsg.), Internet@Future, Jahrbuch Telekommunikation und Gesellschaft 2001, 275.

Garstka, H. (1998): Empfiehlt es sich, Notwendigkeit und Grenzen des Schutzes personenbezogener – auch grenzüberschreitender – Informationen neu zu bestimmen?, DVBl. 1998, 981.

Gattung, G./Grimm, R./Pordesch, U./Schneider, M. J. (1997): Persönliche Sicherheitsmanager in einer virtuellen Welt, in: Müller, G./Pfitzmann, A. (Hrsg.), Mehrseitige Sicherheit, Band 1, Bonn u.a. 1997, 181.

Gattung, G./Pordesch, U./Schneider, M. J. (1998): Der mobile persönliche Sicherheitsmanager, GMD-Report 24, Birlinghofen 1998.

Geis, I. (2000): Schutz von Kundendaten im E-Commerce und elektronische Signatur, RDV 2000, 208.

Gerhold, D./Heil, H. (2001): Das neue Bundesdatenschutzgesetz 2001, DuD 2001, 377.

Gola, P./Müthlein, T. (1997): Neuer Tele-Datenschutz – bei fehlender Koordination über das Ziel hinausgeschossen?, RDV 1997, 193.

Gola, P./Schomerus, R. (1997): Bundesdatenschutzgesetz mit Erläuterungen (BDSG), 6. Aufl. München 1997.

Gola, P./Wronka, G. (1994): Werbung, Wettbewerb und Datenschutz, RDV 1994, 157.

Gounalakis, G./Mand, E. (1997): Die neue EG-Datenschutzrichtlinie – Grundlagen einer Umsetzung in nationales Recht (I), CR 7/1997, 431 - 438.

Greß, S. (2001): Datenschutzprojekt P3P, DuD 2001, 144.

Grimm, R. (1999a): Elektronische Zahlungssysteme und Datenschutz, in: Horster, P./Fox, D. (Hrsg.), Datenschutz und Datensicherheit – Konzepte, Realisierungen, Rechtliche Aspekte, Anwendungen, Braunschweig 1999, 223.

Grimm, R. (1999b): User Control over Personal Web Data, Proceedings of the EEMA/TeleTrusT Conference ISSE'99, CD-ROM and Internet Publication, Berlin October 1999.

Grimm, R. (2001): Elektronische Zahlungssysteme im Überblick, in: Kubicek, H./Klumpp, D./Fuchs, G/Roßnagel, A. (Hrsg.): Internet@Furture, Jahrbuch Telekommunikation und Gesellschaft 2001, Heidelberg 2001, 197.

Grimm, R./Löhndorf, N./Scholz, P. (1999): Datenschutz in Telediensten (DASIT) – Am Beispiel von Einkaufen und Bezahlen im Internet, DuD 1999, 272.

Grimm, R./Roßnagel, A. (2000): Datenschutz für das Internet in den USA, DuD 2000, 446.

Grimm, R./Roßnagel, A. (2000a): Weltweiter Datenschutzstandard?, in: Kubicek, H./Bracyk, H.-J./Klumpp, D./Roßnagel, A. (Hrsg.), Global@Home, Jahrbuch Telekommunikation und Gesellschaft 2000, Heidelberg 2000, 293.

Grimm, R./Roßnagel, A. (2000b): Can P3P Help to Protect Privacy Worldwide?, in: ACM (Ed.) Multimedia Security, Proceedings of the International Workshop, November 2000, 157.

Gundermann, L. (2000): E-Commerce trotz oder durch Datenschutz?, K&R 2000, 225.

Gundermann, L. (2000): Das Teledienstedatenschutzgesetz – ein virtuelles Gesetz?, in: Bäumler, H. (Hrsg.): E-Privacy - Datenschutz im Internet, Braunschweig, 2000, 58.

Hagel III, J./Rayport, J. F. (1994): The New Informediaries; McKinsey Quarterly 1994 No.4.

Hammer, V. (1994): Simulationsstudie im Prozeß der Technikgestaltung, in: Bundesamt für Sicherheit in der Informationstechnik (BSI), Computersimulation: (K)ein Spiegel der Wirklichkeit, Ingelheim 1994, 126.

Hammer, V./Pordesch, U./Roßnagel, A. (1993): Betriebliche Telefon und ISDN-Anlagen rechtsgemäß gestaltet, Berlin 1993.

Hillenbrand-Beck, R./Greß, S. (2001): Datengewinnung im Internet – Cookies und ihre Bewertung unter Berücksichtigung der Novellierung des TDDSG, DuD 2001, 389.

Hiramatsu, T. (1991): Datenschutz in staatlichen Institutionen in Japan, UFITA 1991, 83.

Hiramatsu, T. (1992): Protection of Privacy in the Area of Telecomminications in Japan, UFITA 1992, 19.

Hiramatsu, T. (1993): Protecting Telecommunications Privacy in Japan, CACM 8/1993, 74.

Hiramatsu., T. (1993): Telecommunicatiobns in Japan, Nonprotection of Privacy, The International Computer Lawyer 1993, Febr. 1993, 22.

Hoeren, T./Sieber, U. (Hrsg.) (1999): Handbuch Multimedia-Recht: Rechtsfragen des elektronischen Geschäftsverkehrs, (Loseblattslg.) München, 1999 ff.

Hoffmann-Riem, W. (1998): Informationelle Selbstbestimmung in der Informationsgesellschaft – Auf dem Weg zu einem neuen Konzept des Datenschutzes -, AöR 1998, 513.

Huband, K. (2001); Kanadas neues Datenschutzgesetz, DuD 2000, 461.

Ihde, R. (2000): Cookies – Datenschutz als Rahmenbedingung der Internetökonomie, CR 2000, 413.

Imhof, R. (2000): One-to-One-Marketing im Internet – Das TDDSG als Marketinghindernis, CR 2000, 110.

Information and Privacy Commisioner/Registratiekamer (1995): Privacy-Enhancing Technologies: The Path to Anonymity, Amsterdam 1995.

Jarass, H. D. (1991): Richtlinienkonforme bzw. EG-rechtskonforme Auslegung nationalen Rechts, EuR 1991, 211.

IBM (1999): Multi-National Consumer Privacy Survey, Oct. 1999, www.ibm.com/ services/ files/privacy_survey_oct991.pdf.

Kang, J. (1998): Information Privacy in Cyberspace Transaction, Stan.Law Review 50 (1998), 1193.

Knorr, M./Schläger, U. (1997): Datenschutz bei elektronischem Geld – Ist das Bezahlen im Internet anonym?, DuD 1997, 396.

Köhntopp, M. (2002): Privacy Enhancing Technologies, in: Roßnagel, A. (Hrsg.), Handbuch des Datenschutzrechts, München i.E., Kap. 3.3.

Köhntopp, M./Köhntopp, K. (2000): Datenspuren im Internet, CR 2000, 248.

Köhntopp, M./Pfitzmann, A. (2001): Informationelle Selbstbestimmung durch Identitätsmanagement, it+ti, Themenheft „IT-Sicherheit" 5/2001, 227.

Kumbruck, C. (1995): Methodische Fragen einer kritischen Technikfolgenforschung, in: Journal für Psychologie 1995, 76.

Kumbruck, C. (1999): Angemessenheit für situierte Kooperation - Ein Kriterium arbeitswissenschaftlicher Technikforschung und -gestaltung, Münster 1999.

Kumbruck, C. (2000): Digitale Signaturen und Vertrauen, in: Arbeit, Zeitschrift für Arbeitsforschung, Arbeitsgestaltung und Arbeitspolitik 2000, 105.

Kumbruck, C./Hammer V. (1995): Psychologische Technikwirkungsforschung und -gestaltung im Bereich Telekooperationstechnologie, Provet-Projektbericht 15, Darmstadt 1995.

Lanfermann, H. (1998): Datenschutzgesetzgebung – gesetzliche Rahmenbedingungen einer liberalen Informationsgesellschaft, RDV 1998, 1.

Leopold, N. (2000): Datenschutz auf Skandinavisch: Das neue norwegische Datenschutzgesetz, DuD 2000, 471

MITI (1998): MITI Personal Data Protection Policies, JIPDEC Informatization Quarterly 115 (1998), 17.

Moritz, H.-W./Winkler, M. (1997): Datenschutz und Online-Dienste, NJW-CoR 1997, 43.

MPT (1998): Report of the Study Group on Privacy Protection in Telecommunications Services, October 1998, www.mpt.go.jp/policyreports/english/telecommunications/privacy_protect/privacy_protect_index.html.

Müglich, A. (2000): Neue Formvorschriften für den E-Commerce. Zur Umsetzung der EU-Signaturrichtlinie in deutsches Recht, MMR 2000, 7.

Münch, P. (1997): Hinweise zu technisch-organisatorischen Maßnahmen bei der Umsetzung des Teledienstedatenschutzgesetzes (TDDSG), RDV 1997, 245.

Pape, W. (1980): Gyoseishido und das Anti-Monopol-Gesetz in Japan, Köln 1980.

Podlech, A./Pfeifer, M. (1998): Die informationelle Selbstbestimmung im Spannungsverhältnis zu modernen Werbestrategien, RDV 1998, 139.

Pordesch, U. (1999): Persönliches Sicherheitsmanagement, DuD 1999, 81.

Pordesch, U./Roßnagel, A./Schneider M. J. (1993): Erprobung sicherheits- und datenschutzrelevanter Informationstechniken mit Simulationsstudien, DuD 1993, 491.

provet (1996): Vorschläge zur Regelung von Datenschutz und Rechtssicherheit in Online-Multimedia-Anwendungen, Gutachten von Bizer, J./Hammer, V./Pordesch, U./Roßnagel, A. für das Bundesministerium für Bildung, Wissenschaft, Forschung und Technologie, Februar 1996, www.provet.de/bib/mmge und www.iid.de/iukdg/doku.html.

provet/GMD (1994): Die Simulationsstudie Rechtspflege – Eine neue Methode zur Technikgestaltung für Telekooperation, Berlin 1994.

provet/GMD (1995): Rechtsverbindliche Telekooperation in der elektronischen Vorgangsbearbeitung, GMD-Studien Nr. 235, St. Augustin 1995.

Rieß, J. (2000): Signaturgesetz – Der Markt ist unsicher, DuD 2000, 530.

Reidenberg, J R. (1992): Privacy in an Information Economy: A Fortress or Frontier for Individual Rights?, Fed. Comm. Law Journal 44 (1992), 195.

Reidenberg, J. R. (1998): Lex Informatica: The Formulation of Information Policy Rules Through Technology, Texas Law Review 76 (1998), 553.

Reidenberg, J. R. (1999): Restoring Amricans' Privacy in Electronic Commerce. Electronic Commerce Symposium, Berkeley Technology Law Journal, 14 (1999), 771.

Rödiger, K.-H. (1991): Software-Ergonomie. Gestaltungsgrundsätze der DIN-Norm 66 234 Teil 8 und ihre Umsetzung, Technologieberatungsstelle beim DGB Landesbezirk NRW, Oberhausen 1991.

Roßnagel, A. (1993): Rechtswissenschaftliche Technikfolgenforschung: Umrisse einer Forschungsdisziplin, Baden-Baden 1993.

Roßnagel, A. (1994): Ansätze zu einer rechtlichen Steuerung des technischen Wandels, in: Marburger, P. (Hrsg.), Jahrbuch des Umwelt- und Technikrechts 1994, Düsseldorf 1994, 425.

Roßnagel, A. (1994): Freiheit durch Systemgestaltung. Strategien des Grundrechtsschutzes in der Informationsgesellschaft, in: Nickel, E./Roßnagel, A./Schlink, B. (Hrsg.): Die Freiheit und die Macht – Wissenschaft im Ernstfall -, Festschrift für A. Podlech, Baden-Baden 1994, 227.

Roßnagel, A. (1994): Telekooperative Rechtspflege, CR 1994, 498.

Roßnagel, A. (1997): Rechtliche Regelungen als Voraussetzung für Technikgestaltung, in: Müller, G./Pfitzmann, A. (Hrsg.): Mehrseitige Sicherheit, Band 1, Bonn 1997, 361.

Roßnagel, A. (1997): Globale Datennetze: Ohnmacht des Staates - Selbstschutz der Bürger. Thesen zur Änderung der Staatsaufgaben in einer „civil information society", ZRP 1997, 26.

Roßnagel, A. (1998): Neues Recht für Multimediadienste – Informations- und Kommunikationsdienste-Gesetz und Mediendienste-Staatsvertrag, NVwZ 1998, 1.

Roßnagel, A. (1998a): Simulationsstudien – Ziel und Methode, in: Roßnagel, A./Haux, R./Herzog, W. (Hrsg.), Mobile und sichere Kommunikation im Gesundheitswesen, Braunschweig 1998, 65.

Roßnagel, A. (1998b): Simulationsstudien als Methode der Technikgestaltung, in: Müller, G./Stapf, K. H. (Hrsg.), Mehrseitige Sicherheit, Band 2, Bonn u.a. 1988, 323.

Roßnagel, A. (1999): Datenschutz in globalen Netzen. Das TDDSG – ein wichtiger erster Schritt, DuD 1999, 253.

Roßnagel, A. (Hrsg.) (1999): Recht der Multimedia-Dienste, Kommentar zum Informations- und Kommunikationsdienste-Gesetz und zum Mediendienste-Staatsvertrag, (Loseblattslg.) München 1999 ff.

Roßnagel, A. (2000): Recht der Multimediadienste 1998/1999, NVwZ 2000, 622.

Roßnagel, A. (2001): Datenschutzaudit in Japan, DuD 2001, 154.

Roßnagel, A. (2001): Das neue Recht elektronischer Signaturen. Neufassung des Signaturgesetzes und Änderung des BGB und der ZPO, NJW 2001, 1817.

Roßnagel, A. (2001): Allianz von Medienrecht und Informationstechnik?, Baden-Baden 2001.

Roßnagel, A. (Hrsg.) (2002): Handbuch des Datenschutzrechts, München 2002 (i.E.).

Roßnagel, A./Pfitzmann, A./Garstka, H. (2001): Modernisierung des Datenschutzrechts, Gutachten im Auftrag des Bundesinnenministeriums, Berlin 2001.

Roßnagel, A./Scholz, P. (2000): Datenschutz in Japan – Rechtslage und Rechtsreform für den Electronic Commerce, DuD 2000, 454.

Roßnagel, A./Scholz, P. (2000): Datenschutz durch Anonymität und Pseudonymität. Rechtsfolgen der Verwendung anonymer und pseudonymer Daten, MMR 2000, 721.

Rotenberg, M. (1999): Testimony for the Hearing on S. 809 Before the Subcommittee on Communications, Committee on Commerce, U.S. Senate, 27.6.1999, www.epic.org.

Schaar, P. (2000): Kommentierung des § 7 TDDSG, in: Roßnagel, A. (Hrsg.), Recht der Multimedia-Dienste, Kommentar zum Informations- und Kommunikationsdienste-Gesetz und zum Mediendienste-Staatsvertrag, (Loseblattslg.) München 1999 ff.

Schaar, P. (2000): Cookies: Unterrichtung und Einwilligung des Nutzers über die Verwendung, DuD 2000, 275.

Schaar, P. (2001): Persönlichkeitsprofile im Internet, DuD 2001, 383.

Schaffland, H.-J./Wiltfang, N. (1978): Bundesdatenschutzgesetz, Kommentar (Loseblattslg.) Berlin 1978 ff.

Scheffler, H./Dressel, C. (2000): Vorschläge zur Änderung zivilrechtlicher Formvorschriften und ihre Bedeutung für den Wirtschaftszweig E-Commerce, CR 2000, 378.

Schneider, M./Pordesch, U. (1998): Identitätsmanagement, DuD 1998, 645.

Scholz, P. (2002): Data-Warehouse, Data-Mining, in: Roßnagel, A. (Hrsg.), Handbuch des Datenschutzrechts, München 2002 (i.E.), Kap. 9.2.

Schrader, H.-H. (1998): Selbstdatenschutz mit Wahlmöglichkeiten, DuD 1998, 128.

Schrader, H.-H. (1998): Selbstdatenschutz: Effektive Wahrnehmung des Selbstbestimmungsrechts, in: Bäumler, H. (Hrsg.), Der neue Datenschutz – Datenschutz in der Informationsgesellschaft von morgen, Neuwied 1998, 206.

Schröder, T. (2001): Datenschutzgesetzgebung in den Baltischen Staaten, DuD 2000, 466.

Schulz, W. (1999): Verfassungsrechtlicher „Datenschutzauftrag" in der Informationsgesellschaft. Schutzkonzepte zur Umsetzung informationeller Selbstbestimmung am Beispiel von Online-Kommunikation, Verw. 1999, 137.

Schulz, W. (1999): Das TDDSG – erster Schritt zum „Digital Millennium Data Protection Act"?, in: Kubicek, H./Braczyk, H.-J./Klumpp, D./Müller, G./Neu, W./Raubold, E./Roßnagel, A. (Hrsg.), Jahrburch Telekommunikation und Gesellschaft 1999: Multimedia@Verwaltung, Heidelberg 1999, 202.

Schwartz, P. (1999), Privacy and Democracy in Cyberspace, Vanderbilt Law Review 52 (1999), 1632.

Schwartz, P./Reidenberg, J. R. (1996): Data Privacy Law, Charlottsville 1996.

Schwarz, M. (Hrsg.) (1996): Recht im Internet – Der Rechtsberater für Online-Anbieter und -Nutzer, (Loseblattslg.) Stadtbergen 1996 ff.

Shiono, H. (1990): Verwaltungsrecht und Verwaltungsstil, in Coing, H. u.a. (Hrsg.), Die Japanisierung des westlichen Rechts, München 1990, 45.

Simitis, S./Dammann, U./Geiger, H./Mallmann, O./Walz, S.: Kommentar zum Bundesdatenschutzgesetz, (Loseblattslg.) 4. Aufl. Baden-Baden 1992 ff.

Tettenborn, A. (1999): Die Evaluierung des IuKDG. Erfahrungen, Erkenntnisse und Schlußfolgerungen, MMR 1999, 516.

Tinnefeld, M.-T./Ehmann, E. (1998): Einführung in das Datenschutzrecht, 3. Aufl. München 1998.

Trute, H.-H. (1998): Der Schutz personenbezogener Daten in der Informationsgesellschaft, JZ 1998, 822.

Vehslage, T. (2000): Das neue Fernabsatzgesetz im Überblick. Verbraucherschutz im Electronic Commerce, DuD 2000, 546.

Weichert, T. (1996): Datenschutzrechtliche Probleme beim Adressenhandel, WRP 1996, 522.

Wenning, R./Köhntopp, M. (2001): P3P im europäischen Rahmen, DuD 2001, 139.

Westin, A. (1997): Privacy on the Internet, http://ig.es.tu-berlin.de/~dsb/informat/heft26/westin.htm.

Wichert, M. (1998): Web-Cookies – Mythos und Wirklichkeit, DuD 1998, 273.

Wolters, S. (1999): Einkauf via Internet: Verbraucherschutz durch Datenschutz, DuD 1999, 277.

Wiese, M. (2000): Unfreiwillige Spuren im Netz, in: Bäumler, H. (Hrsg.): E-Privacy – Datenschutz im Internet, Braunschweig 2000, 9.

Wolters, S. (1999): Einkauf via Internet: Verbraucherschutz durch Datenschutz, DuD 1999, 277.

Wuermeling, U. (2001): Neue Einschränkungen im Direktmarketing, CR 2001, 303.

Abkürzungsverzeichnis

3KP	Three Key Pairs bei SET
a.A.	anderer Ansicht
Abs.	Absatz
ACM	Association for Computing Machinery
a.F.	alte Fassung
AGB	Allgemeine Geschäftsbedingungen
AGBG	AGB-Gesetz
AK	Arbeitskreis
BB	Betriebs-Berater (Zeitschrift)
BBB	Council of Better Business Bureaus
BbgDSG	Brandenburgisches Datenschutzgesetz
BDSG	Bundesdatenschutzgesetz
BGB	Bürgerliches Gesetzbuch
BGBl.	Bundesgesetzblatt
BSI	Bundesamt für Sicherheit in der Informationstechnik
bspw.	beispielsweise
BT-Drs.	Bundestagsdrucksache
BVerfG	Bundesverfassungsgericht
BVerfGE	Amtliche Sammlung der Entscheidungen des BVerfG
BW	Baden-Württemberg
CA	Certification Authority (Zertifizierungsstelle)
CACM	Communications of the Association for Computing Machinery
CEPEX	Customer Profile Exchange
COPPA	Children's Online Privacy Protection Act – USA
CPA	Certified Public Accountants
CR	Computer und Recht (Zeitschrift)
d.h.	das heißt
ders.	derselbe
dies.	dieselben
DG BANK	Deutsche Genossenschaftsbank AG, heute DZ BANK

DIN	Deutsche Industrienorm
DuD	Datenschutz und Datensicherung (Zeitschrift)
DV	Datenverarbeitung
DVBl.	Deutsches Verwaltungsblatt (Zeitschrift)
DZ BANK	Deutsche Zentral-Genossenschaftsbank AG
EG	Europäische Gemeinschaft(en)
EG-ABl.	Amtsblatt der Europäischen Gemeinschaften
EGG	Gesetz für den Elektronischen Geschäftsverkehr
Einl.	Einleitung
ESRB	Entertainment Software Rating Board
et al.	et alteri (und andere)
EU	Europäische Union
EuR	Europarecht
f.	folgend(e)
FAQ	Frequently Asked Questions/häufig gestellte Fragen
ff.	fortfolgende
FhI-SIT	Fraunhofer-Institut für sichere Telekooperation
Fn.	Fußnote
FTC	Federal Trade Commission (USA)
GG	Grundgesetz
GMD	Gesellschaft für Mathematik und Datenverarbeitung
HBCI	Home Banking Computer Interface
h.M.	herrschende Meinung
Hrsg.	Herausgeber
HTTP	Hypertext Transfer Protocol
i.E.	im Erscheinen
i.S.d.	im Sinn des
i.V.m.	in Verbindung mit
InfoV	Verordnung über Informationspflichten nach bürgerlichem Recht
inkl.	inklusive
insb.	insbesondere
IP	Internet Protocol
ISO	International Standardization Organisation

IT   Informationstechnik
it+ti   Informationstechnik und Technische Informatik (Zeitschrift)
IuKDG   Informations- und Komunikationsdienste-Gesetz

JIPDEC   Japan Information Processing Development Center
JIS   Japanese Industrial Standard
JURA   Juristische Ausbildung (Zeitschrift)
JuS   Juristische Schulung (Zeitschrift)
JZ   Juristenzeitung (Zeitschrift)

Kap.   Kapitel
K&R   Kommunikation & Recht (Zeitschrift)

LDSG   Landesdatenschutzgesetz(e)
LPWA   Lucent Personalized Web Assistant

MDStV   Mediendienstestaatsvertrag
METI   Minitsry of Economy, Trade and Industry
MITI   Ministry of International Trade and Industry
MPMHPT   Ministry of Public Management, Home Affairs, Post and
                Telecommunications
MPT   Ministry of Post and Telecommunication
MMR   Multimedia und Recht (Zeitschrift)
m.w.N.   mit weiteren Nachweisen

NJW   Neue Juristische Wochenschrift (Zeitschrift)
Nr.   Nummer
NVwZ   Neue Zeitschrift für Verwaltungsrecht (Zeitschrift)

OECD   Organization for Economic Cooperation and Development
OI   Bereich Organisation und Informatik der DG BANK

P3P   Platform for Privacy Preferences
PET   Privacy Enhancing Technologies
PICS   Platform for Internet Content Selection
PIT   Privacy Invasive Technology
provet   Projektgruppe verfassungsverträgliche Technikgestaltung

RBG   Rechenzentrum der Bayrischen Genossenschaftsbanken

RDV	Recht der Datenverarbeitung (Zeitschrift)
RFC	Request for Comments
Rn.	Randnummer
s.	siehe
Schl.-H.	Schleswig-Holstein
SET	Secure Electronic Transaction
SigG	Signaturgesetz
SigV	Signaturverordnung
sog.	sogenannte(r)
SSL	Secure Socket Layer
TCP	Transmission Control Protocol
TDDSG	Teledienstedatenschutzgesetz
TDG	Teledienstegesetz
TDSV	Telekommunikationsdiensteunternehmen-Datenschutzverordnung
TKG	Telekommunikationsgesetz
TLS	Transport Layer Security
u.a.	und andere / unter anderem
UFITA	Archiv für Urheber-, Film, Funk- und Theaterrecht
URL	Uniform Location Register
USC	United States Code
W3C	World Wide Web Consortium
WWW	World Wide Web
XML	Extensible Markup Language
z.B.	zum Beispiel
Ziff.	Ziffer
ZKA	Zentraler Kreditausschuss
ZPO	Zivilprozessordnung
ZPR	Zeitschrift für Rechtspolitik
ZUM	Zeitschrift für Urheber- und Medienrecht

Autoren

Markus Birkelbach ist Diplom-Kaufmann und Mitarbeiter im Bereich Innovationsmanagement bei der DZ BANK AG Deutschen Zentral-Genossenschaftsbank in Frankfurt. Er ist hier Experte für Wissensmanagement und ePrivacy und absolvierte sein Studium der Betriebswirtschaftslehrer in Frankfurt.

Matthias Enzmann, Dipl.-Informatiker, ist wissenschaftlicher Mitarbeiter am Fraunhofer Institut für Sichere Telekooperation in Darmstadt. Er befasst sich im Rahmen seiner Arbeit mit technischen Aspekten der Anforderungen des Datenschutzes in modernen Kommunikationsnetzen.

Rüdiger Grimm, Prof. Dr., 1985-2000 Forschungs- und Entwicklungstätigkeit im Fraunhofer-Institut SIT-Sichere Telekooperation (früher GMD) Darmstadt, besonders zu Fragen der elektronischen Kommunikation und ihrer Sicherheit. 1995 – 2000 Leiter des Themenbereichs „Marktplatz Internet" im SIT. Seit 2000 Lehrstuhl für Multimediale Anwendungen in der TU Ilmenau. Gegenwärtiger Hauptarbeitsbereich ist Electronic Commerce, besonders Geschäftsprotokolle und elektronisches Bezahlen, und damit zusammenhängende Fragen der Sicherheit, Rechtsverbindlichkeit, Sozialverträglichkeit und des Datenschutzes.

Christel Kumbruck, Dr. phil., studierte und promovierte am Institut für Arbeits-, Betriebs- und Umweltpsychologie der Universität Hamburg und habilitierte an der Universität Bremen für das Lehrgebiet Arbeitswissenschaft. Sie arbeitete in den achtziger Jahren in der Forschungsgruppe Verwaltungsautomation der Universität Kassel, von 1990 bis 1998 in der „Projektgruppe verfassungsverträgliche Technikgestaltung" (provet) Darmstadt und vertritt seit 1998 den Lehrstuhl Arbeitswissenschaft 1 an der TU Hamburg-Harburg.

Alexander Roßnagel, Dr. jur., Universitätsprofessor für Öffentliches Recht an der Universität Kassel, wissenschaftlicher Leiter der „Projektgruppe verfassungsverträgliche Technikgestaltung (provet)" und wissenschaftlicher Direktor des Instituts für Europäisches Medienrecht (EMR) in Saarbrücken, Herausgeber des wissenschaftlichen Kommentars zum Informations- und Kommunikationsdienste-Gesetz und Mediendienste-Staatsvertrag „Recht der Multimedia-Dienste" (Beck Verlag

1999 ff.), Mitautor des Gutachtens für den Bundesinnenminister „Modernisierung des Datenschutzrechts" (2001); Herausgeber des „Handbuch des Datenschutzrechts" (Beck Verlag 2002).

Michael Salmony, Dr., ist Direktor der Informatik und leitet den Bereich Innovationsmanagement bei der DZ BANK AG Deutschen Zentral-Genossenschaftsbank in Frankfurt. Nach seinem Studium der Informatik in Cambridge/England war er zwanzig Jahre im Bereich DV, Telekommunikation und Neue Medien – zuletzt als Assistent der Geschäftsführung – bei IBM tätig.

Philip Scholz, 1993 – 1998 Studium der Rechtswissenschaften in Heidelberg. Seit 1998 wissenschaftlicher Mitarbeiter in der Projektgruppe verfassungsverträgliche Technikgestaltung (provet) an der Universität Kassel und verantwortlich für die datenschutzrechtlichen Aspekte von DASIT. Seit April 2001 Rechtsreferendar am Landgericht Offenburg.

Günther Schulze, Studium der Elektrotechnik an der TU Braunschweig, arbeitete zwischen 1968 und 1975 an verschiedenen Entwicklungsprojekte bei Philips Elektrologica und Datel, 1975 Wechsel zur GMD in Darmstadt (dem jetzigen Fraunhofer Institut Sichere Telekooperation SIT); hier arbeitet er an Projekten auf dem Gebiet Open System Interconnection (OSI), Telekooperationstechniken und Sicherheit; Mitarbeit in der Standardisierung von OSI im DIN und in der ISO; 1987 als Gastforscher bei IBM.

Gerhard Spies ist Projektleiter im Bereich Informatik/Organisation für Themen des EBusiness bei der DZ BANK AG Deutschen Zentral-Genossenschaftsbank in Frankfurt. Nach seinem Abschluss der Lehramtsausbildung folgte eine Ausbildung als Kommunikationsorganisator bei Siemens

Ute Staib ist nach Abschluß des Studiums der Betriebswirtschaft in London seit 1994 in der Kartenbranche tätig. Nach zweieinhalbjähriger Tätigkeit als Assistant Manager Strategic Planning in der Holding Gesellschaft WorldCard International GmbH wechselte sie 1997 in die Tochtergesellschaft DataCard Group. Dort übernahm sie für den Produktbereich „Instant Issuance" die Distribution und Händlerbetreuung in Zentral- und Osteuropa. Seit dem 1.1.1999 ist sie als Produktmanagerin Karten/ePayments des Bereichs Zahlungssysteme/eBusiness der DZ BANK beschäftigt. Sie ist seit Eintritt in die DZ BANK Mitarbeiterin des

Projekts DASIT, maßgeblich mit der Sicherstellung des Praxisbezugs und dem Bezahlsystem des Prototyps betraut.

Fleur Weißgerber ist Bankfachwirtin und Projektleiterin im Bereich Informatik / Organisation für Zahlungsverkehrsprojekte mit Schwerpunkt Electronic Banking bei der DZ BANK AG Deutschen Zentral-Genossenschaftsbank in München

Weitere Titel aus dem Programm

Helmut Dohmann/Gerhard Fuchs/Karim Khakzar (Hrsg.)
Die Praxis des e-Business
Technische, betriebswirtschaftliche und rechtliche Aspekte
2001. ca. 360 S. Br. ca. € 34,50   ISBN 3-528-05774-2
Inhalt: e-Business-Systeme - Netzwerke und Sicherheit - Betriebswirtschaftliche und rechtliche Aspekte - Multimedia - Anwendungen

Volker Warschburger/Christian Jost
Nachhaltig erfolgreiches E-Marketing
Online-Marketing als Managementaufgabe:
Grundlagen und Realisierung
2001. ca. 300 S. mit 42 Abb. Br. ca. € 34,50   ISBN 3-528-05771-8
Inhalt: Erfolgsorientiertes E-Business – Strategische Ziele des E-Marketing – Strategisches Marketingpotenzial unter Nutzung der neuen Medien – E-Business Marketingmix – Marktforschung unter E-Business Gesichtspunkten – Produktpolitik/Programmpolitik für das E-Business unter Marketinggesichtspunkten – Kontrahierungspolitik für das E-Business – Distributionspolitik für das E-Business – Kommunikationspolitik für das E-Business

Michael Nenninger/Oliver Lawrenz
B2B-Erfolg durch eMarkets
Best Practice: Von der Beschaffung über eProcurement
zum Net Market Maker
2001. XX, 477 S. mit 133 Abb. Geb. € 49,00   ISBN 3-528-05760-2
Inhalt: B2B Strategien - Business Modelle - Kritische Erfolgsfaktoren - Konzepte der Realisierung - eMarket Modelle verschiedener Anbieter - eServices - B2B Architekturen - Case Studies

Abraham-Lincoln-Straße 46
65189 Wiesbaden
Fax 0611.7878-400
www.vieweg.de

Stand 1.10.2001. Änderungen vorbehalten.
Erhältlich im Buchhandel oder im Verlag.

Datenschutz und Datensicherheit

Dirk Fox/Marit Köhntopp/Andreas Pfitzmann (Hrsg.)
Verlässliche IT-Systeme 2001
Sicherheit in komplexen IT-Infrastrukturen
2001. X, 255 S. mit 100 Abb. u. 13 Tab. (DuD-Fachbeiträge)
Geb. € 74,00   ISBN 3-528-05782-3
Inhalt: Betriebssystemsicherheit - Anonymität und Identitätsmanagement - Protokoll- und Systemsicherheit - Entwurf sicherer Systeme - digitale Wasserzeichen - Steganographie

Christoph F-J Goetz
Online–Sicherheit von Patientendaten
Telematische Sicherheitskonzepte für niedergelassene Ärzte
2001. VIII, 162 S. mit 16 Abb. (DuD-Fachbeiträge) Geb. € 49,00
                                                      ISBN 3-528-05767-X
Inhalt: Rechtsgrundlagen (Europäische Union, Deutschland, Bayern) - Vorgaben und Richtlinien zur Telematik - Empfehlungen und Richtlinien - Sicherheitskonzept und Risiken - Überprüfung existenter Lösungsansätze - Situation im Ausland - Ergebnisse und Bewertung der Methodik im kritischen Vergleich

Michael Behrens/Richard Roth (Hrsg.)
Biometrische Identifikation
Grundlagen, Verfahren, Perspektiven
2001. XII, 235 S. mit 74 Abb. u. 11 Tab. (DuD-Fachbeiträge)
Geb. € 44,00   ISBN 3-528-05786-6

Abraham-Lincoln-Straße 46
65189 Wiesbaden
Fax 0611.7878-400
www.vieweg.de

Stand 1.10.2001. Änderungen vorbehalten.
Erhältlich im Buchhandel oder im Verlag.

Alles über Datenschutz und Datensicherheit

- Rechtsprechung
- Technik
- Wirtschaft

Ihr Nutzen - so profitieren Sie von DuD

Der Inhalt - das lesen Sie in DuD

- Ihre Wissensbasis für Datenschutz und Datensicherheit
- Orientierungshilfen bei Inanspruchnahme von Dienstleistungen
- Aktuelle Informationen zu rechtlichen und technischen Entwicklungen

- Betrieblicher Datenschutz
- E-Commerce-Sicherheit
- Digitale Signaturen
- Biometrie
- Aktuelle Rechtsprechung zum Datenschutz

Kostenloses Probeheft der DuD erhalten Sie unter www.dud.de

Vieweg Verlag · Abraham-Lincoln-Straße 46 · 65189 Wiesbaden